U0266085

乏信息理论与滚动轴承性能评估系列图书

滚动轴承质量的乏信息评估

夏新涛　徐永智　著

本书相关内容得到国家自然科学基金(51475144、51075123)资助

科 学 出 版 社

北 京

内 容 简 介

本书是论述滚动轴承质量乏信息评估方法的学术专著。主要内容包括乏信息系统理论的基本概念、滚动轴承制造工艺过程的灰验证与模糊验证、滚动轴承加工质量与振动的乏信息分析、滚动轴承质量的真值融合原理与模糊假设检验方法、滚动轴承质量的自助与灰自助实验评估、滚动轴承性能的乏信息过程假设检验、滚动轴承运行性能时间序列演化过程的识别方法，以及缺陷圆锥滚子轴承应力与振动的有限元分析。

本书可供从事滚动轴承设计、制造、测试、应用的理论研究与生产实践的科技人员阅读，也可作为高等学校机械类师生的参考书。

图书在版编目（CIP）数据

滚动轴承质量的乏信息评估 / 夏新涛，徐永智著. —北京：科学出版社，2016

（乏信息理论与滚动轴承性能评估系列图书）

ISBN 978-7-03-049785-7

Ⅰ. ①滚… Ⅱ. ①夏… ②徐… Ⅲ. ①滚动轴承-质量检验

Ⅳ. ①TH133.33

中国版本图书馆 CIP 数据核字（2016）第 206551 号

责任编辑：裴　育 / 责任校对：郭瑞芝
责任印制：张　伟 / 封面设计：蓝　正

科学出版社 出版
北京东黄城根北街 16 号
邮政编码：100717
http://www.sciencep.com

北京教图印刷有限公司 印刷
科学出版社发行　各地新华书店经销

*

2016 年 8 月第 一 版　开本：720×1000 B5
2016 年 8 月第一次印刷　印张：20
字数：403 000

定价：98.00 元
（如有印装质量问题，我社负责调换）

作 者 简 介

夏新涛，男，1957 年 1 月出生于河南省新乡县。1981 年
12 月于原洛阳农机学院（即洛阳工学院，现为河南科技大学）
本科毕业后留校；1985 年 9 月至 1987 年 1 月于哈尔滨工程大
学学习硕士研究生主要课程；2007 年 12 月于上海大学博士毕
业。现任河南科技大学教授，教学名师，博士生导师（河南科
技大学和西北工业大学机械设计及理论学科），中国轴承工业科
技专家，洛阳市优秀教师和劳动模范。兼任 *Measurement* 等多
个国内外杂志的评论员以及《轴承》杂志编委等职。主要从事滚动轴承设计与制
造理论、精密制造中的测量理论以及乏信息系统理论等教学与研究工作。主持和
参与完成国家与省部级科研项目 21 项，获得省部级教育教学、自然科学与科学技
术奖 7 项；著书 14 部，授权发明专利 8 项，发表学术论文 200 余篇。
E-mail: xiaxt1957@163.com; xiaxt@haust.edu.cn。

徐永智，男，1974 年 4 月出生于河南省洛阳市孟津县。1997
年 7 月于洛阳工学院（现为河南科技大学）专科毕业后在中国
一拖集团从事技术开发工作；2008 年 7 月于河南科技大学硕士
毕业；2008 年 9 月开始在三门峡职业技术学院机电系机电一体
化专业从事教学工作；2012 年 3 月至今在西北工业大学攻读博
士学位。发表学术论文 9 篇。
E-mail: xxyyzhzh@163.com。

前　　言

本书的研究内容属于乏信息系统理论范畴。乏信息也被称为贫信息，是指信息缺乏或严重缺乏。在许多信息科学与系统科学研究的理论中，乏信息系统被描述为信息不完备的不确定性系统，有时还有数据残缺等。灰色系统理论、模糊集合理论、粗集理论、混沌理论、信息熵原理、贝叶斯理论与自助法等都可以归属于乏信息系统理论。

基于乏信息系统理论，本书论述滚动轴承质量评估方法，主要涉及的内容有乏信息系统理论的基本概念、滚动轴承制造工艺过程的灰验证与模糊验证、滚动轴承加工质量与振动的乏信息分析、滚动轴承质量的真值融合原理与模糊假设检验方法、滚动轴承质量的自助与灰自助实验评估、滚动轴承性能的乏信息过程假设检验、滚动轴承运行性能时间序列演化过程的识别方法，以及缺陷圆锥滚子轴承应力与振动的有限元分析。

本书首次对滚动轴承产品接触应力与振动的有限元进行设计与分析，对滚动轴承零件制造系统的运行状态进行研究，并对轴承零件加工质量以及产品运行质量进行全面的乏信息评估，将乏信息评估贯穿于滚动轴承的整个质量生命周期，揭示出滚动轴承零件与产品的质量实现、质量控制以及质量服役等质量的全生命周期运行机制，为提升机械产品与基础零部件的生产质量与服役质量奠定全新评估方法的理论基础。

本书内容是作者及其指导的硕士研究生多年来在滚动轴承质量乏信息评估方面的部分成果总结，主要内容及其研究思路与方法已经在《机械工程学报》、《航空动力学报》、《兵工学报》、《中国机械工程》、《轴承》、*Measurement Science and Technology*、*Measurement*、*Journal of Testing and Evaluation*、*The Journal of Grey System*、*Information Technology Journal*、*The Open Mechanical Engineering Journal*、*Journal of Computers* 等国内外学术期刊与国际学术会议上发表。

本书相关内容得到了国家自然科学基金(51475144 和 51075123)的资助。

本书由河南科技大学夏新涛(负责第 1 章、第 2 章、第 3 章、第 4 章、第 5 章、第 8 章与附录)和三门峡职业技术学院徐永智(负责第 6 章、第 7 章与第 9 章)撰写，由夏新涛统稿。河南科技大学的硕士研究生孟艳艳、秦园园、白阳、陈士忠、董淑静、朱文换、叶亮、常振、李云飞、刘斌、卢阳、高正科、栗永非、徐相东等参与了本书写作的部分辅助工作。

作　者

2016 年春

目　　录

第 1 章　乏信息系统理论的基本概念

本章简要介绍乏信息系统理论的基本概念和滚动轴承质量评估中的乏信息问题，为后续章节的研究奠定基础。

1.1　乏信息的基本概念

1.1.1　乏信息及其特征

1. 乏信息与乏信息过程

乏信息也被称为贫信息，是指信息缺乏或严重缺乏。在许多信息科学与系统科学研究的理论中，乏信息系统被描述为信息不完备的不确定性系统，有时还有数据残缺等。灰色系统理论、模糊集合理论、粗集理论、混沌理论、信息熵原理与自助法等都可以归属于乏信息系统理论[1-5]。

在机械系统评估中，系统总体的概率分布未知或概率分布很复杂，同时(或)仅有小子样数据可供参考，就属于乏信息问题；无系统总体的任何概率分布信息，而仅有极少个数据的评估，属于严重乏信息问题。乏信息也包括趋势项的先验资料问题，无趋势项的任何规律性先验信息的评估也属于乏信息范畴。

在机械系统的研究中主要有两类乏信息现象。

第一类是已有产品的改进。例如，新型军用装备轴承单元，在已经具有类似产品的先验知识(如技术资料)背景下，仅对很少量产品进行实验分析，以获取、验证或预测改进产品的总体性能参数，并将研究结果与现有技术资料作对比分析，作为新的先验知识进行补充。这种现象体现了先验知识是在不断沉淀和积累过程中得到丰富与完善的。

第二类是新产品研制与开发。新产品研制与开发的批量一般很小，特别是一些新航天轴承组件，品种很多但每个品种每次只有极小批量，能用于实验研究的更少，几乎没有关于概率分布等可靠的背景资料，属于信息严重缺乏的系统。对这种情况，只能通过极少次的实验研究，来评估产品的总体性能参数，并将研究结果作为后续生产的先验知识进行储备与逐渐积累[6]。

基于变量(参数)与因变量(函数)历程的乏信息系统称为广义的乏信息过程，简称乏信息过程。

参数有两个含义，第一个是关于滚动轴承质量与工况等的技术参数；第二个是统计学上的统计量。乏信息系统理论将参数看作变量，将函数看作因变量。

乏信息系统理论的目的是抽象或采用某个参数，用于揭示研究对象的某种规律与运行机制。

从数学的观点看，因变量随着变量的变化而变化，呈现出某种趋势。对于乏信息系统，如果变量是时间，则因变量的取值就形成一个时间序列，就是乏信息过程；如果变量不是时间，则因变量的取值就形成一个数据序列，仍呈现出某种趋势，也称为乏信息过程[1]。

2. 乏信息的各种表现

乏信息主要表现在以下 11 个方面：

(1) 大量生产实践已经证明概率分布被确知，但对特定的研究对象的实验数据很少；

(2) 参考同类产品或实验，假设概率分布的先验信息已知，但实验数据很少；

(3) 无任何概率分布的先验信息或确知的信息，但可以获取大量的实验数据；

(4) 无任何概率分布的先验信息或确知的信息，也无法获取大量的实验数据即数据很少；

(5) 实验数据的样本个数很多，但每个样本的信息含量很少；

(6) 实验数据的样本很少，但每个样本的信息含量很多；

(7) 具有复杂的概率分布，实验数据很少；

(8) 大量生产实践已经证明趋势项被确知，但对特定的研究对象的实验数据很少；

(9) 趋势项的过去、当前和未来状态是未确知的、未知的或不确定的；

(10) 可能有意外的瞬间干扰；

(11) 变化未知的随机函数。

3. 乏信息系统理论的特征

乏信息系统理论的特征主要体现在以下 6 个方面：

(1) 乏信息系统理论的数学基础主要来自灰色系统理论、模糊集合理论、信息熵原理、贝叶斯理论、混沌理论、范数理论、粗集理论、自助方法等，其中也必然隐含着经典统计学的某些思想。

(2) 乏信息系统理论的研究对象是信息不完备的不确定性系统即乏信息系统。例如，"部分信息已知，部分信息未知"的"小样本"、"贫"信息不确定系统。

(3) 乏信息系统理论的核心是解决无先验信息的信息评估问题。例如，只有几个数据，再无其他任何信息的问题。

（4）乏信息系统理论的精髓是对研究对象事先不做出任何概率分布上的假设，即适合于任何已知的和未知的概率分布。

（5）乏信息系统理论的最典型表现是小样本个数、小样本含量、概率分布未知以及变化趋势未知。

（6）乏信息系统理论解决问题的主要方法是融合各种数学思想，扬长避短，灵活多样。

1.1.2　乏信息融合原理

乏信息系统理论研究乏信息现象的主要方法是乏信息融合。下面介绍直接解法、定性融合、定量融合和本征融合等四种乏信息融合的基本方法[1,5]。

1. 直接解法

用一种或多种数学方法求出乏信息问题的解，称为直接解法。直接解属于乏信息系统解集的一个特殊子集。

例如，假设用三种数学方法研究某一个乏信息问题，得到三个解 f_1，f_2 和 f_3，从而构成一个解的子集 F：

$$F = (f_1, f_2, f_3)$$

将解集 F 看成解的进行时即不同的方案，以解集 F 为基础，就可以进行定性融合与定量融合分析，给出问题的最终解即最后的决策。

2. 定性融合

定性融合是指在给定的论域 U 中，已知解集

$$F = (f_1, f_2, \cdots, f_i, \cdots, f_m) \tag{1-1}$$

且有

$$f_i = (f_{i1}, f_{i2}, \cdots, f_{ij}, \cdots, f_{in}) \tag{1-2}$$

记"属性一致性于"为符号"$\subseteq$"，在解集 F 中，总存在且至少存在一个来自 F 的元素的集合，是满足准则 Θ 的最终解 f_0，表示为

$$f_0 \,|\, \Theta \,|\, \text{From } F \subseteq F_0 \tag{1-3}$$

式中，F_0 为系统属性的真值集合即白箱问题；$|\,\Theta$ 为在准则 Θ 下；$|\,\text{From}$ 为来自解集 F 的元素。

由于系统信息或数据的不完备性，用不同的数学方法分析，将得出不同的结果 f_i，甚至有些结果可能是相互矛盾的。若将这些结果看成一个个解的集合即解集 F，则定性融合是指在某种准则下，从这些解集中提取具有某种一致性元素的子集，并将这个子集作为系统的最终解 f_0。

定性融合有两个方面的含义：第一个是融合，即综合考虑各个解集；第二个

是定性，即不再进行复杂的数学计算，只是寻求某种一致性，而且，最终解中的元素全部来自解集 F，没有更新的信息出现。

例如，在一定约束条件下，对某个系统进行优化分析，考虑了三个指标：成本 a、环境污染 b 和危险性 c。设这些指标可以用当量数据表示，数据的值越小越好。优化目标集 f 为

$$f = (a, b, c) \to \min$$

假设用四种数学方法求解，得到四个解集，分别为

$$f_1 = (0.1, 0.9, 0.4)$$
$$f_2 = (0.3, 0.7, 0.9)$$
$$f_3 = (0.2, 0.5, 0.5)$$
$$f_4 = (0.3, 0.9, 0.3)$$

解集 F 为

$$F = (f_1, f_2, f_3, f_4)$$

显然，在解集 F 中，对应最小 a 的是 f_1 中的 0.1；对应最小 b 的是 f_3 中的 0.5；对应最小 c 的是 f_4 中的 0.3。于是得到一个子集：

$$f_0 = (0.1, 0.5, 0.3)$$

如果 f_0 满足约束条件，则它就是系统的最优解；否则，就以 f_0 为模板，再进行对比分析，将最接近 f_0 的 f_i 作为最终解。显然，f_0 中的元素均来自解集 F。

3. 定量融合

定量融合是指在式(1-1)和式(1-2)中，记"属性一致性于"为符号"$\subseteq$"，在解集 F 中，总存在且至少存在一个与 F 的元素有关联的集合，是满足准则 Θ 的最终解 f_0，表示为

$$f_0 \,|\, \Theta \,|\, \text{Fusion } F \subseteq F_0 \tag{1-4}$$

式中，F_0 为系统属性的真值集合即白箱问题；$|\Theta$ 为在准则 Θ 下；$|\text{Fusion } F$ 为关联解集 F 元素即融合解集 F 元素。

实际上，定量融合是对解集 F 进行复杂的数学上的融合处理，直接得出一个最终解 f_0。这里定量的含义是，在一定的准则下，建立融合模型，考虑一定的权重，对 f_i 按指标进行数学处理，得出最终解 f_0，一般最终解 f_0 中的数据和解集 F 有某种联系，但具体数值可能不同。

最常见而且简单的定量融合方法是加权均值处理。

例如，用四种数学方法对系统某一指标进行分析，得到解集 F 为

$$F = (f_1, f_2, f_3, f_4) = (0.3, 0.2, 0.3, 0.5)$$

若设各种方法的权重为

$$A = (a_1, a_2, a_3, a_4) = (0.2, 0.2, 0.3, 0.3)$$

则加权均值即最终解 f_0 为

$$f_0 = \frac{1}{\sum\limits_{i=1}^{4} a_i} \sum_{i=1}^{4} a_i f_i = \frac{1}{0.2+0.2+0.3+0.3} \times (0.2 \times 0.3 + 0.2 \times 0.2 + 0.3 \times 0.3 + 0.3 \times 0.5)$$

$$= 0.06 + 0.04 + 0.09 + 0.15$$

$$= 0.34$$

显然，最终解 f_0 中的数据和解集 F 有某种联系，但具体数值不同。定量融合一般会有新的信息出现。在这个例子中，最终解 f_0 退化为实数。

4. 本征融合

本征融合是一种特殊的直接解法。

本征融合是指在给定的论域 U 中，设知识集为

$$F = (f_1, f_2, \cdots, f_i, \cdots, f_m) \tag{1-5}$$

知识集的本征信息子集为

$$f_i = (f_{i1}, f_{i2}, \cdots, f_{il}, \cdots, f_{iw}) \tag{1-6}$$

非空的乏信息集为

$$\boldsymbol{\Pi} = (\pi_1, \pi_2, \cdots, \pi_j, \cdots, \pi_n) \neq \varnothing \tag{1-7}$$

问题集为

$$Q = (q_1, q_2, \cdots, q_k, \cdots, q_h) \tag{1-8}$$

记"属性一致性于"为符号"$\subseteq$"，在知识集 F 中，存在且至少存在两个与问题集 Q 的元素有某种映射关系的集合，是满足非空信息集 $\boldsymbol{\Pi}$ 的最终解 f_0，表示为

$$f_0 \,|\, \boldsymbol{\Pi} \,|\, \text{Com\_Fusion } F \text{ AND } Q \,|\, f_{il} \subseteq F_0 \tag{1-9}$$

式中，F_0 为系统属性的真值集合即白箱问题；$|\boldsymbol{\Pi}$ 为在非空的乏信息集 $\boldsymbol{\Pi}$ 下；$|\text{Com\_Fusion } F$ 为与 F 有某种属性联合关系的融合；$\text{AND } Q$ 为且针对"与"包含问题集 Q；f_{il} 为知识元素；$|f_{il}$ 为依托于 f_{il}。

一个乏信息系统的发展经历了多个重要阶段，两个相邻阶段的过渡状态称为通道。通道是系统发展的关键环节，因此又称为关节。由于信息的缺乏或严重缺乏，通道被堵塞，几乎没有信息流动。仅用一种数学工具难以打通所有通道，必须根据不同的通道状态和特征，采用不同的数学工具予以打通。实际上，乏信息的本征融合是指，将两种及两种以上数学理论有机地结合起来，取长补短，形成一种新的方法，对系统进行分析，直接得出最终解。与单一数学方法的解相比，本征融合的最终解一般具有更好的效果。本征融合会出现重要的新信息。

例如，熵是不确定性的度量，因此可以直接用于评估不确定性问题。但使用熵方法需要知道系统的概率密度函数(或频率值)，为此，可以配合使用自助再抽

样方法模拟系统的概率分布信息。这样就可以在系统概率分布未知时评估系统的不确定性问题。一旦模拟出系统的概率分布信息，就可以利用经典统计理论或贝叶斯理论研究系统的特征信息，进而给出统计推断。这里在解决不确定性问题时，实际上融合了三种数学思想。

若乏信息集 $\varPi$ 为空集，则属于黑箱问题。

以上仅仅是给出了简单概念和例子，实际上，乏信息系统理论的分析方法是多种多样的。特别是，考虑到实际工程的复杂性，往往是综合运用以上三种信息融合方法去解决问题，因而可以衍生出更多的融合方法。

1.2　滚动轴承质量评估中的乏信息问题

1.2.1　滚动轴承零件制造工艺过程评估

随着科学技术的快速发展，对机械产品质量的要求越来越高。在满足产品质量要求的前提下，为提高效益，降低生产成本，须控制制造过程中加工产品的合格率即保证加工的产品质量。机床调整好以后进入正式生产阶段，其制造过程是否稳定可直接影响到制造过程中加工的产品质量。显然，对机床调整好以后制造过程的稳定性进行研究是有意义的。

测量不确定度是测量结果本身具有的一个特征参数，可以用来合理地描述某属性被测量值的分散程度。测量不确定度含有若干个分量，按照其数值评定方法的不同，可分为统计不确定度与非统计不确定度两种。目前，测量不确定度主要是用统计学方法来处理，某些情况也可用乏信息理论来估计。在实际制造过程中，制造系统的结构复杂且影响因素较多，导致制造过程也具有较复杂的属性，一般情况下其属性的概率分布是未知的。如果还用统计学方法研究制造过程的稳定性则是行不通的。

非平稳随机过程的动态非线性评估是研究制造过程的重要问题，因为其复杂的制造过程是多变的。

1.2.2　滚动轴承零件加工质量评估

轴承零件制造加工质量的内容很多，有加工精度方面的球度、圆柱度、圆度以及各种跳动误差等，还有加工表面质量方面的粗糙度、烧伤、裂纹和拉毛等问题。这些加工质量参数被认为是随机变量，它们的概率密度函数，即使对大批量生产而言，有很多到目前仍然是未知的和待确认的。如果像经典统计学那样，简单地假设它们的概率密度函数为正态分布或瑞利分布，这样的假设带来的误差是难以估量的。

1.2.3　滚动轴承产品性能评估

从广义上看，在启动或工作运行过程中，当轴承的某些工作参数或性能不能满足工作主机要求时，就可以认为该滚动轴承已经失效，不能继续使用了。轴承滚动表面疲劳剥落、磨损、损伤、变形及烧伤，轴承本身温度过高、振动和噪声加剧、摩擦增大和运转失灵或不稳定等，都可以归类为工作性能问题。

在新型轴承正式投入使用之前，应当掌握或了解该轴承产品的性能参数。这主要借助理论计算和实验来完成，而实验是最可靠的和最具说服力的。

对于乏信息性能实验而言，一般可以认为不存在趋势项即忽略变化的系统误差的影响，这是因为实验室实验可以控制实验条件为所需要的理想状态。此时的难度主要是概率分布的建立和确认。例如，新型航天器轴承的摩擦实验、钻井轴承的磨损实验、汽车离合器轴承的离合寿命实验和静音机械轴承的噪声实验等，很少有文献报道这些实验所涉及的概率密度函数，因而其分析结果是值得商榷的[5]。

对于野外上车实验，情况更加复杂，有许多未知因素和突发因素的影响，是乏信息系统理论研究的重要问题之一。

1.3　主要研究内容

本书首次进行滚动轴承产品接触应力与振动的有限元设计与分析、滚动轴承零件制造系统的运行状态研究、轴承零件加工质量以及产品运行质量全面的乏信息评估，将乏信息评估贯穿于滚动轴承的整个质量生命周期，揭示出滚动轴承零件与产品的质量实现、质量控制以及质量服役等质量的全生命周期运行机制，为提升机械产品与基础零部件的生产质量与服役质量奠定全新评估方法的理论基础。

本书主要涉及滚动轴承产品接触应力与振动的有限元设计与分析、滚动轴承零件制造工艺过程评估、滚动轴承零件加工质量评估与滚动轴承产品性能评估等问题，共分 9 章，各章内容如下：

第 1 章为绪论，简要介绍乏信息系统理论的基本概念和滚动轴承质量评估中的乏信息问题，为后续章节的研究奠定基础。

第 2 章研究滚动轴承制造工艺过程的灰验证问题，内容包括：机床加工误差调整，工序能力及其等级的确定，排序灰关系的制造过程稳定性评估，制造过程变异评估和非排序灰关系的制造过程稳定性评估等。

第 3 章研究滚动轴承制造工艺过程的模糊验证问题，内容包括：机床加工误差的调整，制造过程稳定性评估和系统误差诊断。

第 4 章研究滚动轴承加工质量与振动的乏信息分析问题，用粗集理论寻求滚动轴承振动影响因素，用神经网络理论构建滚动轴承振动模型，用模糊理论进行滚动轴承质量聚类。

第 5 章研究滚动轴承质量的真值融合原理与模糊假设检验方法，内容包括：真值融合原理及其实际案例，滚动轴承质量时间序列的模糊假设检验及其实验研究。

第 6 章研究滚动轴承质量的自助与灰自助实验评估问题，以圆锥滚子轴承为具体研究对象，分别用自助法与灰自助法研究轴承产品的质量参数即振动速度和振动加速度，以及轴承零件的质量参数即滚子凸度、内滚道波纹度及外滚道粗糙度，并将自助法与灰自助法的研究结果进行对比分析。

第 7 章研究滚动轴承性能的乏信息过程假设检验问题，利用乏信息系统理论对滚动轴承性能实验数据进行处理分析，提出基于时间序列和基于相空间时间序列的滚动轴承性能特征参数的乏信息假设检验模型，对滚动轴承在时间序列上的运行状况进行分析与判断。

第 8 章研究滚动轴承运行性能时间序列演化过程的识别方法，提出灰识别方法和泊松识别方法，以识别滚动轴承运行性能时间序列演化过程。灰识别方法基于灰色系统理论中的灰色关联度概念，通过构建乏信息元函数以及时间序列稳定性准则，来识别滚动轴承运行性能时间序列从原始状态到演化状态的遍历过程。泊松识别方法基于泊松过程，在滚动轴承振动性能概率分布和趋势项未知的乏信息情况下，建立累积失效概率函数模型，实现滚动轴承振动性能变异过程的有效识别。

第 9 章研究缺陷圆锥滚子轴承应力与振动的有限元分析问题，以卡车用的双列圆锥滚子轴承为研究对象，基于 ANSYS 对其进行静力学和动力学有限元分析。首先，根据卡车的受力特点计算轴承的载荷分布，利用有限元模拟仿真分析圆锥滚子的最佳凸度、对数曲线滚子母线与内圈滚道母线的最佳凸度匹配方案、圆锥滚子的凸度偏移范围以及凸度圆锥滚子的偏斜角范围。其次，以 ANSYS/LS-DYNA 为工作平台，建立凸度圆锥滚子轴承的动力学有限元模型，提取仿真计算的数据，并结合自助法进行数据分析，研究滚子的凸度量及凸度偏移值对圆锥滚子轴承振动波动性的影响。

第 2 章　滚动轴承制造工艺过程的灰验证

本章研究滚动轴承制造工艺过程的灰验证问题，内容包括机床加工误差调整，工序能力及其等级的确定，排序灰关系的制造过程稳定性评估，制造过程变异评估和非排序灰关系的制造过程稳定性评估等。

2.1　基于灰自助最大熵法的机床加工误差调整

一个复杂的制造工艺过程是由若干个工序组成，在机械加工的每一道工序中总是需要对工艺系统进行这样或那样的调整工作，调整工作又不可能绝对准确，因而会产生调整误差。机床调整的基本方法有试切法和调整法，现采用试切法调整，即对工件进行试切—测量—调整—再试切，直到工件满足要求的质量指标为止。

对于制造过程而言，在大批量生产条件下，对轴承套圈磨削尺寸控制时，要对磨削系统进行调整。短期的调整过程可以看成一个静态过程，属于静态实验。若短期内连续试磨很少的几个工件(如 4~10 个)，则所得到的几个数据就构成了小样本数据序列，可以用静态方法分析这个数据序列。

灰自助最大熵法是将自助法、灰色系统理论和信息熵理论三者相融合的方法[1-5,7]。首先运用自助法对当前少的信息量进行自助再抽样，得到大量样本数据；然后利用灰色系统理论建立误差的灰自助动态预报模型；最后用最大熵方法获得输出误差的概率分布。根据输出误差的概率分布，对机床加工误差进行调整，使产品质量满足要求。利用灰自助最大熵法对制造过程输出的信息进行分析并对机床加工误差做出相应调整，可保证整个工艺的稳定性[8-13]。利用该方法还可以确定工序能力及其等级。

2.1.1　机械制造工艺中误差的参数估计

1. 误差的灰自助预测模型

在调整的试切过程中，设一个制造工艺输出的误差序列向量 $\boldsymbol{X}$ 为

$$\boldsymbol{X} = (x(1), x(2), \cdots, x(n), \cdots, x(N)) \tag{2-1}$$

式中，$x(n)$ 为第 n 个数据，n 为序号，N 为数据个数。

从 X 中等概率可放回地抽样，抽取 N 次，得到第 1 个自助样本，它有 N 个数据。这个抽样过程重复 B 步，得到 B 个自助再抽样样本，用向量表示为

$$\boldsymbol{\varPsi} = (\boldsymbol{\varPsi}_1, \boldsymbol{\varPsi}_2, \cdots, \boldsymbol{\varPsi}_b, \cdots, \boldsymbol{\varPsi}_B) \tag{2-2}$$

式中，$\boldsymbol{\varPsi}_b$ 为自助样本的第 b 个样本，且有

$$\boldsymbol{\varPsi}_b = (\psi_b(1), \psi_b(2), \cdots, \psi_b(n), \cdots, \psi_b(N)) \tag{2-3}$$

根据灰色系统理论，设 $\boldsymbol{\varPsi}_b$ 的一次累加生成序列向量为

$$\boldsymbol{\varGamma}_b = (\gamma_b(1), \gamma_b(2), \cdots, \gamma_b(n), \cdots, \gamma_b(N)) \tag{2-4}$$

式中

$$\gamma_b(n) = \sum_{k=1}^{n} \psi_b(k) \tag{2-5}$$

灰预测模型的微分方程定义为

$$\frac{\mathrm{d}\gamma_b(n)}{\mathrm{d}n} + c_1 \gamma_b(n) = c_2 \tag{2-6}$$

式中，c_1 和 c_2 为待定系数。

设均值生成序列向量为

$$\boldsymbol{Z}_b = (z_b(2), z_b(3), \cdots, z_b(n), \cdots, z_b(N)), \quad n = 2, 3, \cdots, N \tag{2-7}$$

$$z_b(n) = (0.5\gamma_b(n) + 0.5\gamma_b(n-1)), \quad n = 2, 3, \cdots, N \tag{2-8}$$

利用初始条件 $\gamma_b(1) = \psi_b(1)$，得到灰微分方程的最小二乘解为

$$\hat{\gamma}_b(n+1) = \left(\psi_b(1) - \frac{c_2}{c_1} \right) \exp(-c_1 n) + \frac{c_2}{c_1} \tag{2-9}$$

式中，参数 c_1 和 c_2 为

$$(c_1, c_2)^{\mathrm{T}} = (\boldsymbol{D}^{\mathrm{T}} \boldsymbol{D})^{-1} \boldsymbol{D}^{\mathrm{T}} \boldsymbol{\varPsi}_b^{\mathrm{T}} \tag{2-10}$$

式中

$$\boldsymbol{D} = (-\boldsymbol{Z}_b, \boldsymbol{I})^{\mathrm{T}} \tag{2-11}$$

式中

$$\boldsymbol{I} = (1, 1, \cdots, 1) \tag{2-12}$$

根据累减生成，制造工艺过程输出的误差序列 X 的预测值为

$$\hat{\psi}_b(n+1) = \hat{\gamma}_b(n+1) - \hat{\gamma}_b(n) \tag{2-13}$$

由灰预测模型可以得到预测向量序列 $\boldsymbol{\varDelta}$ 为

$$\boldsymbol{\varDelta} = (\delta_1, \delta_2, \cdots, \delta_b, \cdots, \delta_B) \tag{2-14}$$

用最大熵原理处理式(2-14)的数据，可以得到机械制造过程中输出误差的概率分布。

2. 误差的概率分布

根据信息熵原理，机械制造工艺系统输出的误差概率分布应满足最大熵原理。

为叙述方便，用连续信息源变量 x 表示式(2-14)中的离散预测值 δ_b。对于系统输出的连续信息源，定义最大熵 $H(x)$ 为

$$H(x) = -\int_{\Omega_{\min}}^{\Omega_{\max}} f(x)\ln f(x)\mathrm{d}x \tag{2-15}$$

式中，$f(x)$ 为连续信息源 x 的概率密度函数；$\Omega_{\min}$ 和 $\Omega_{\max}$ 分别为 x 积分区间的下界值和上界值。

令

$$H(x) \to \max \tag{2-16}$$

约束条件为

$$\int_{\Omega_{\min}}^{\Omega_{\max}} x^j f(x)\mathrm{d}x = m_j, \quad j = 1, 2, \cdots, m \tag{2-17}$$

式中，m 为最高原点距阶数；m_j 为第 j 阶原点距；x_j 为求解第 j 阶原点矩时 $f(x)$ 的系数。

由统计学可知，误差的各阶样本原点矩为

$$m_j = \frac{1}{B}\sum_{b=1}^{B} x_b^j \tag{2-18}$$

采用拉格朗日乘子法求解，设 H_{L} 为拉格朗日函数，拉格朗日乘子为 $\lambda_0, \lambda_1, \cdots, \lambda_m$，得到

$$H_{\mathrm{L}} = H(x) + (\lambda_0 + 1)\left[\int_{\Omega_{\min}}^{\Omega_{\max}} f(x)\mathrm{d}x - 1\right] + \sum_{j=1}^{m}\lambda_j\left[\int_{\Omega_{\min}}^{\Omega_{\max}} x^j f(x)\mathrm{d}x - m_j\right] \tag{2-19}$$

令

$$\frac{\mathrm{d}H_{\mathrm{L}}}{\mathrm{d}f(x)} = 0$$

则

$$-\int_{\Omega_{\min}}^{\Omega_{\max}}(\ln f(x) + 1)\mathrm{d}x + (\lambda_0 + 1)\int_{\Omega_{\min}}^{\Omega_{\max}}\mathrm{d}x + \sum_{j=1}^{m}\lambda_j\left(\int_{\Omega_{\min}}^{\Omega_{\max}} x^j \mathrm{d}x\right) = 0 \tag{2-20}$$

整理得

$$f = f(x) = \exp\left(\lambda_0 + \sum_{j=1}^{m}\lambda_j x_j\right) \tag{2-21}$$

式(2-21)为最大熵概率密度函数的解析式。

在式(2-21)中，拉格朗日乘子 λ_0 为

$$\lambda_0 = -\ln\left[\int_{\Omega_{\min}}^{\Omega_{\max}} \exp\left(\sum_{j=1}^{m} \lambda_j x^j\right) \mathrm{d}x\right] \tag{2-22}$$

其余 m 个拉格朗日乘子用式(2-23)所示的 m 个非线性方程组求解：

$$g_j = g(\lambda_j) = 1 - \frac{\displaystyle\int_{\Omega_{\min}}^{\Omega_{\max}} x^j \exp\left(\sum_{j=1}^{m} \lambda_j x^j\right) \mathrm{d}x}{\displaystyle m_j \int_{\Omega_{\min}}^{\Omega_{\max}} \exp\left(\sum_{j=1}^{m} \lambda_j x^j\right) \mathrm{d}x} = 0, \quad j = 1, 2, \cdots, m \tag{2-23}$$

3. 误差的参数估计

制造工艺过程中误差的估计真值为

$$X_0 = \int_{\Omega_{\min}}^{\Omega_{\max}} x f(x) \mathrm{d}x \tag{2-24}$$

假设显著性水平 $\alpha \in [0,1]$，则置信水平为

$$P = (1 - \alpha) \times 100\% \tag{2-25}$$

置信区间的下边界值 $X_{\mathrm{L}} = X_{\frac{\alpha}{2}}$，且有

$$\frac{\alpha}{2} = \int_{\Omega_{\min}}^{X_{\mathrm{L}}} f(x) \mathrm{d}x \tag{2-26}$$

置信区间的上边界值 $X_{\mathrm{U}} = X_{1-\frac{\alpha}{2}}$，且有

$$1 - \frac{\alpha}{2} = \int_{\Omega_{\min}}^{X_{\mathrm{U}}} f(x) \mathrm{d}x \tag{2-27}$$

因此，误差的估计区间为

$$[X_{\mathrm{L}}, X_{\mathrm{U}}] = [X_{\frac{\alpha}{2}}, X_{1-\frac{\alpha}{2}}] \tag{2-28}$$

2.1.2　加工误差的调整

机械制造工艺调整时必须正确规定机床加工误差的调整范围，才能保证整批零件的加工质量都在要求的范围之内。

在实际加工过程中，已知零件某属性的真值 W_{T}（W_{T} 为下述仿真实验和实际案例中进行机床加工误差调整时圆锥滚子轴承内圈内径 X、内圈锥度 θ 的真值）和允许调整误差 ω，按照工艺要求顺序加工之后，该属性的测量值为 W。如果该零件属性的理想分布已知，可以用蒙特卡罗方法模拟出满足该分布特征的数据，然后运用灰自助最大熵法得到该零件属性的估计真值 W_{01}，从而得到第 1 次调整误差：

$$\omega_1 = W_T - W_{01} \tag{2-29}$$

当 $|\omega_1| \leqslant \omega$ 时，表明机床的加工误差满足零件属性的允许调整误差要求，可以按工艺要求正常加工；当 $|\omega_1| > \omega$ 时，表明机床的加工误差不满足零件属性的允许调整误差要求。此时，应对机床的加工误差进行调整，减小第 1 次调整误差 ω_1，从而使得机床的加工误差满足零件属性的允许调整误差要求。此时，利用式

$$W' = W_T + \omega - \omega_1 \tag{2-30}$$

的值，再次利用蒙特卡罗方法模拟出满足该分布特征的数据，然后运用灰自助最大熵法得到该零件属性的估计真值 W_{02}。其中，W' 为第 1 次进行机床加工误差调整时零件属性因素的值(如下述仿真实验和实际案例中第 1 次进行机床加工误差调整时圆锥滚子轴承内圈内径 X'、内圈锥度 θ')。此时，得到第 2 次调整误差为

$$\omega_2 = W_T - W_{02} \tag{2-31}$$

当 $|\omega_2| < \omega$ 时，表明机床的加工误差满足零件属性的允许调整误差要求。此时，机床加工误差的调整结束。

由于机械制造工艺过程中，随着加工时间的推移，会有各种扰动出现，机床加工误差的调整不可能一次完成，有时需要两次甚至更多次调整之后才能满足产品的加工误差要求。因此，应根据需要进行工艺过程的机床加工误差的调整，使产品的加工误差都满足要求。

2.1.3　仿真实验与实际案例

1. 仿真实验

在仿真实验中，待加工的圆锥滚子轴承 30204 的内圈内径 $X_T=20\text{mm}$，要求允许调整误差 $\omega=0.005\text{mm}$。

现人为地将圆锥滚子轴承 30204 内圈内径 $X_T=20\text{mm}$ 减小为 19.99mm，造成初始误差，将 19.99mm 视为测量值 X。然后用计算机仿真一个标准差为 0.01mm、数学期望为 19.99mm 的正态分布系统，以验证运用灰自助最大熵法调整机床加工误差的正确性。

由于圆锥滚子轴承 30204 内圈内径尺寸数据服从正态分布，用蒙特卡罗方法模拟出满足正态分布及其特征值要求的 7 个数据(单位：mm)，分别为 19.98393，20.00953，19.97840，19.98051，19.98287，19.98848，19.99433，如图 2-1 所示。

设置信水平 $P=99\%$。用灰自助模型预报时，取 $B=10000$，预报结果如图 2-2 所示。根据最大熵原理，圆锥滚子轴承内圈内径误差的概率分布 $f(x)$ 如图 2-3 所

示，并得到估计真值 X_{01}=19.9882mm。此时根据式(2-29)，得到第 1 次调整误差 ω_1=0.0118mm。

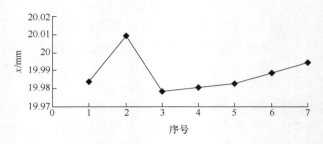

图 2-1　内圈内径第 1 次模拟数据

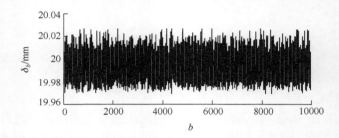

图 2-2　内圈内径第 1 次预报信息

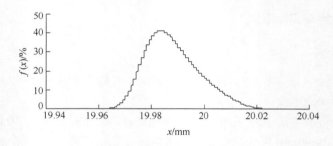

图 2-3　内圈内径第 1 次预报的概率分布

从图 2-3 可以看出，内圈内径的概率分布呈现偏左态分布现象。因为 $|\omega_1| > \omega$，所以机床的加工误差不满足轴承内圈内径的允许调整误差。应对机床的加工误差进行调整，减小第 1 次调整误差 ω_1，使机床的加工误差满足轴承内圈内径的允许调整误差。

根据式(2-30)，得到第 1 次进行机床加工误差调整时圆锥滚子轴承 30204 内圈内径尺寸值 X'=19.9932mm，再次用蒙特卡罗方法模拟出满足标准差为 0.01mm、数学期望为 19.9932mm 的正态分布系统的 7 个数据(单位：mm)，分别为 20.00424，19.98985，20.00871，19.99082，19.98318，20.01878，20.02465，如图 2-4 所示。

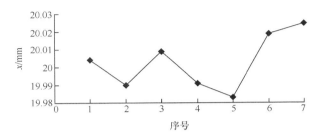

图 2-4　内圈内径第 2 次模拟数据

设置信水平 P=99%，用灰自助模型预报时，取 B=10000，预报结果如图 2-5 所示。根据最大熵原理，圆锥滚子轴承内圈内径误差的概率分布 $f(x)$ 如图 2-6 所示，得到估计真值 X_{02}=20.0009mm。此时根据式(2-31)，得到第 2 次调整误差 ω_2=-0.0009mm。

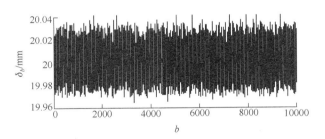

图 2-5　内圈内径第 2 次预报信息

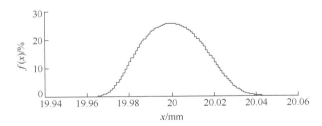

图 2-6　内圈内径第 2 次预报的概率分布

从图 2-6 可以看出，内圈内径的概率分布呈正态分布。因为 $|\omega_2|<\omega$，所以机床的加工误差满足轴承内圈内径的允许调整误差。机床加工误差的调整结束。

根据圆锥滚子轴承内圈内径误差的概率分布 $f(x)$，得到估计真值

X_{02}=20.0009mm，估计区间为[19.9707mm，20.0347mm]。仿真数据都在其区间内，所以预报的准确率为100%。

用第1次进行机床加工误差调整时轴承内圈内径尺寸值 X' 继续仿真1000个数据。这1000个数据满足±3σ(σ 为标准差)原则。

2. 实际案例

欲研究圆锥滚子轴承内圈锥度问题，用计算机仿真一个真值 θ_T=0、分布区间为[-4×10^{-4}rad,4×10^{-4}rad]的均匀分布系统，允许调整误差 ω=4×10^{-4}rad。在实际加工之后，得到锥度 θ=-5×10^{-4}rad，机床的加工误差不满足圆锥滚子轴承内圈锥度的允许调整误差，此时需要调整砂轮或工件。用计算机仿真一个数学期望为 -5×10^{-4}rad、分布区间为[-4×10^{-4}rad,4×10^{-4}rad]的均匀分布系统。

由于圆锥滚子轴承内圈锥度数据服从均匀分布，用蒙特卡罗方法模拟出满足均匀分布及其特征值要求的6个数据(单位：10^{-4}rad)，分别为 -3.96805，-8.02033，-3.12569，-8.52298，-6.6998，-1.60738，如图2-7所示。

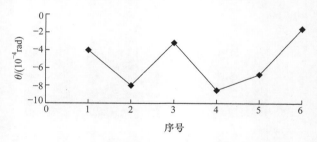

图2-7 内圈锥度第1次模拟数据

设置信水平 P=99%。用灰自助模型预报时，取 B=10000，预报结果如图2-8所示。根据最大熵原理，圆锥滚子轴承内圈锥度误差的概率分布 $f(x)$ 如图2-9所示，得到估计真值 θ_{01}=-5.85766×10^{-4}rad。此时根据式(2-29)，得到第1次调整误差 ω_1=5.85766×10^{-4}rad。

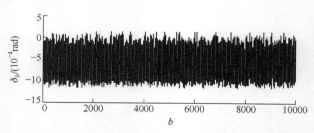

图2-8 内圈锥度第1次预报信息

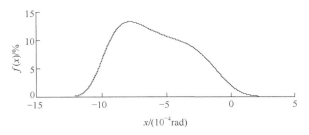

图 2-9　内圈锥度第 1 次预报的概率分布

从图 2-9 可以看出，内圈锥度的概率分布呈现不规则现象。因为 $\omega_1 > \omega$，所以机床加工误差不满足轴承内圈锥度的允许调整误差要求。应对机床的加工误差进行调整，减小第 1 次调整误差 ω_1，使机床加工误差满足轴承内圈锥度的允许调整误差要求。

根据式 (2-30)，得到第 1 次进行机床加工误差调整时轴承内圈锥度值 $\theta' = -1.85766 \times 10^{-4}\text{rad}$，再次用蒙特卡罗方法模拟出满足数学期望为 $-1.85766 \times 10^{-4}\text{rad}$、分布区间为 $[-4 \times 10^{-4}\text{rad}, 4 \times 10^{-4}\text{rad}]$ 的均匀分布系统的 6 个数据(单位：10^{-4}rad)，分别为 -2.29490，-0.83173，-5.03813，-5.46825，0.47005，0.21131，如图 2-10 所示。

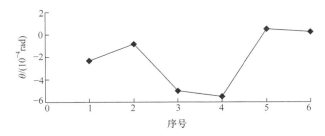

图 2-10　内圈锥度第 2 次模拟数据

设置信水平 $P=99\%$。用灰自助模型预报时，取 $B=20000$，预报结果如图 2-11 所示。根据最大熵原理，圆锥滚子轴承内圈锥度误差的概率分布 $f(x)$ 如图 2-12 所示，估计真值 $\theta_{02} = -2.36178 \times 10^{-4}\text{rad}$。此时根据式 (2-31)，得到第 2 次调整误差 $\omega_2 = 2.36178 \times 10^{-4}\text{rad}$。

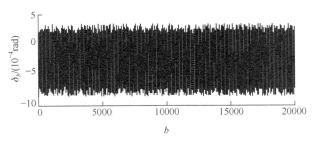

图 2-11　内圈锥度第 2 次预报信息

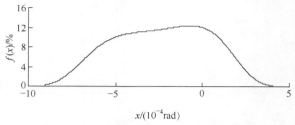

图 2-12　内圈锥度第 2 次预报的概率分布

从图 2-12 可以看出，内圈锥度的概率分布近似呈均匀分布。因为 $\omega_2 < \omega$，所以机床的加工误差满足轴承内圈锥度的允许调整误差。机床加工误差的调整结束。

根据圆锥滚子轴承内圈锥度误差的概率分布 $f(x)$，得到估计真值 $\theta_{02} = -2.36178 \times 10^{-4}$rad，估计区间为 $[-8.28598 \times 10^{-4}$rad, 3.1527×10^{-4}rad$]$。仿真数据都在其区间内，所以预报的准确率为 100%。

以上案例是在系统属性的信息量极少的情况下，将灰自助法和信息熵法相融合，得到系统的概率分布、估计真值及估计区间，预报的准确率都达到了 100%，从而实现了对系统的调整与控制。

2.2　工序能力及其等级的确定

根据传统机械制造工艺学，工序能力指的是工序处于稳定状态时，加工误差正常的波动幅度。当加工误差属性服从正态分布时，其误差的分散范围为 6σ（σ 为标准差），所以该误差属性的工序能力就是 6σ。但是当加工误差的属性不服从正态分布或者加工误差的属性更复杂时，可以运用乏信息系统理论，根据本章所提出的灰自助最大熵法获得工序能力。

用灰自助最大熵法可以得到误差属性的概率分布及误差的估计区间，于是工序能力可以描述为

$$C = [X_{\text{L}}, X_{\text{U}}] = [X_{\frac{\alpha}{2}}, X_{1-\frac{\alpha}{2}}] \tag{2-32}$$

即工序能力就是该误差属性的估计区间。

工序能力等级用工序能力指数表示，它代表了工序能满足加工精度要求的程度，当某一工序处于稳定状态时，工序能力系数 C_{P} 可以表示为

$$C_{\text{P}} = \frac{T}{X_{\text{U}} - X_{\text{L}}} \tag{2-33}$$

式中，T 为工件误差属性的公差。

这里，依据机械制造工艺学，按照工序能力系数的大小，可以将工序能力划分等级。根据工序能力等级的不同，可以估算产品的合格率和不合格率。

2.3　排序灰关系的制造过程稳定性评估

运用灰关系概念，基于两个数据序列之间的系统属性，对制造过程稳定性进行分析，对制造过程的概率分布没有特别要求。通过对数据序列排序，得到排序数据图，提取数据序列的分布特征，从而建立两个数据序列之间系统属性的灰关系，进而实施制造过程的稳定性评估。研究的目的是实现制造系统的稳定运行，改善产品质量的不确定性，提高产品质量水平。

2.3.1　制造过程的排序数据序列

设具有某属性(尺寸误差、圆度、表面粗糙度等)的本征数据序列 X_1 为

$$X_1 = (x_1(1), x_1(2), \cdots, x_1(k), \cdots, x_1(K)), \quad k = 1, 2, \cdots, K \tag{2-34}$$

式中，$x_1(k)$ 为 X_1 的第 k 个数据；K 为数据个数。

在实际生产制造过程中，按加工顺序获得被加工工件的某质量参数的数据序列 X 为

$$X = (x_1, x_2, \cdots, x_t, \cdots, x_T), \quad t = 1, 2, \cdots, T \tag{2-35}$$

式中，x_t 为 X 的第 t 个数据；T 为数据个数，$T > K$。

为了分析制造过程的稳定性，从 X 中依次抽取 K 个数据，构成评估数据序列 X_j 为

$$X_j = (x_j(1), x_j(2), \cdots, x_j(k), \cdots, x_j(K)), \quad k = 1, 2, \cdots, K \tag{2-36}$$

式中，X_j 为制造系统的 j 属性因素，$j \geq 2$；$x_j(k)$ 为 X_j 的第 k 个数据。

分别对数据序列 X_1 和 X_j 中的数据从小到大排序，得到排序数据序列 Y_1 和 Y_j:

$$Y_1 = (y_1(1), y_1(2), \cdots, y_1(k), \cdots, y_1(K)) \tag{2-37}$$

$$Y_j = (y_j(1), y_j(2), \cdots, y_j(k), \cdots, y_j(K)) \tag{2-38}$$

式中，Y_1 为 X_1 的排序数据序列；Y_j 为 X_j 的排序数据序列。

基于灰关系概念，对这两个排序数据序列之间的系统属性特性进行分析，可以实时进行制造过程的稳定性评估。

2.3.2　排序数据序列的灰关系

根据灰关系概念，系统属性是系统内在的某种规律或特性。系统属性可以用某种映射表示，称为系统属性的描述。系统属性可以用数据描述，称这些数据为系统属性参数或系统属性数据。系统属性可以是已知的概率分布，也可以是任何规律的分布，如未知的规律和服从某周期趋势的规律。

通过对数据序列排序，可以得到排序数据图，从中可以得到数据序列的分布

特征，进而建立两个数据序列之间属性的灰关系。

设获得制造系统某属性的两个排序数据序列 Y_1 和 Y_j，其元素分别为 $y_1(k)$ 和 $y_j(k)$，$k=1,2,\cdots,K$。设

$$\bar{y}_h = \frac{1}{K} \sum_{k=1}^{K} y_h(k), \quad h \in (1, j) \tag{2-39}$$

令

$$s_h(k) = y_h(k) - \bar{y}_h \tag{2-40}$$

对式(2-40)进行归一化处理：

$$z_h(k) = \frac{s_h(k) - s_{h\min}}{s_{h\max} - s_{h\min}} \tag{2-41}$$

且有

$$s_{h\min} = \min_k s_h(k) = s_h(1), \quad s_{h\max} = \max_k s_h(k) = s_h(K) \tag{2-42}$$

称

$$Z_h = \{z_h(k) \,|\, k = 1, 2, \cdots, K\}, \quad h \in (1, j) \tag{2-43}$$

为 Y_h 的规范化排序生成序列。

对于规范化排序生成序列 Z_h，有

$$z_h(k) \in [0,1], \; z_h(1) = 0, \quad z_h(n) = 1 \tag{2-44}$$

在最少量信息原理下，对于任意的 $k=1,2,\cdots,K$，若 Z_h 是规范化排序序列，则参考序列 Z_0 的元素可以为常数 0：

$$z_0(k) = z_0 = z_i(1) = 0 \tag{2-45}$$

定义灰关联度：

$$\gamma_{0h} = \gamma(Z_0, Z_h) = \frac{1}{K} \sum_{k=1}^{K} \gamma(z_0(k), z_h(k)) \tag{2-46}$$

取分辨系数 $\xi \in [0,1]$，得到灰关联系数的表达式为

$$\gamma(z_0(k), z_h(k)) = \frac{\xi}{\varDelta_{0h}(k) + \xi}, \quad k = 1, 2, \cdots, K \tag{2-47}$$

灰差异信息为

$$\varDelta_{0h}(k) = |z_h(k) - z_0(k)| \tag{2-48}$$

定义两个数据序列 X_1 和 X_j 之间的灰差为

$$d_{1j} = |\gamma_{01} - \gamma_{0j}| \tag{2-49}$$

已知灰差 d_{1j}，称

$$r_{1j} = 1 - d_{1j} \tag{2-50}$$

为数据序列 X_1 和 X_j 之间的基于灰关联度的相似系数，简称灰相似系数。称

$$R = \{r_{1j}\} = \begin{bmatrix} r_{11} & r_{1j} \\ r_{j1} & r_{jj} \end{bmatrix} = \begin{bmatrix} 1 & r_{1j} \\ r_{j1} & 1 \end{bmatrix} \qquad (2\text{-}51)$$

为灰相似矩阵，又称为灰关系属性，简称灰关系，且有 $0 \leqslant r_{1j} \leqslant 1$。

给定 X_1，X_j，对于 $\xi \in [0,1]$，总存在唯一的实数 $d_{\max} = d_{1j\max}$，使得 $d_{1j} \leqslant d_{\max}$，称 $d_{\max}$ 为最大灰差，相应的 ξ 称为基于最大灰差的最优分辨系数。

定义基于两个数据序列 X_1 和 X_j 之间灰关系的属性权重为

$$f_{1j} = \begin{cases} 1 - d_{\max} / \eta, & d_{\max} \in [0, \eta] \\ 0, & d_{\max} \in [\eta, 1] \end{cases} \qquad (2\text{-}52)$$

式中，f_{1j} 为属性权重，$f_{1j} \in [0,1]$；η 为参数，$\eta \in [0,1]$。

根据灰色系统理论的白化原理与对称原理，若没有理由否认 λ 为真元，则在给定的准则下，默认 λ 为真元的代表。给定 X_1 和 X_j，取参数 $\lambda \in [0,1]$ 为水平，若存在一个映射 $f_{1j} \geqslant \lambda$，则 X_1 和 X_j 具有相同的属性。这里，取 $f_{1j} = \lambda = 0.5$，认为 X_1 和 X_j 具有相同的属性。

设 $\eta \in [0, 0.5]$，由式(2-52)得

$$d_{\max} = (1 - f_{1j}) \eta \qquad (2\text{-}53)$$

称

$$P_{1j} = 1 - (1 - \lambda) \eta = (1 - 0.5\eta) \times 100\% \qquad (2\text{-}54)$$

为灰置信水平。

灰置信水平描述了 X_1 和 X_j 的属性相同的可信度。

在式(2-54)中，η 可以由式(2-53)求得。

2.3.3 制造过程稳定性评估方法

对于一个具有某特定属性的制造系统而言，在正常的制造过程中，系统属性不会发生变化。但是，随着加工时间的推移，由于制造过程的不确定性，会有各种扰动出现，导致质量参数的分布偏离理想分布与特征值(即系统属性发生变化)。这是制造过程不稳定的一个特征表现。

从灰关系概念讲，若评估数据序列 X_j 与本征数据序列 X_1 之间的关系越紧密，则灰置信水平取值就越大，制造过程就越稳定；反之，灰置信水平取值就越小，制造过程就越不稳定。X_j 与 X_1 之间的关系紧密性，在排序图上表现为：X_j 中是否包含有显著大于或显著小于 X_1 中的对应数据，或者从整体趋势上是否有显著异于 X_1 的分布趋势。如果 X_j 的排序图中包含有显著大于或显著小于 X_1 中排序图的对应数据，或者从整体趋势上有显著异于 X_1 的排序图的分布趋势，则灰置信水平取值就越小，表明此时的制造过程是不稳定的；反之，如果 X_j 的排序图和 X_1 的排序图的趋势一样，对应的数据也相差不大，则灰置信水平取值就越大，表

明此时的制造过程是稳定的。这就揭示了两个数据序列的排序特征与制造过程稳定性之间的本质关系。具体实施时，可取 f_{1j}=0.5，通过计算灰置信水平，来评估与预测制造过程是否稳定。若灰置信水平不小于 90%，则认为制造过程是稳定的；否则，是不稳定的。

对于稳定的制造过程，可以保持现状，继续生产；对于不稳定的制造系统，必须停止生产，找出原因，进行维修，重新调整后再继续生产。

在制造过程稳定性的实际评估中，本征数据序列 X_1 的获得应满足正常条件下的分布特征。为此，必须注重产品正式生产前制造系统的调整过程。

在调整制造系统时，试加工 K 个工件，获得将评估的质量参数的 K 个数据，使得这 K 个数据满足理想特征值，并将这 K 个数据作为本征数据序列 X_1。若制造过程的理想分布已知，可以约定好理想特征参数值（例如，正态分布的特征值是数学期望 E 与标准差 σ；瑞利分布的特征值是标准差 σ；均匀分布的特征值是取值的下限值 a 与上限值 b 等），则可以用蒙特卡罗方法模拟本征数据序列 X_1。在这种情况下，将调整过程中以及随后的正式生产中获得的数据都作为评估数据序列中的数据而实施制造过程的稳定性评估。

在随后的正式生产中，根据质量监控的需要，随时采集数据，按一定的时间间隔构成连续的评估数据序列 X_j。这样，通过 X_j 与 X_1 之间的灰关系变化情况来评估制造过程的稳定性。同时，利用数据序列评估制造过程稳定性时，对数据序列的个数没有要求。

2.3.4 仿真实验与实际案例

在制造过程中，会有各种特征的误差出现。由于误差的种类较多，所以仿真实验与实际案例中以误差的分布分别是正态分布和瑞利分布为例，以灰关系为依据，研究制造过程中的稳定性问题。以已知分布为例，反面验证所提方法的正确性。

1. 仿真正态分布

用计算机仿真一个数学期望 E=0、标准差 σ=0.01 的服从正态分布的数据序列，共有 60 个数据，构成数据序列 X。在本次仿真案例中，模拟一个制造过程的输出属于正态分布，即假设某产品质量参数随机变量的理想分布是正态分布。因此，事实上，该制造过程是稳定的。下面评估该制造过程是否稳定，以检验所提出方法的正确性。

将数据序列 X 中的样本含量分为 6 组，$X_1 \sim X_6$，每个序列有 10 个数据：
X_1=(−0.0006, 0.00501, 0.01388, −0.00702, −0.01466, 0.02095, −0.00019, −0.00108, −0.00872, 0.01689)

X_2=(0.00575,−0.02214,−0.00978,−0.01417,0.02168,−0.01621,−0.01385,
　　0.00176,0.00062,−0.00027)

X_3=(0.00209,0.0177,0.01656,−0.00133,0.02103,0.00664,0.0025,
　　−0.01539,0.01697,−0.00742)

X_4=(0.01144,0.00054,−0.0071,−0.01149,−0.01263,0.02648,0.00184,
　　−0.00255,−0.01669,−0.00458)

X_5=(−0.00222,−0.00661,0.01225,−0.00864,−0.00629,−0.01068,0.00819,
　　−0.00271,0.00266,−0.02173)

X_6=(0.00412,−0.00377,0.01859,−0.0058,0.01306,−0.01783,0.00453,
　　0.00014,0.009,0.0081)

以第 1 个数据序列 X_1 为本征数据序列，X_2～X_6 为评估数据序列，研究评估数据序列与本征数据序列的灰关系。相应的排序数据图如图 2-13 所示。

本征数据序列 X_1 与评估数据序列 X_2～X_6 之间的排序灰关系的计算结果分别如下：

$$\xi_{12}^* =0.3501，\gamma_{01}=0.4943，\gamma_{02}=0.5402，d_{12}^*=0.0459$$

$$\xi_{13}^* =0.4001，\gamma_{01}=0.5218，\gamma_{03}=0.4672，d_{13}^*=0.0545$$

$$\xi_{14}^* =0.3001，\gamma_{01}=0.4631，\gamma_{04}=0.5431，d_{14}^*=0.0800$$

$$\xi_{15}^* =0.3001，\gamma_{01}=0.4631，\gamma_{05}=0.4190，d_{15}^*=0.0440$$

$$\xi_{16}^* =0.3501，\gamma_{01}=0.4943，\gamma_{06}=0.4339，d_{16}^*=0.0604$$

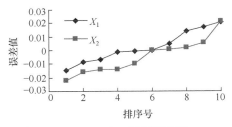

(a) X_1 和 X_2 的排序数据图

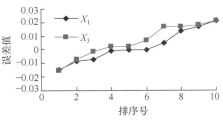

(b) X_1 和 X_3 的排序数据图

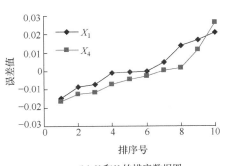

(c) X_1 和 X_4 的排序数据图

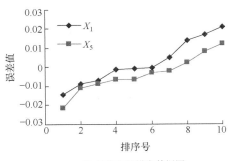

(d) X_1 和 X_5 的排序数据图

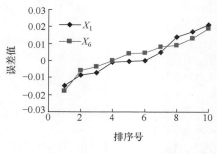

(e) X_1 和 X_6 的排序数据图

图 2-13　仿真排序数据图

取属性权重 f_{1j}=0.5，计算灰置信水平 P_{1j}，结果如表 2-1 所示。

表 2-1　关于正态分布的灰置信水平

f_{1j}	灰置信水平 P_{1j}/%				
	P_{12}	P_{13}	P_{14}	P_{15}	P_{16}
0.5	95.40	94.54	91.99	95.59	93.95

从图 2-13 可以看出，本征数据序列 X_1 与评估数据序列 $X_2 \sim X_6$ 的趋势相同，都是从小到大依次增大，且增大的幅度大致相同。从上述排序灰关系的计算结果可以看出，最大灰差 d_{1j}^* 控制在 0.04～0.08 范围内，其值都相当小。而且，在表 2-1 所示的结果中，第 1 个基于排序的数据序列与其他 5 个数据序列的灰置信水平 P_{1j}>90%，误差小，从而证明该制造过程是稳定的。

现人为地将评估数据序列 X_2 和 X_3 中的一个值分别故意加大和减小，造成野值，其评估数据序列变为 $X_{2'}$ 和 $X_{3'}$，如下所示(式中黑体数值表示野值)：

$X_{2'}$=(0.00575,−0.02214,−0.00978,−0.01417,**0.1**,−0.01621,−0.01385,0.00176, 0.00062,−0.00027)

$X_{3'}$=(0.00209,0.0177,0.01656,**−1.1**,0.02103,0.00664,0.0025,−0.01539,0.01697, −0.00742)

相应地，其排序数据图也发生变化，如图 2-14 所示。

本征数据序列 X_1 与评估数据序列 $X_{2'}$ 和 $X_{3'}$ 之间的排序灰关系的计算结果分别如下：

$$\xi_{12'}^* = 0.2001, \quad \gamma_{01} = 0.3855, \quad \gamma_{02} = 0.6154, \quad d_{12'}^* = 0.2299$$

$$\xi_{13'}^* = 0.5501, \quad \gamma_{01} = 0.5878, \quad \gamma_{03} = 0.4220, \quad d_{13'}^* = 0.1657$$

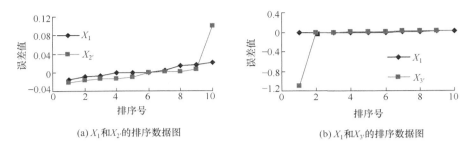

(a) X_1 和 $X_{2'}$ 的排序数据图　　　　　(b) X_1 和 $X_{3'}$ 的排序数据图

图 2-14　加野值的排序数据图

取属性权重 f_{1j}=0.5，灰置信水平为 P_{1j}，结果如表 2-2 所示。

表 2-2　关于加野值的正态分布的灰置信水平

| f_{1j} | 灰置信水平 P_{1j}/% | | | | |
	$P_{12'}$	$P_{13'}$	P_{14}	P_{15}	P_{16}
0.5	77	83.4	91.99	95.59	93.95

从图 2-14 可以看出，本征数据序列 X_1 与评估数据序列 $X_{2'}$ 和 $X_{3'}$ 之间由于野值 0.1 和 −1.1 的影响，图 2-14(a)中的最后一个值和图 2-14(b)中的第一个值，变化幅度很大。从本征数据序列 X_1 与评估数据序列 $X_{2'}$ 和 $X_{3'}$ 之间的排序灰关系计算结果可以看出，最大灰差 d_{1j}^* 都超过了 0.15。从表 2-2 中可以看出，野值 0.1 和−1.1 对制造系统稳定性的影响很大，灰置信水平 $P_{12'}$ 和 $P_{13'}$ 都小于 90%。以上结果表明，这个制造系统的误差很大，而且不稳定。从而验证了运用基于两个排序数据序列的灰关系分析，可以检验制造过程的稳定性。

2. 实际案例

本案例在专用磨床上磨削某滚动轴承内圈滚道，研究滚道表面圆度误差，以评估制造过程的稳定性。

由于圆度数据服从瑞利分布，用蒙特卡罗方法模拟出满足瑞利分布及其特征值 σ =0.35 要求的 K=10 个数据(单位：μm)：

1.18,0.75,0.85,0.75,0.63,0.95,1.06,0.85,1.36,0.65

将这 10 个数据作为本征数据序列 X_1。

在正式磨削开始后，根据质量监控要求，在一个时间区间内，连续抽取 30 个工件，获得圆度数据依次为(单位：μm；黑体数值表示野值)：

1.08,0.90,1.06,**3.28**,1.28,0.88,1.87,1.16,1.06,0.97

1.01,0.70,1.15,0.72,1.08,0.67,1.10,0.98,1.15,1.14

1.64,0.73,0.87,1.91,1.95,1.19,0.78,1.51,1.39,1.39

这些圆度数据构成一个数据序列 X，从 X 中可以获取多个评估数据序列 X_j。

取 $K=10$，将圆度数据序列 X 中的第 $1\sim10$ 个数据 $x_1\sim x_{10}$ 作为第 1 个评估数据序列 X_2，将第 $6\sim15$ 个数据 $x_6\sim x_{15}$ 作为第 2 个评估数据序列 X_3，将第 $11\sim20$ 个数据 $x_{11}\sim x_{20}$ 作为第 3 个评估数据序列 X_4，将第 $16\sim25$ 个数据 $x_{16}\sim x_{25}$ 作为第 4 个评估数据序列 X_5，将第 $21\sim30$ 个数据 $x_{21}\sim x_{30}$ 作为第 5 个评估数据序列 X_6。即本征数据序列和评估数据序列为

$$X_1=(1.18,0.75,0.85,0.75,0.63,0.95,1.06,0.85,1.36,0.65)$$
$$X_2=(1.08,0.90,1.06,\mathbf{3.28},1.28,0.88,1.87,1.16,1.06,0.97)$$
$$X_3=(0.88,1.87,1.16,1.06,0.97,1.01,0.70,1.15,0.72,1.08)$$
$$X_4=(1.01,0.70,1.15,0.72,1.08,0.67,1.10,0.98,1.15,1.14)$$
$$X_5=(0.67,1.10,0.98,1.15,1.14,1.64,0.73,0.87,1.91,1.95)$$
$$X_6=(1.64,0.73,0.87,1.91,1.95,1.19,0.78,1.51,1.39,1.39)$$

下面对磨削过程的稳定性进行连续评估。

取属性权重 $f_{1j}=0.5$，研究本征数据序列 X_1 与实际加工数据序列 $X_2\sim X_6$，即评估数据序列的灰关系，排序数据图如图 2-15 所示。

本征数据序列 X_1 与评估数据序列 $X_2\sim X_6$ 之间的排序灰关系的计算结果分别如下：

$$\xi_{12}^*=0.1501,\ \gamma_{01}=0.4205,\ \gamma_{02}=0.6157,\ d_{12}^*=0.1951$$
$$\xi_{13}^*=0.4501,\ \gamma_{01}=0.6223,\ \gamma_{03}=0.6557,\ d_{13}^*=0.0333$$
$$\xi_{14}^*=0.5001,\ \gamma_{01}=0.6419,\ \gamma_{04}=0.5299,\ d_{14}^*=0.1120$$

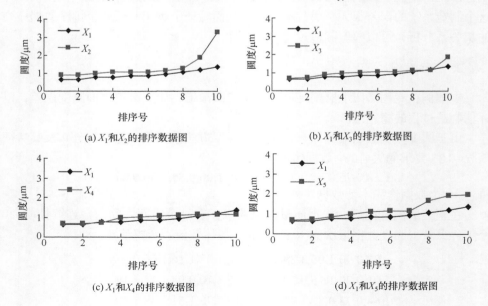

(a) X_1 和 X_2 的排序数据图　　　　　　(b) X_1 和 X_3 的排序数据图

(c) X_1 和 X_4 的排序数据图　　　　　　(d) X_1 和 X_5 的排序数据图

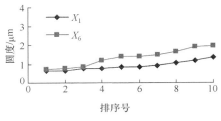

(e) X_1和X_6的排序数据图

图 2-15　排序数据图

$$\xi_{15}^* = 0.2501, \quad \gamma_{01} = 0.5116, \quad \gamma_{05} = 0.4851, \quad d_{15}^* = 0.0265$$
$$\xi_{16}^* = 0.4501, \quad \gamma_{01} = 0.6223, \quad \gamma_{06} = 0.5583, \quad d_{16}^* = 0.0640$$

取属性权重$f_{1j} = 0.5$，则灰置信水平如表 2-3 所示。

表 2-3　关于瑞利分布的灰置信水平 P

f_{1j}	灰置信水平 P_{1j}/%				
	P_{12}	P_{13}	P_{14}	P_{15}	P_{16}
0.5	80.45	96.66	88.78	97.35	93.59

　　从本征数据序列 X_1 与评估数据序列 $X_2 \sim X_6$ 之间的排序灰关系的计算结果可以看出，最大灰差 d_{12}^* 和 d_{14}^* 值较大，超过了 0.1。由表 2-3 可以看出，P_{12} 和 P_{14} 的灰置信水平都小于 90%，所以制造过程中出现不稳定现象，应改进工艺过程或调整磨床。

　　灰置信水平 $P_{12} < 90\%$ 表示评估数据序列 X_2 与本征数据序列 X_1 之间的属性关系不紧密，主要是 X_2 中包含了一个特别显著地大于其他数据的野值 3.28 的缘故。

　　灰置信水平 $P_{14} < 90\%$ 表示评估数据序列 X_4 与本征数据序列 X_1 之间的属性关系不紧密，主要原因是，虽然 X_4 与 X_1 的对应排序数据的数值相差不大，但从整体的排序趋势上看，X_4 中的后 7 个排序数据的分布趋势几乎趋于水平线，没有明显的上升点(不像 X_3 那样)，而 X_1 中的后 7 个排序数据的分布趋势呈现明显上升趋势。

　　显然，通过两个排序系统属性特性灰关系分析可以判断制造过程的稳定性。

2.4　基于自助最大熵法的制造过程变异评估

　　在 2.3 节中研究了基于灰关系的制造过程稳定性评估，利用灰关系概念对制造过程进行评估，不需要已知制造过程某属性的概率分布，可以根据获得该属性数据的排序数据图实现对制造过程的评估。

本节基于乏信息理论，运用自助最大熵法对制造过程进行变异评估，提出用变异概率来评估制造过程是否变异。首先获得制造过程中具有某属性的两个数据序列，分别通过自助法产生大量数据。然后用最大熵法建立相应数据序列的概率密度函数。根据二者概率密度函数图的交集面积求得变异概率，以此揭示制造系统是否发生变异。从而实现对制造过程的变异分析，提高产品生产率。

2.4.1 建立制造过程某属性的概率密度函数

当数据个数较少时，运用自助法模拟出大量的数据，再用最大熵原理建立概率密度函数，从而可以得到概率分布。本节运用乏信息理论，对制造过程中某属性的数据序列进行自助抽样，得到自助样本，然后用最大熵法建立概率密度函数。

1. 自助样本

在制造过程中，按加工顺序获得被加工工件某属性的数据序列 X_0 为

$$X_0 = (x_0(1), x_0(2), \cdots, x_0(k), \cdots, x_0(K)) \tag{2-55}$$

式中，$x_0(k)$ 为第 k 个数据；K 为该属性数据序列的数据个数。

为了分析制造过程是否发生变异，从 X_0 中依次抽取 N 个数据，构成数据序列 X_{0i} 为

$$X_{0i} = (x_{0i}(1), x_{0i}(2), \cdots, x_{0i}(n), \cdots, x_{0i}(N)) \tag{2-56}$$

式中，X_{0i} 为制造过程 i 的属性因素；$x_{0i}(n)$ 为第 n 个数据；N 为数据个数，$K>N$。

在生产制造中，会有常值系统误差的出现，应按理想尺寸调整。因此，消除常值系统误差的数据序列 X_i 为

$$X_i = (x_i(1), x_i(2), \cdots, x_i(n), \cdots, x_i(N)) \tag{2-57}$$

$$X_i = X_{0i} - \frac{1}{N} \sum_{n=1}^{N} x_i(n) \tag{2-58}$$

从 X_i 中等概率可放回地抽样，每次抽取 1 个，抽取 N 次，共获得 N 个数据，得到第 1 个自助样本 X_{ib}。将这个过程重复 B 步，得到 B 个自助再抽样样本，用向量表示为

$$X_{ib} = (x_{ib}(1), x_{ib}(2), \cdots, x_{ib}(n), \cdots, x_{ib}(N)), \quad b = 1, 2, \cdots, B \tag{2-59}$$

式中，X_{ib} 为自助样本的第 b 个样本；$x_{ib}(n)$ 为第 b 个自助样本的第 n 个数据，$n=1, 2, \cdots, N$；N 为第 b 个自助样本数据序列的数据个数。

因此，可以得到一个样本含量为 B 的自助样本：

$$X_{i\text{Bootstrap}} = (x_{i1}, x_{i2}, \cdots, x_{ib}, \cdots, x_{iB}) \tag{2-60}$$

式中

$$x_{ib} = \frac{1}{N}\sum_{n=1}^{N} x_{ib}(n) \tag{2-61}$$

2. 基于最大熵原理建立概率密度函数

基于式(2-58)，运用最大熵方法建立制造过程中某属性的概率密度函数。最大熵法的宗旨是满足信息熵最大的解是最"无偏"的解，它能够对未知的误差概率分布做出主观偏见为最小的最佳估计。对于系统输出的连续信息源，定义最大熵 $H_i(x)$ 为

$$H_i(x) = -\int_{\Omega_{i\min}}^{\Omega_{i\max}} f_i(x)\ln f_i(x)\mathrm{d}x \tag{2-62}$$

式中，$\Omega_{i\min}$ 和 $\Omega_{i\max}$ 分别为积分空间的下界值和上界值。

令

$$H_i(x) \to \max \tag{2-63}$$

约束条件为

$$\int_{\Omega_{i\min}}^{\Omega_{i\max}} f_i(x)\mathrm{d}x = 1 \tag{2-64}$$

$$\int_{\Omega_{i\min}}^{\Omega_{i\max}} x^j f_i(x)\mathrm{d}x = m_{ij}, \quad j = 1,2,\cdots,m \tag{2-65}$$

式中，m 为最高原点距阶数；m_{ij} 为第 j 阶样本原点距。

根据式(2-60)，B 可以是一个很大的数，所以可以得到第 j 阶样本原点距 m_{ij} 为

$$m_{ij} = \frac{1}{B}\sum_{b=1}^{B} (x_{ib})^j \tag{2-66}$$

通过调整 $f_i(x)$ 可以得到最大熵。此时可以通过拉格朗日乘子法进行求解，其解为

$$f_i(x) = \exp\left(\lambda_{i0} + \sum_{j=1}^{m} \lambda_{ij} x^j \right) \tag{2-67}$$

式中，$\lambda_{i0}, \lambda_{i1}, \cdots, \lambda_{ij}$ 为各个拉格朗日乘子，且有

$$m_{ij} = \frac{\int_{\Omega_{i\min}}^{\Omega_{i\max}} x^j \exp\left(\sum_{j=1}^{m} \lambda_{ij} x^j \right)\mathrm{d}x}{\int_{\Omega_{i\min}}^{\Omega_{i\max}} \exp\left(\sum_{j=1}^{m} \lambda_{ij} x^j \right)\mathrm{d}x} \tag{2-68}$$

第 1 个拉格朗日乘子 λ_{i0} 为

$$\lambda_{i0} = -\ln\left[\int_{\Omega_{i\min}}^{\Omega_{i\max}} \exp\left(\sum_{j=1}^{m} \lambda_{ij} x^j \right)\mathrm{d}x \right] \tag{2-69}$$

式(2-67)就是获得的制造过程中某属性的概率密度函数 $f_i(x)$。概率密度函数是对一个总体自然属性的本质模拟，因此可以通过概率密度函数的变化来揭示制造过程是否发生变异。

2.4.2　制造过程某属性的参数估计

制造过程中某属性的估计真值为

$$X_0 = \int_{\Omega_{i\min}}^{\Omega_{i\max}} x f_i(x) \mathrm{d}x \tag{2-70}$$

假设显著性水平 $\alpha \in [0,1]$，则置信水平为

$$P = (1-\alpha) \times 100\% \tag{2-71}$$

置信区间的下边界值 $X_L = X_{\frac{\alpha}{2}}$，且有

$$\frac{\alpha}{2} = \int_{\Omega_{i\min}}^{X_L} f_i(x)\mathrm{d}x \tag{2-72}$$

置信区间的上边界值 $X_U = X_{1-\frac{\alpha}{2}}$，且有

$$1 - \frac{\alpha}{2} = \int_{\Omega_{i\min}}^{X_U} f_i(x)\mathrm{d}x \tag{2-73}$$

2.4.3　制造过程变异评估方法

对于一个具有某特定属性的制造系统而言，在正常的制造过程中，系统属性不会发生变化，或者说，产品的某个质量参数(如尺寸误差、圆度、表面粗糙度等)被认为是一个随机变量，属于某个特定的理想分布并具有理想特征值(例如，正态分布的特征值是数学期望 E 与标准差 σ；瑞利分布的特征值是标准差 σ；均匀分布的特征值是取值的下限值 a 与上限值 b 等)。但是系统是随机的，随着时间的推移，由于制造过程的不确定性，会有各种扰动出现，工件属性的概率分布不可能一成不变。少量的变化是允许的，此时认为系统没有发生变异。如果工件属性的概率分布发生很大变化，则认为系统发生变异，属于非正常制造过程。这是制造过程变异的一个特征表现。

本节用变异概率评估制造过程。变异概率描述了两个数据序列的概率密度函数面积交集的大小。交集越大，变异概率越小，表明制造过程未发生变异；反之，若交集越小，则变异概率越大，说明制造过程发生了变异。

根据式(2-55)～式(2-57)，令 $i=1$，获得制造过程中某特定属性的本征数据序列 X_1 为

$$X_1 = (x_1(1), x_1(2), \cdots, x_1(n), \cdots, x_1(N)) \tag{2-74}$$

从而，根据上述自助最大熵法，可以得到本征数据序列的本征函数 $f_1(x)$ 为

$$f_1(x) = \exp(\lambda_{10} + \sum_{j=1}^{m} \lambda_{1j} x^j) \tag{2-75}$$

在评估该制造过程时，令 $i=t$，同理根据式(2-55)～式(2-57)，得到该特定属性的评估数据序列 X_t 为

$$X_t = (x_t(1), x_t(2), \cdots, x_t(n), \cdots, x_t(N)), \quad t = 2, 3, 4, \cdots \tag{2-76}$$

基于自助最大熵法，获得该属性评估数据序列的评估函数 $f_t(x)$ 为

$$f_t(x) = \exp(\lambda_{t0} + \sum_{j=1}^{m} \lambda_{tj} x^j) \tag{2-77}$$

按照模糊集合的交集概念，定义 $\alpha_{1,t}$ 为变异概率：

$$\alpha_{1,t} = 1 - A(f_1(x) \cap f_t(x)) \tag{2-78}$$

式中，$A(f_1(x) \cap f_t(x))$ 为函数 $f_1(x)$ 与 $f_t(x)$ 的交集面积。

在实际生产过程中，通过判断本征函数 $f_1(x)$ 与评估函数 $f_t(x)$ 交集面积的大小，即变异概率，以评估制造过程是否发生变异。这里，本征函数 $f_1(x)$ 与评估函数 $f_t(x)$ 交集的面积越大，则变异概率越小，表明制造过程没有发生变异；反之，则发生变异现象。

本征函数 $f_1(x)$ 是通过对本征数据序列 X_1 运用自助最大熵方法得到的。因此，本征数据序列 X_1 的选择尤为重要。在评估实际制造过程时，本征数据序列 X_1 应满足正常条件下的分布特征，所以在生产加工之前必须对制造系统进行调整。

在调整制造系统时，同样地，试加工 N 个工件，获得将评估的质量参数的 N 个数据，使得这 N 个数据满足理想特征值，并将这 N 个数据作为本征数据序列 X_1。若制造过程的理想分布已知，且约定好理想特征参数值，则可以用蒙特卡罗方法模拟本征数据序列 X_1。在这种情况下，将调整过程中以及随后的正式生产中获得的数据都作为评估数据序列中的数据而实施制造过程的变异评估。

在之后的正式生产中，根据需要，按照一定的时间间隔采集数据，构成评估数据序列 X_t，通过计算 X_1 和 X_t 之间的变异概率实现对制造过程的变异评估。

对于没有发生变异的制造过程，可以按要求继续生产；而对于发生变异的制造过程，必须停止生产，然后进行全方面检查，确保整个制造过程不发生变异。

2.4.4 仿真实验与实际案例

1. 仿真实验

对于制造过程的研究，要注意各种误差特征的出现，如尺寸直径、圆度、粗糙度等误差，因此必须进行计算机仿真实验。尺寸直径误差属于正态分布，以正态分布为例，用计算机仿真一个数学期望 $E=0$、标准差 $\sigma=0.01$ 的正态分布数据序列，共有 60 个数据，构成数据序列 X_0(与 2.3.4 节仿真正态分布部分

的数据相同)。

在本仿真案例中，模拟一个制造过程的输出属于正态分布，即假设某产品质量参数随机变量的理想分布是正态分布。因此，事实上，该制造过程没有发生变异。下面评估该制造过程是否发生变异，以检验本章提出方法的正确性。

按顺序从数据序列 X_0 中抽取 10 个数据,构成数据序列 $X_{01} \sim X_{06}$(与 2.3.4 节仿真正态分布部分的数据相同)，每个序列有 10 个数据：

X_{01}=(−0.0006,0.00501,0.01388,−0.00702,−0.01466,0.02095,−0.00019,−0.00108,
　　　　−0.00872,0.01689)

X_{02}=(0.00575,−0.02214,−0.00978,−0.01417,0.02168,−0.01621,−0.01385,0.00176,
　　　　0.00062,−0.00027)

X_{03}=(0.00209,0.0177,0.01656,−0.00133,0.02103,0.00664,0.0025,−0.01539,
　　　　0.01697,−0.00742)

X_{04}=(0.01144,0.00054,−0.0071,−0.01149,−0.01263,0.02648,0.00184,−0.00255,
　　　　−0.01669,−0.00458)

X_{05}=(−0.00222,−0.00661,0.01225,−0.00864,−0.00629,−0.01068,0.00819,
　　　　−0.00271,0.00266,−0.02173)

X_{06}=(0.00412,−0.00377,0.01859,−0.0058,0.01306,−0.01783,0.00453,0.00014,
　　　　0.009,0.0081)

由于存在常值系统误差，必须按理想尺寸调整，消除该误差对制造过程的影响。根据式(2-58)，消除常值系统误差，因此重新构成数据序列 $X_1 \sim X_6$：

X_1=(−0.003046,0.002564,0.011434,−0.009466,−0.017106,0.018504,−0.002636,
　　　−0.003526,−0.011166,0.014444)

X_2=(0.01041,−0.01748,−0.00512,−0.00951,0.02634,−0.01155,−0.00919,0.00642,
　　　0.00528,0.00439)

X_3=(−0.003845,0.011765,0.010625,−0.007265,0.015095,0.000705,−0.003435,
　　　−0.021325,0.011035,−0.013355)

X_4=(0.01291,0.00201,−0.00563,−0.01002,−0.01116,0.02795,0.00331,−0.00108,
　　　−0.01522,−0.00311)

X_5=(0.00136,−0.00303,0.01583,−0.00506,−0.00271,−0.0071,0.01177,0.00087,
　　　0.00624,−0.01815)

X_6=(0.001106,−0.006784,0.015576,−0.008814,0.010046,−0.020844,0.001516,
　　　−0.002874,0.005986,0.005086)

以第一个数据序列 X_1 为本征数据序列，$X_2 \sim X_6$ 为评估数据序列，研究评估数据序列 $X_2 \sim X_6$ 与本征数据序列 X_1 之间的变异概率。

设灰置信水平 P=99%。用自助模型预报时，取 B=50000，X_1 的预报结果如图 2-16 所示。同理，$X_2 \sim X_6$ 的预报结果如图 2-17～图 2-21 所示。根据最大熵原理，得到本征函数图像，如图 2-22 所示。本征函数与评估函数的交集面积如图 2-23 所示，从而可以得出各个变异概率。

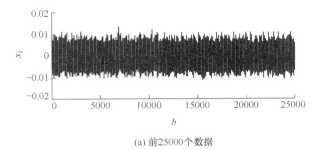

(a) 前25000个数据

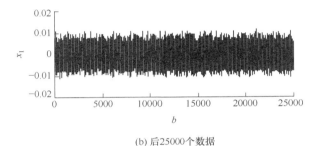

(b) 后25000个数据

图 2-16　X_1 的预报信息

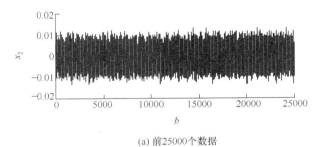

(a) 前25000个数据

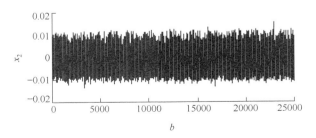

(b) 后25000个数据

图 2-17　X_2 的预报信息

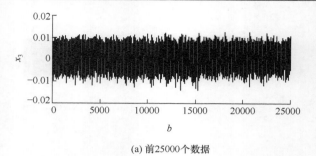

(a) 前25000个数据

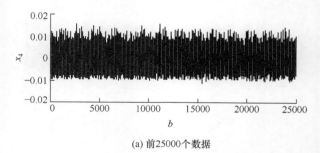

(b) 后25000个数据

图 2-18　X_3 的预报信息

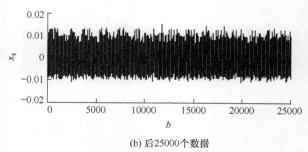

(a) 前25000个数据

(b) 后25000个数据

图 2-19　X_4 的预报信息

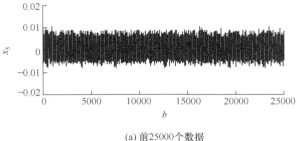

(a) 前25000个数据

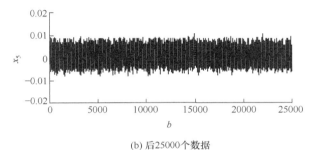

(b) 后25000个数据

图 2-20　X_5 的预报信息

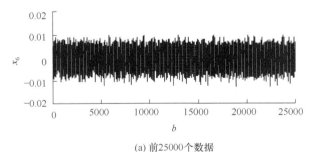

(a) 前25000个数据

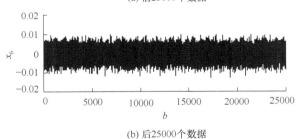

(b) 后25000个数据

图 2-21　X_6 的预报信息

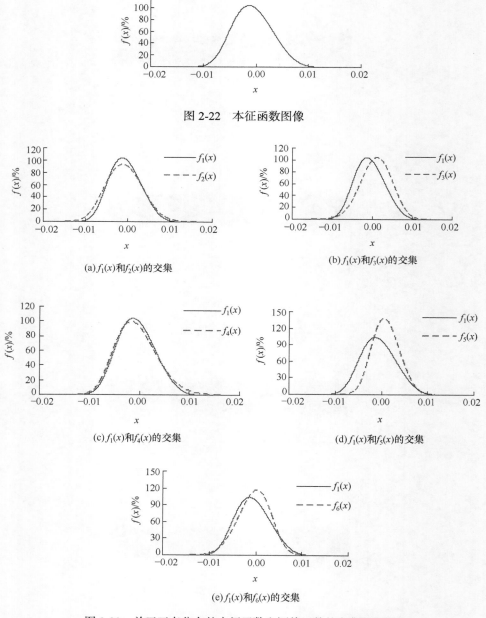

图 2-22　本征函数图像

(a) $f_1(x)$和$f_2(x)$的交集

(b) $f_1(x)$和$f_3(x)$的交集

(c) $f_1(x)$和$f_4(x)$的交集

(d) $f_1(x)$和$f_5(x)$的交集

(e) $f_1(x)$和$f_6(x)$的交集

图 2-23　关于正态分布的本征函数和评估函数的交集面积图

由交集面积图 2-23，可以计算得到各个变异概率 $\alpha_{1,t}$，如表 2-4 所示。

表 2-4　关于正态分布的各个变异概率 $\alpha_{1,f}$

$\alpha_{1,2}$	$\alpha_{1,3}$	$\alpha_{1,4}$	$\alpha_{1,5}$	$\alpha_{1,6}$
5.99%	18.74%	4.00%	22.92%	9.61%

从图 2-23 中可以看出，本征数据序列 X_1 与评估数据序列 $X_2 \sim X_6$ 之间的交集面积都很大。而且，从表 2-4 中计算的结果也可以看出，本征数据序列 X_1 与评估数据序列 $X_2 \sim X_6$ 之间的变异概率都较小，因此认为该制造过程没有发生变异情况，属于稳定的制造过程。

现人为地将数据序列 X_{02} 和数据序列 X_{03} 中的一个值分别加大和减小，造成野值，其数据序列变为 $X_{02'}$ 和 $X_{03'}$（与 2.3.4 节仿真正态分布部分的数据相同）：

$X_{02'} =(0.00575,-0.02214,-0.00978,-0.01417,\mathbf{0.1},-0.01621,-0.01385,0.00176,$
　　　$0.00062,-0.00027)$

$X_{03'} =(0.00209,0.0177,0.01656,\mathbf{-1.1},0.02103,0.00664,0.0025,-0.01539,0.01697,$
　　　$-0.00742)$

同理，数据序列 $X_{02'}$ 和 $X_{03'}$ 应消除常值系统误差，根据式(2-58)，消除常值系统误差，重组构成评估数据序列 $X_{2'}$ 和 $X_{3'}$（与 2.3.4 节仿真正态分布部分的数据相同）：

$X_{2'} =(0.002579,-0.025311,-0.012951,-0.017341,\mathbf{0.096829},-0.019381,-0.017021,$
　　　$-0.001411-0.002551,-0.003441)$

$X_{3'} =(0.10602,0.12163,0.12049,\mathbf{-0.99607},0.12496,0.11057,0.10643,0.08854,$
　　　$0.1209,0.09651)$

相应地，设灰置信水平 $P=99\%$。用自助模型预报时，取 $B=50000$，$X_{2'}$ 的预报结果如图 2-24 所示。$X_{3'}$ 的预报结果如图 2-25 所示。与本征函数的交集图像及变异概率也发生了变化，分别如图 2-26 和表 2-5 所示。

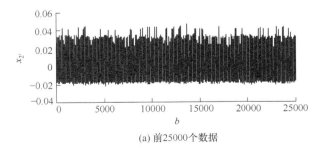

(a) 前25000个数据

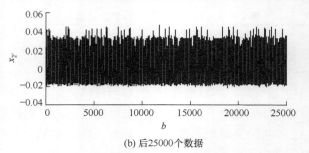

(b) 后25000个数据

图 2-24　X_2的预报信息

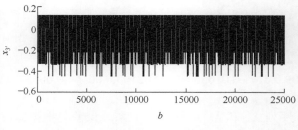

(a) 前25000个数据

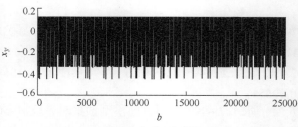

(b) 后25000个数据

图 2-25　X_3的预报信息

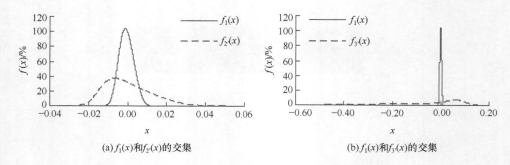

(a) $f_1(x)$和$f_2(x)$的交集　　　　　　　　(b) $f_1(x)$和$f_3(x)$的交集

图 2-26　加野值的本征函数和评估函数的交集面积图

表 2-5　关于加野值的正态分布的各个变异概率 $\alpha_{1,t}$

$\alpha_{1,2'}$	$\alpha_{1,3'}$	$\alpha_{1,4}$	$\alpha_{1,5}$	$\alpha_{1,6}$
52.15%	92.85%	4.00%	22.92%	9.61%

从图 2-26 中可以看出，$f_1(x)$ 与 $f_2(x)$、$f_3(x)$ 两者的交集很小。从表 2-5 中也可以看出，加野值的变异概率变化很大，说明制造过程发生了变异。从而验证运用自助最大熵方法求得的变异概率，可以检验制造过程是否发生变异。

2. 实际案例

本案例是在某磨床上磨削某滚动轴承内圈滚道，以研究表面圆度误差，从而评估制造过程是否发生变异。

由于圆度数据的概率分布服从瑞利分布，用蒙特卡罗方法模拟满足服从瑞利分布及其特征值要求的 10 个数据(单位：μm；与 2.3.4 节实际案例部分的数据相同)：

1.18,0.75,0.85,0.75,0.63,0.95,1.06,0.85,1.36,0.65

将这 10 个数据作为数据序列 X_{01}。

在正式加工之后，根据质量要求，在一个时间段内，依次抽取 30 个工件，获得圆度数据如下所示(单位：μm；与 2.3.4 节实际案例部分的数据相同)：

1.08,0.90,1.06,**3.28**,1.28,0.88,1.87,1.16,1.06,0.97

1.01,0.70,1.15,0.72,1.08,0.67,1.10,0.98,1.15,1.14

1.64,0.73,0.87,1.91,1.95,1.19,0.78,1.51,1.39,1.39

将这些圆度数据构成一个数据序列 X_0，从中依次抽取多个数据构成数据序列 X_{0t}。

取 $N=10$，将圆度数据序列 X_0 中的第 1～10 个数据 x_{01}～x_{010} 作为数据序列 X_{02}，将第 6～15 个数据 x_{06}～x_{015} 作为数据序列 X_{03}，将第 11～20 个数据 x_{011}～x_{020} 作为数据序列 X_{04}，将第 16～25 个数据 x_{016}～x_{025} 作为数据序列 X_{05}，将第 21～30 个数据 x_{021}～x_{030} 作为数据序列 X_{06}。

分别对数据序列 X_{01}～X_{06} 做初始调整，即消除调整误差。根据式(2-58)，消除常值系统误差，重新构成数据序列 X_1～X_6：

$X_1=(0.277,-0.153,-0.053,-0.153,-0.273,0.047,0.157,-0.053,0.457,-0.253)$

$X_2=(-0.270,-0.450,-0.294,1.926,-0.074,-0.474,0.516,-0.194,-0.294,-0.384)$

$X_3=(-0.18,0.81,0.1,0,-0.09,-0.05,-0.36,0.09,-0.34,0.02)$

$X_4=(0.04,-0.27,0.18,-0.25,0.11,-0.3,0.13,0.01,0.18,0.17)$

X_5=(−0.544,−0.114,−0.234,−0.064,−0.074,0.426,−0.484,−0.344,0.696,0.736)
X_6=(0.304,−0.606,−0.466,0.574,0.614,−0.146,−0.556,0.174,0.054,0.054)

　　将 X_1 作为本征数据序列，X_2～X_6 作为评估数据序列，运用自助最大熵方法求得本征数据序列 X_1 与评估数据序列 X_2～X_6 之间的变异概率，分析制造过程是否发生变异。下面对磨削过程进行变异评估。

　　设灰置信水平 P=99%。用自助法预报时，取 B=50000，X_1 的预报结果如图 2-27 所示。同理，X_2～X_6 的预报结果如图 2-28～图 2-32 所示。

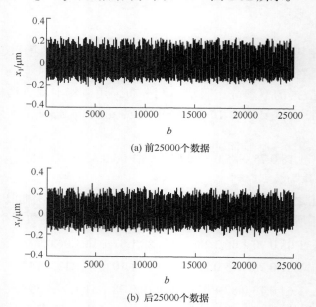

(a) 前25000个数据

(b) 后25000个数据

图 2-27　X_1 的预报信息

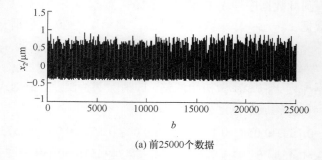

(a) 前25000个数据

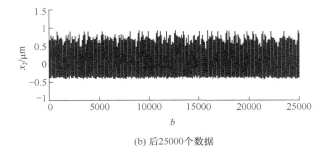

(b) 后25000个数据

图 2-28　X_2 的预报信息

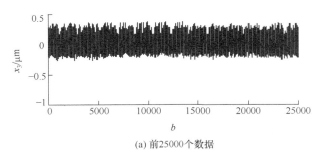

(a) 前25000个数据

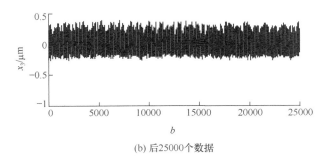

(b) 后25000个数据

图 2-29　X_3 的预报信息

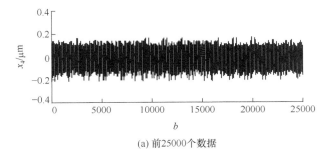

(a) 前25000个数据

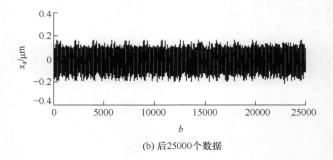

(b) 后25000个数据

图 2-30　X_4 的预报信息

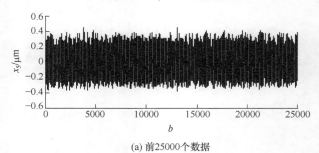

(a) 前25000个数据

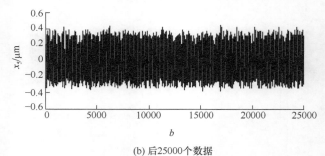

(b) 后25000个数据

图 2-31　X_5 的预报信息

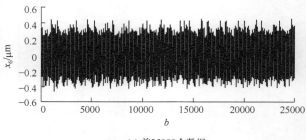

(a) 前25000个数据

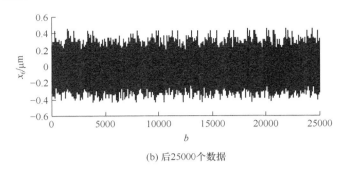

(b) 后25000个数据

图 2-32 X_6 的预报信息

　　根据最大熵原理，得到概率密度函数。磨削过程中的本征函数与评估函数
的交集面积如图 2-33 所示，从而可以计算得到本征数据序列与各个评估数据序

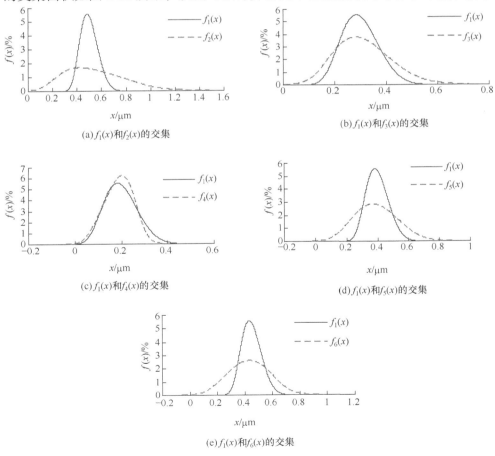

(a) $f_1(x)$ 和 $f_2(x)$ 的交集

(b) $f_1(x)$ 和 $f_3(x)$ 的交集

(c) $f_1(x)$ 和 $f_4(x)$ 的交集

(d) $f_1(x)$ 和 $f_5(x)$ 的交集

(e) $f_1(x)$ 和 $f_6(x)$ 的交集

图 2-33 瑞利分布的本征函数和评估函数的交集面积图

列之间的变异概率。由于实际磨削中圆度数据为正值,所以在绘制函数图像时对图像作进一步的处理,即将横坐标的值统一加大,使圆度数据变为正值。

根据图 2-33,可以求得本征数据序列 X_1 与评估数据序列 $X_2 \sim X_6$ 之间的变异概率 $\alpha_{1,t}$,如表 2-6 所示。

表 2-6 关于瑞利分布的各个变异概率 $\alpha_{1,t}$

$\alpha_{1,2}$	$\alpha_{1,3}$	$\alpha_{1,4}$	$\alpha_{1,5}$	$\alpha_{1,6}$
54.14%	19.41%	8.23%	32.44%	35.38%

从图 2-33(a)中可以看出,$f_1(x)$ 与 $f_2(x)$ 的交集相对来说小。由表 2-6 的计算结果也可以看出,变异概率 $\alpha_{1,2}$ 明显大于其他变异概率,所以出现制造过程的变异现象,应及时改进工艺过程或进行机床调整。

关于变异概率 $\alpha_{1,2}$ 较大,即出现变异的原因,是在评估数据序列 X_2 中出现了野值 1.926,也就是说在加工工件时,圆度数据出现了野值 3.28 才造成制造过程的变异现象,这与 2.3.4 节得到的结果相同。

变异概率 $\alpha_{1,5}$,$\alpha_{1,6}$ 的值也较大,是因为在实际加工中数据序列 X_{05} 和 X_{06} 中出现 1.64,1.91,1.95,1.51 这些值,这几个值都大于数据序列 X_{01} 中的每个值(数据序列 X_{01} 中的值在 1 附近上下波动),所以才使得评估函数的图像偏离本征函数图像较多,致使变异概率也较大。此时,也应实时监测制造过程的变化。

另外,运用自助最大熵方法可以获得系统属性的函数图像,从而得到系统属性的特征分布及相应的特征值。

可以通过自助最大熵方法求得变异概率,从而评估制造过程是否发生变异现象。

2.5 非排序灰关系的制造过程稳定性评估

当制造过程中出现系统误差时,运用非排序灰关系对制造过程进行评估,以实现制造过程稳定性的动态评估。首先建立制造过程的非排序灰关系,然后运用非排序灰关系对制造过程进行稳定性动态评估,通过实验研究以验证运用此方法对制造过程稳定性评估的可行性。

2.5.1 制造过程的非排序灰关系

根据灰关系概念,系统属性是系统内在的某种规律或特性。系统属性可以用某种映射表示,称为系统属性的描述。系统属性可以用数据描述,称这些数据为系统属性参数或系统属性数据。本节通过提取制造过程中具有某属性参数的数据序列，建立灰关系，实现对制造过程的稳定性动态评估。

设在制造过程中，获取某两个系统属性的数据序列分别为 X_i 和 X_j，记为

$$X_i = (x_i(1), x_i(2), \cdots, x_i(k), \cdots, x_i(K)) \tag{2-79}$$

$$X_j = (x_j(1), x_j(2), \cdots, x_j(k), \cdots, x_j(K)) \tag{2-80}$$

式中，i 表示系统 i，j 表示系统 j，k 为序号，$x_i(k)$ 为系统 i 的第 k 观测数据，$x_j(k)$ 为系统 j 的第 k 观测数据，K 为数据序列的数据个数。

数据序列 X_i 和 X_j 又称为非排序数据序列，也就是说数据序列中的数据保持原始顺序关系。

取一个描述为

$$x_0(k) = f(x_i(k), x_j(k)) \tag{2-81}$$

称

$$X_0 = (x_0(1), x_0(2), \cdots, x_0(k), \cdots, x_0(K)) \tag{2-82}$$

为 X_i 和 X_j 描述的生成序列，称 X_0 为基于初值的参考序列。

在最少信息原理下，对于任意的 $k \in K$，X_0 序列的元素可以为常数：

$$x_0(k) = x_i(1) \tag{2-83}$$

对于 $X_h \in (X_i, X_j)$，$h \in (i, j)$，设灰关联度为

$$\gamma_{0h} = \gamma(X_0, X_h) = \frac{1}{K} \sum_{k=1}^{K} \gamma(x_0(k), x_h(k)) \tag{2-84}$$

取分辨系数 $\xi \in [0,1]$，得到灰关联系数为

$$\gamma(x_0(k), x_h(k)) = \frac{\Delta_{\min} + \xi \Delta_{\max}}{\Delta_{0h}(k) + \xi \Delta_{\max}}, \quad k = 1, 2, \cdots, K \tag{2-85}$$

灰差异信息为

$$\Delta_{0h}(k) = |x_h(k) - x_0(k)| \tag{2-86}$$

两极差为

$$\Delta_{\min} = \min_h \min_k \Delta_{0h}(k) \tag{2-87}$$

$$\Delta_{\max} = \max_h \max_k \Delta_{0h}(k) \tag{2-88}$$

定义两个数据序列 X_i 和 X_j 之间的灰差为

$$d_{ij} = |\gamma_{0i} - \gamma_{0j}| \tag{2-89}$$

已知灰差 d_{ij}，称

$$r_{ij} = 1 - d_{ij} \tag{2-90}$$

为数据序列 X_i 和 X_j 之间的基于灰关联度的相似系数,简称灰相似系数。称

$$\boldsymbol{R} = \{r_{ij}\} = \begin{bmatrix} r_{ii} & r_{ij} \\ r_{ji} & r_{jj} \end{bmatrix} = \begin{bmatrix} 1 & r_{ij} \\ r_{ji} & 1 \end{bmatrix} \tag{2-91}$$

为灰相似矩阵,又称为灰关系属性,简称灰关系,且有 $0 \leqslant r_{ij} \leqslant 1$。

给定 X_i、X_j,对于 $\xi \in [0,1]$,总存在唯一的实数 $d_{\max} = d_{ij\max}$,使得 $d_{ij} \leqslant d_{\max}$,称 $d_{\max}$ 为最大灰差,相应地 ξ 称为基于最大灰差的最优分辨系数。

定义基于两个数据序列 X_i 和 X_j 之间灰关系的属性权重为

$$f_{ij} = \begin{cases} 1 - d_{\max} / \eta, & d_{\max} \in [0,\eta] \\ 0, & d_{\max} \in [\eta,1] \end{cases} \tag{2-92}$$

式中,f_{ij} 为属性权重,$f_{ij} \in [0,1]$;η 为参数,$\eta \in [0,1]$。

根据灰色系统理论的白化原理与对称原理,若没有理由否认 λ 为真元,则在给定的准则下,默认 λ 为真元的代表。给定 X_i 和 X_j,取参数 $\lambda \in [0,1]$ 为水平,若存在一个映射 $f_{ij} \geqslant \lambda$,则 X_i 和 X_j 具有相同的属性。这里,取 $f_{ij} = \lambda = 0.5$,认为 X_i 和 X_j 具有相同的属性。

设 $\eta \in [0, 0.5]$,由式(2-92)得

$$d_{\max} = (1 - f_{ij})\eta \tag{2-93}$$

称

$$P = P_{ij} = 1 - (1 - \lambda)\eta = (1 - 0.5\eta) \times 100\% \tag{2-94}$$

为灰置信水平。

灰置信水平描述了 X_i 和 X_j 的属性相同的可信度。

在式(2-94)中,η 值可以由式(2-93)求得。

2.5.2 运用非排序灰关系评估制造过程稳定性

从灰关系概念讲,若非排序数据序列 X_i 与 X_j 之间的关系越紧密,则灰置信水平取值就越大,制造过程就越稳定;反之,灰置信水平取值就越小,制造过程就越不稳定。具体在实际检验制造过程是否稳定时,对于非排序数据序列 $X_h \in (X_i, X_j)$,$h \in (i,j)$,取 $f = f_{ij} = 0.5$,通过计算灰置信水平,可以检验制造过程的稳定性。如果灰置信水平 P 不小于 90%,则 X_i 和 X_j 具有相同的属性,即制造过程是稳定的;否则,X_i 和 X_j 不具有相同的属性,即制造过程是不稳定的。

非排序灰关系可以用于相同系统属性的不同属性参数的检验,也可以用于检验系统之间与系统内部间的各种属性参数的差异。

2.5.3　仿真实验与实际案例

1. 仿真实验

本仿真实验用于研究两个非排序数据序列之间灰关系的置信水平问题，以检验上述理论的正确性。用计算机仿真一个数学期望 $E=0$、标准差 $\sigma=0.01$ 的正态分布，共有 60 个数据，如图 2-34 所示。在本次计算机仿真中，模拟的是一个制造过程的输出属于正态分布，也就是说某制造产品的属性参数随机变量的理想分布是正态分布。

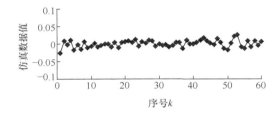

图 2-34　正态分布的仿真数据

现人为地将该非排序数据序列加上一个具有相同数据的线性误差分布序列，造成系统误差。该数据序列是首项为 1、公差为 1 的等差数据数列。等差数列序列如图 2-35 所示。此时构成新非排序数据序列 X，如图 2-36 所示。

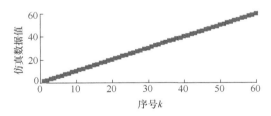

图 2-35　线性误差的仿真数据

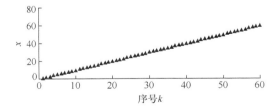

图 2-36　加线性误差的正态分布稳定性问题

设前 30 个数据为非排序数据序列 X_1，后 30 个数据为非排序数据序列 X_2，这里，$h=1$ 和 2，$m=2$，$n=30$。取参考序列为

$$x_0=x_1(1)$$

非排序灰关系的计算结果如下：

$$x_0=0.97389，\xi^*=0.3001，\gamma_{01}=0.5952，\gamma_{02}=0.2903，d_{12}^*=0.304$$

取 $f=0.5$，则得到灰置信水平 $P=69.5\%<90\%$。因此，在权重 $f=0.5$ 下，X_1 和 X_2 不具有相同的属性，说明该制造过程是不稳定的。由图 2-36 可以看出，在线性误差的影响下，由制造过程输出的正态分布几乎被线性误差分布完全替代。这造成了分布为线性分布趋势。

由上述研究可知，运用非排序数据数列的灰关系分析，可以检验制造过程的稳定性。

2. 实际案例

在实际工程实验中，如果已知某制造过程的输出呈现正弦函数分布特征，用蒙特卡罗方法模拟出满足正弦函数分布及其特征值(基本值为 5、幅值 A 为 1)要求的 60 个数据，如图 2-37 所示。

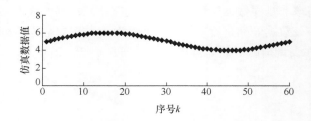

图 2-37　正弦函数分布的仿真数据

现人为地对服从正弦函数的分布加上一个具有相同数据个数的三角形分布，造成系统误差。该三角形分布的特征值为 5，区间为[−1,1]，仿真数据如图 2-38 所示。此时构成新非排序数据序列 X，如图 2-39 所示。

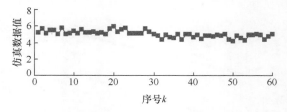

图 2-38　三角形分布的仿真数据

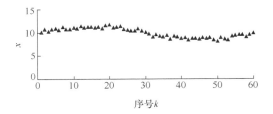

图 2-39　加三角形分布的正弦函数分布稳定性问题

设前 30 个数据为非排序数据序列 X_1，后 30 个数据为非排序数据序列 X_2，这里，$h=1$ 和 2，$m=2$，$n=30$。取参考序列为

$$x_0=x_1(1)$$

非排序灰关系的计算结果如下：

　　　　$x_0=10.16456$，$\xi^*=0.3001$，$\gamma_{01}=0.4808$，$\gamma_{02}=0.3759$，$d_{12}^*=0.104$

取 $f=0.5$，则得到灰置信水平 $P=89.5\%<90\%$。因此，在权重 $f=0.5$ 下，X_1 和 X_2 不具有相同的属性，说明该制造过程是不稳定的。由图 2-39 可以看出，由制造过程输出的正弦函数分布受三角形分布的影响，图中既包含正弦分布的特征又包含三角形分布的特征。

上述研究验证了运用非排序数据数列的灰关系分析与检验制造过程稳定性的可行性。同时，运用非排序灰关系对制造过程中的稳定性进行动态评估，以实现对制造过程的实时监控。

2.6　本　章　小　结

本章利用灰自助最大熵法研究了机械制造工艺过程中输出的误差分布及机床加工误差的调整问题，并且在加工误差的属性不服从正态分布或者误差的属性更复杂时，运用该方法确定了工序能力及其等级。计算机仿真实验和实际案例的研究表明，灰自助最大熵法能够对机床加工误差进行准确调整，并且预报的准确率高。灰自助最大熵法对机械制造工艺过程中误差的属性没有严格要求，在少量信息或没有任何先验信息的情况下，就能得到系统属性的概率分布。将灰自助最大熵方法运用到实际机械制造系统中，可以实现对整个系统的在线监控，以便对系统进行及时调整，实现系统的稳定性分析。

制造过程中的稳定性评估可以通过排序数据序列的灰关系实现，对概率分布没有特别要求，弥补了传统统计学的不足。通过计算两个排序数据序列的灰置信水平，及时发现制造系统中出现的工艺不稳定现象，实现了对制造过程的稳定性判断，可以改善产品质量的不确定性，提高产品质量水平。仿真实验和实际案例表明，运用灰关系分析制造过程的稳定性时，若得到的灰置信水平不小于 90%，则说明该制造系统是稳定的；反之，则是不稳定的，此时，需要对该制造过程加以控制、改进。灰关系分析可以很好地检测制造系统的稳定性，预测准确率达到 100%。

在评估制造过程是否发生变异现象时，通过计算分析由自助最大熵法获得的变异概率来实现。变异概率大，表明制造过程发生了变异；反之，则没有变异。运用自助最大熵法可以得到系统属性的概率分布，对属性因素没有特别要求，弥补了传统统计学的不足。仿真实验和案例分析表明，运用自助最大熵法获得的变异概率可以实现制造过程的变异评估，并且预报效果好。

用非排序灰关系可以对制造过程中的稳定性进行动态评估。通过建立两个非排序数据序列的灰关系，计算其灰置信水平，以及时发现制造系统中出现的不稳定因素，实现对制造过程稳定性的动态评估，改善产品质量的不确定性，提高产品质量水平。仿真实验和工程案例表明，运用非排序灰关系对制造过程的稳定性进行动态评估是可行的。

第3章 滚动轴承制造工艺过程的模糊验证

本章研究滚动轴承制造工艺过程的模糊验证问题，内容包括机床加工误差的调整，制造过程稳定性评估和系统误差诊断。

3.1 基于乏信息融合技术的机床加工误差调整

采用乏信息系统理论分析，可以不考虑随机变量的概率分布问题，即使是小样本数据，用一种方法就可以评估具有不同概率分布的随机变量。由于缺乏信息，一般要用多种方法对计算结果进行校正、融合与综合考虑。在乏信息系统属性真值估计中，用多种方法研究，以便从多个侧面获取系统的属性信息。因不同方法有不同准则，故所获取的属性信息各异。这些属性信息与系统的属性真值有关，可以构成一个集合即估计真值集合。显然，该集合从不同侧面描述了系统的属性特征。将这些信息进行融合，就可以更合理地估计出系统的属性真值。这就是真值融合技术。

在真值融合技术中，主要融合方法包括：加权均值滚动融合、模糊融合(隶属函数法和最大隶属度法)、自助融合等。真值融合技术包括两个内容：第一是用多种方法和准则从原始数据序列获取多个估计真值；第二种是将多个估计真值作为新的数据序列即融合序列，再用多种方法和准则对融合序列进行多次融合，满足极差准则的融合值就是最终估计真值[14]。

本节通过融合隶属函数法、最大隶属度法、均值滚动法、算术平均值法和自助法这五种方法，获得乏信息融合技术，对有关工件的小样本数据进行多次融合，预测机床调整过程中输出的工件小样本数据的估计真值；根据工件要求加工的参数数据，计算机床的调整误差，参照规定的允许调整误差，对机床的加工误差进行合理地调整[15-17]。最后运用模糊集合理论，借助于机床调整好以后输出的小样本可靠数据，在给定的置信水平下，获取机床调整好之后的预测估计区间，来判断调整好以后的机床是否可靠，以验证运用乏信息融合技术调整机床的可行性。

3.1.1 加工误差的乏信息融合技术

乏信息融合技术包括两个步骤：第一步是用隶属函数法、最大隶属度法、均值滚动法、算术平均值法和自助法这五种方法从原始数据序列获取五个估计真值；第二步是将这五个估计真值作为新的数据序列即融合序列，再用这五种方法对融合序列进行多次融合，满足极差准则的融合值就可获得机床调整时有关工件的最终估计真值。根据工件要求加工的参数数据，可计算出机床的调整误差，参照规定的允许调整误差，从而对机床的加工误差进行合理地调整。

1. 获取小样本数据

假设在一个机床调整阶段，加工过程中输出的小样本数据构成一个数据序列，用向量 $\boldsymbol{X}$ 表示为

$$\boldsymbol{X} = (x(1), x(2), \cdots, x(n), \cdots, x(N)) \tag{3-1}$$

式中，$\boldsymbol{X}$ 为机床调整时所获取的原始数据序列；$x(n)$ 为 $\boldsymbol{X}$ 中所获得的第 n 个数据；n 为数据序号；N 为 $\boldsymbol{X}$ 中的数据个数，且 N 为很小的整数，取值范围为 $[4,10]$。

2. 用信息融合技术预测估计真值

1) 隶属函数法

在机床调整过程中，设从小到大排序的实验数据序列 X 为

$$X = (x_1, x_2, \cdots, x_i, \cdots, x_m) \tag{3-2}$$

且

$$x_i \leqslant x_{i+1}, \quad i = 1, 2, \cdots, m-1 \tag{3-3}$$

定义差值序列 d 为

$$d = (d_1, d_2, \cdots, d_i, \cdots, d_{m-1}) \tag{3-4}$$

式中

$$d_i = x_{i+1} - x_i, \quad i = 1, 2, \cdots, m-1 \tag{3-5}$$

一般地，d_i 越小，数据值越密集；反之越疏松。即 d_i 和 x_i 的分布密度有关。因此，假设线性隶属函数 f_i 为概率密度因子，即

$$f_i = 1 - \frac{d_i - d_{\min}}{d_{\max}}, \quad i = 1, 2, \cdots, m-1 \tag{3-6}$$

在式(3-6)中，最小差值为

$$d_{\min} = \min_{i=1}^{m-1} d_i \tag{3-7}$$

最大差值为

$$d_{\max} = \max_{i=1}^{m-1} d_i \tag{3-8}$$

设紧邻均值序列 Z 为

$$Z = (z_1, z_2, \cdots, z_i, \cdots, z_{m-1}) \tag{3-9}$$

式中

$$z_i = \frac{1}{2}(x_{i+1} + x_i), \quad i = 1, 2, \cdots, m-1 \tag{3-10}$$

最终解 X_0 为

$$X_0 = \frac{1}{\sum\limits_{i=1}^{m-1} f_i} \sum_{i=1}^{m-1} f_i z_i \tag{3-11}$$

2) 最大隶属度法

基于隶属函数法，设最大隶属度 f_{max} 为

$$f_{max} = \max_{j=1}^{m-1} f_j = 1 \tag{3-12}$$

取对应 f_{max} 的 $x_{\nu+1}$ 和 x_ν 的均值作为数据序列的估计真值 X_0 为

$$X_0 = \frac{1}{2}(x_{\nu+1} + x_\nu)\big|\nu, \nu+1 \to f_{max}, \quad \nu \in i = 1, 2, \cdots, m-1 \tag{3-13}$$

若有 T 个重复的 f_{max}，则设第 t 个均值为解的进行时 X_{0t}：

$$X_{0t} = \frac{1}{2}(x_{\nu+1} + x_\nu)_t, \quad t = 1, 2, \cdots, T \tag{3-14}$$

最终解 X_0 为

$$X_0 = \frac{1}{T} \sum_{t=1}^{T} X_{0t} \tag{3-15}$$

最大隶属度法是隶属函数法的极端情况。在隶属函数法中，对于隶属度 f_i 构成的模糊集合 F 为

$$F = (f_1, f_2, \cdots, f_i, \cdots, f_m) \tag{3-16}$$

取 λ 水平截集合，即

$$f_i = \begin{cases} 1, & f_i \geqslant \lambda \\ 0, & f_i < \lambda \end{cases} \tag{3-17}$$

在最大隶属度法中，$\lambda=1$。

3) 自助融合法

在机床调整过程中，假设输出的有关产品某种属性的性能参数数据序列 X 为

$$X = (x_1, x_2, \cdots, x_k, \cdots, x_m), \quad k = 1, 2, \cdots, m \tag{3-18}$$

式中，x_k 为第 k 个数据；m 为数据序列的数据个数。

从 X 中等概率可放回地抽样，抽取 m 个数据，得到一个样本 X_b。这个抽样过程共进行 B 步，得到 B 个自助再抽样样本：

$$X_b = (x_b(1), x_b(2), \cdots x_b(k), \cdots, x_b(m)), \quad k = 1, 2, \cdots, m; b = 1, 2, \cdots, B \tag{3-19}$$

式中，X_b 为第 b 个自助样本；$x_b(k)$ 为第 b 个自助样本的第 k 个数据；m 为第 b 个自助样本数据组列的数据个数。

求自助样本 X_b 的均值为

$$\eta_b = \frac{1}{m}\sum_{k=1}^{m}x_b(k), \quad b=1,2,\cdots,B \tag{3-20}$$

从而得到一个样本含量为 B 的自助大样本 η：

$$\eta = \left(\eta_1,\eta_2,\cdots,\eta_b,\cdots,\eta_B\right) \tag{3-21}$$

将 η 中的数据从小到大排序，并分为 Q 组，得到各组的组中值 x_{mq} 和自助分布，即概率密度函数 $f(x)$ 或离散频率 F_q，其中 $q=1,2,\cdots,Q$。这里，用连续变量 x 表示离散数据 η_b。

以频率 F_q 为权重，定义加权均值为最终解 X_0，即

$$X_0 = \sum_{q=1}^{Q}F_q x_{mq} \tag{3-22}$$

或

$$X_0 = \int_R f(x)x\mathrm{d}x \tag{3-23}$$

式中，R 为定积分区间。

最终解 X_0 还可以用最大概率值表示为

$$X_0 = x_{mq}\Big|F_q \to \max_{q=1}^{Q}F_q \tag{3-24}$$

或用峰值表示为

$$X_0 = X^*\big|f(x) \to \max_{x \in R}f(x) \tag{3-25}$$

显然，有

$$\sum_{q=1}^{Q}F_q = 1 \tag{3-26}$$

或者

$$\int_R f(x)\mathrm{d}x = 1 \tag{3-27}$$

4) 均值滚动法

均值滚动法的基本思想来源于自助再抽样，但每次抽样的数据个数是从 1 到 m 变化的，并且依次序一步一步从前向后滚动，而且滚动是可以再回头的，反复抽样，抽样数据个数逐步增加，直到一次全部抽完为止，最后融合，使抽样均值逐步逼近系统的真值。

假设用 m 种不同的数学方法估计出实验数据的均值序列(解集，排序序列)为 X

$$X = \left(x_1,x_2,\cdots,x_i,\cdots,x_m\right), \quad i=1,2,\cdots,m \tag{3-28}$$

且

$$x_i \leqslant x_{i+1}, \quad i=1,2,\cdots,m-1 \tag{3-29}$$

均值滚动法的计算公式为

$$\xi_j = \frac{1}{m-j+1} \sum_{i=1}^{m-j+1} \sum_{k=i}^{i+j-1} \frac{x_k}{j}, \quad j=1,2,\cdots,m \tag{3-30}$$

融合结果为

$$X_0 = \frac{1}{m} \sum_{j=1}^{m} \xi_j \tag{3-31}$$

式中，ξ_j 为逐步均值累加项；X_0 为最终融合项，即为最终解。

3.1.2 机床加工误差的调整

用试切法调整机床的加工过程中，首先必须对试加工工件进行测量，获取工件某性能参数数据，然后将测量的数据信息与工件某参数数据要求的标准尺寸作比较，来判断机床是否调整到良好的运行状态。但任何一种精确的测量方法和精密量具也是不可能绝对准确的，机床在加工过程中必定会存在误差，即机床的调整误差不可避免。因此，在机床调整过程中，根据工件的加工质量要求，在能够保证加工的所有工件都满足质量要求的前提下，合理地规定实际机床调整过程中产生的加工误差的允许调整误差。

在现场调整机床的加工过程中，已知给定的产品某性能参数要求加工的理想值 M_T 和机床的允许调整误差 μ。在一次机床调整过程中，按照试切法调整机床的加工误差步骤，在较短时间内连续试加工很少的几个工件，可依次获取该工件某性能参数的测量值 m_i，则所测得的少量数据就构成了小样本数据序列，用向量表示为

$$\boldsymbol{M} = (m_1, m_2, \cdots, m_i, \cdots, m_N), \quad i=1,2,\cdots,N \tag{3-32}$$

式中，m_i 为一次调整中获取的某性能参数的第 i 个测量值；i 为数据序号；N 为 $\boldsymbol{M}$ 中的数据个数，且 N 为很小的整数，取值范围为[4,10]。

在实际调整操作过程中，每次调整都应尽量使实际加工工件的测量值接近工件要求的理想值，由于机床结构较复杂，且其影响因素较多、较难控制，每次调整以后得到的测量值的估计真值与工件的理想值会有一定的偏差。参照机床的允许调整误差 μ，来决定调整机床的次数。

第 1 次试切时，给定工件的加工尺寸 M_{C1} 等于工件要求的理想值 M_T，运用加工误差的乏信息融合技术得到机床调整过程中该工件某性能参数的估计真值 M_{0j}，且 $j=1,2,\cdots$，j 为调整机床的次数。

机床第 1 次调整产生的调整误差为

$$\mu_1 = |M_T - M_{01}| \tag{3-33}$$

若 $\mu_1 \leqslant \mu$，则可表明机床的加工误差能够满足产品某性能参数的允许调整误差，

可认为此时机床已调整良好，即机床调整完毕，可对工件进行正常加工生产。

若 $\mu_1 > \mu$，则可表明机床的加工误差不能够满足产品某性能参数的允许调整误差，可认为此时机床仍没有调整好，须对机床的加工误差继续进行调整。当 $M_T > M_{01}$ 时，即要求的理想值大于测量的估计真值，此时，应以给定工件的理想值为基础，在第 2 次试切时，给定工件加工尺寸 M_{C2} 为

$$M_{C2} = M_T - \mu_1 \tag{3-34}$$

当 $M_T < M_{01}$ 时，即要求的理想值小于测量值的估计真值，此时，应以给定的工件的理想值为基础，在第 2 次试切时，给定工件加工尺寸 M_{C2} 为

$$M_{C2} = M_T + \mu_1 \tag{3-35}$$

比较预测的估计真值与理想值的大小，根据式(3-34)和式(3-35)，来给定第 2 次试切时的工件加工尺寸 M_{C2}，然后运用加工误差的乏信息融合技术得到机床调整过程中该工件某性能参数的估计真值 M_{02}。

此时，机床第 2 次调整产生的调整误差为

$$\mu_2 = \left| M_T - M_{02} \right| \tag{3-36}$$

若 $\mu_2 \leqslant \mu$，则可表明机床的加工误差能够满足产品某性能参数的允许调整误差，可认为此时机床已调整良好，即机床调整完毕，可对工件进行正常加工生产。若第 2 次调整不满足要求，继续调整机床直到满足允许的调整误差为止。

由于机床结构较复杂，随着加工时间的不断累积，会出现各种扰动等不稳定现象，机床加工误差的调整不可能一次完成，可能需要进行多次调整。因此，应根据实际调整过程中出现的情况，合理有序地进行机床加工误差的调整工作，从而使机床加工出的产品满足质量要求。

3.1.3　预测机床调整好以后的估计区间

用模糊集合理论预测机床调整好以后的估计区间。首先，建立隶属函数。基于隶属函数法和最大隶属度法，用最大隶属度法计算出估计真值 X_0。

设

$$f_{1j}(x_j) = f_j, \quad j = 1, 2, \cdots, v \tag{3-37}$$

$$f_{2j}(x_j) = f_j, \quad j = v, v+1, \cdots, n \tag{3-38}$$

式中，$f_{1j}(x_j)$ 和 $f_{2j}(x_j)$ 为离散值；f_j 为隶属函数的概率密度因子。

用两个多项式：

$$f_1(x) = 1 + \sum_{l=1}^{L} a_l (X_0 - x)^l, \quad x \leqslant X_0 \tag{3-39}$$

和

$$f_2(x) = 1 + \sum_{l=1}^{L} b_l (X_0 - x)^l, \quad x \geqslant X_0 \tag{3-40}$$

分别逼近离散值 $f_{1j}(x_j)$ 和 $f_{2j}(x_j)$，就可以用下面的最大模范数最小法得到隶属函数。式中，L 是多项式的阶次。设

$$r_{1j} = f_1(x_j) - f_{1j}(x_j), \quad j = 1, 2, \cdots, v \tag{3-41}$$

$$r_{2j} = f_2(x_j) - f_{2j}(x_j), \quad j = v, v+1, \cdots, n \tag{3-42}$$

定义最大模范数：

$$\|r\|_\infty = \max |r_j|, \quad j = 1, 2, \cdots, n \tag{3-43}$$

由

$$\min_{a_l} \|r_1\|_\infty \tag{3-44}$$

和

$$\min_{b_l} \|r_2\|_\infty \tag{3-45}$$

来确定系数 a_l 和 b_l，进而得到隶属函数 $f_1(x)$ 和 $f_2(x)$。其中，式(3-44)和式(3-45)的约束条件分别为

$$\frac{\mathrm{d}f_1(x)}{\mathrm{d}x} \geqslant 0, \quad 0 \leqslant f_1 \leqslant 1 \tag{3-46}$$

和

$$\frac{\mathrm{d}f_2(x)}{\mathrm{d}x} \leqslant 0, \quad 0 \leqslant f_2 \leqslant 1 \tag{3-47}$$

然后，预测估计区间。根据模糊集合理论，某一机床加工的产品属性从真到假变化有一个过渡区间，即

$$G(x) = \begin{cases} 1(\text{true}), & q \geqslant q^* \\ 0(\text{false}), & q < q^* \end{cases} \tag{3-48}$$

式中，$G(x)$ 为机床总体属性变化的特征函数；q 为水平，$q \in [0,1]$；q^* 为最优水平。

设机床总体某产品属性参数的变化区间为 $[x_L, x_U]$，由式(3-48)可知，在区间 $[x_L, x_U]$ 内 x 是可用的，特征值为 1(true)；而在区间 $[x_L, x_U]$ 外 x 是不可用的，特征值为 0(false)。根据水平 q，机床总体某产品属性变化的变化区间可以被描述为

$$x | f(x) = q \Rightarrow [x_L, x_U] \tag{3-49}$$

式中，$| f(x) = q$ 表示在 $f(x) = q$ 条件下；x_L 表示预测估计区间的下边界值；x_U 表示预测估计区间的上边界值。

在式(3-49)中，x_L 和 x_U 分别由下面的数值求解公式确定：

$$\min |f_1(x) - q| x = x_L \tag{3-50}$$

$$\min\left|f_2(x)-q\right|x=x_U \tag{3-51}$$

机床总体某产品属性参数的置信水平 P 可以用隶属函数表示为

$$P=\frac{\int_{x_L}^{X_0}f_1(x)\mathrm{d}x\Big|_q+\int_{X_0}^{x_U}f_2(x)\mathrm{d}x\Big|_q}{\int_{x_L}^{X_0}f_1(x)\mathrm{d}x\Big|_{q=0}+\int_{X_0}^{x_U}f_2(x)\mathrm{d}x\Big|_{q=0}}\times100\% \tag{3-52}$$

式中，$|_q$ 表示在水平 q 下。式(3-52)必须满足 $0\leqslant P\leqslant1$。

由式(3-52)可知，置信水平 P 受 q 和 L 的共同影响。若要求置信水平 P 为某一常数，如 $P=95\%$，$P=99\%$，$P=100\%$，则可以调节水平 q 和 L 来满足这个要求。此外，因小样本数据个数很少，所以 L 值一般是很小的，如 $L=1,2,3$。

在实际计算中，一般给定置信水平 P，优选 $L=3$，再调节 q 以满足 P，就可以得到在 P 置信水平下的预测估计区间 $[x_L, x_U]$。

3.1.4　预测机床调整好以后的可靠性

假设机床在调整好以后，制造过程中实际输出的数据信息构成一个数据序列 X_A：

$$X_A=\left(x_A(1),x_A(2),\cdots,x_A(k),\cdots,x_A(K)\right),\quad k=1,2,\cdots,K \tag{3-53}$$

式中，X_A 为实际输出的数据序列；$x_A(k)$ 为 X_A 中所获取的第 k 个数据；k 为数据序号；K 为 X_A 中的数据个数。可得到输出信息的区间为 $[I_L, I_U]$，其中 I_L 表示输出信息的下边界值，I_U 表示输出信息的上边界值。

若实际输出的某工件加工参数数据的数据个数较少(即 K 的取值较小)，预测出的机床可靠性就会不准确。为能够更准确预测调整好以后机床的可靠性，可以运用灰自助原理，将实际输出的少量数据生成大量数据，然后用生成的大量数据来预测调整好以后机床的可靠性。

基于自助融合法，根据式(3-21)，有

$$\boldsymbol{X}_b=\left\{x_b(k)\right\},\quad b=1,2,\cdots,B \tag{3-54}$$

式中，$x_b(k)$ 为 $\boldsymbol{X}_b$ 中的第 k 个自助再抽样数据。

由灰预测模型，设自助样本 $\boldsymbol{X}_b$ 的一次累加生成序列向量为

$$\boldsymbol{Y}_b=\left\{y_b(u)\right\}=\left\{\sum_{j=1}^{u}x_b(k)\right\},\quad u=2,3,\cdots,m \tag{3-55}$$

由灰生成模型，一次累加生成序列向量 $\boldsymbol{Y}_b$ 用灰微分方程可描述为

$$\frac{\mathrm{d}y_b(u)}{\mathrm{d}t}+c_1y_b(u)=c_2 \tag{3-56}$$

式中，u 为一个连续变量；c_1 和 c_2 为待定系数。

设均值生成序列向量为

$$\boldsymbol{Z}_b = \big\{z_b(u)\big\} = \big\{0.5y_b(u) + 0.5y_b(u-1)\big\} \tag{3-57}$$

在初始条件 $y_b(1)=x_b(1)$ 下，设灰微分方程的最小二乘解为

$$\eta_b(u+1) = \left(y_b(1) - \frac{c_{b2}}{c_{b1}}\right)\exp(-c_{b1}u) + \frac{c_{b2}}{c_{b1}}, \quad u = 2,3,\cdots,m \tag{3-58}$$

其中，系数 c_{b1} 和 c_{b2} 为

$$(c_{b1},c_{b2})^{\mathrm{T}} = \left((-\boldsymbol{Z}_b,\boldsymbol{I})(-\boldsymbol{Z}_b,\boldsymbol{I})^{\mathrm{T}}\right)^{-1}(-\boldsymbol{Z}_b,\boldsymbol{I})(\boldsymbol{X}_b)^{\mathrm{T}}, \quad u = 2,3,\cdots,m \tag{3-59}$$

式中，$\boldsymbol{I}$ 为维数为 $m-1$ 的单位矢量。

由式(3-58)，可以得到累减生成的第 b 个数据

$$\alpha_b = \eta_b(u+1) - \eta_b(u) \tag{3-60}$$

根据灰自助原理，由式(3-60)可以将实际输出的少量数据信息生成大量数据信息，构成一个生成的大样本数据序列 β_b：

$$\beta_b = \big\{\alpha_b\big\} \tag{3-61}$$

由统计学，可得到实际输出信息的区间为 $[I_{\mathrm{L}}, I_{\mathrm{U}}]$，其中 I_{L} 表示输出信息的下边界值，I_{U} 表示输出信息的上边界值。

假设机床调整好以后，获取满足加工质量要求的小样本可靠数据，构成一个可靠数据序列(表示系统本身的能力)X_g：

$$X_g = \big(x_1,x_2,\cdots,x_i,\cdots,x_g\big), \quad i = 1,2,\cdots,g \tag{3-62}$$

式中，X_g 为可靠数据序列；x_i 为 X_g 中所获取的第 i 个数据；i 为数据序号；g 为 X_g 中的数据个数，且 g 为很小的整数，取值范围为[4,10]。

根据模糊集合理论，在给定的置信水平 P 下，可预测出可靠数据序列的估计区间 $[X_{\mathrm{L}}, X_{\mathrm{U}}]$。

在给定的置信水平 P 下，预测的估计区间与给定信息的区间之间的关系如下：

$$x \in [X_{\mathrm{L}}, X_{\mathrm{U}}] \subseteq [I_{\mathrm{L}}, I_{\mathrm{U}}] \tag{3-63}$$

机床调整好以后，加工过程中实际输出的数据信息应满足式(3-63)；若不满足则需对机床进行可靠性分析。

假设 X_A 中有 w 个元素在预测估计区间 $[X_{\mathrm{L}}, X_{\mathrm{U}}]$ 之外，则机床的可靠性函数为

$$R = \frac{S-w}{S} \times 100\% \tag{3-64}$$

根据式(3-64)，可预测出调整好以后的机床可靠性。若可靠性 R 越大，则表明运用乏信息融合技术获取的估计真值就越准确，此时调整好的机床越可靠。若可靠性 $R \geqslant P$，调整好以后的机床是可靠的；否则，调整好以后的机床是不可靠的，通过判断调整好以后的机床是否可靠，以验证运用乏信息融合技术调整机床的可行性。

3.1.5 案例研究

1. 调整机床的仿真实验

仿真实验中，需要加工的某工件直径的理想值 M_T=30mm，规定的允许调整误差 μ=0.002mm。

在第 1 次试切加工时，按 M_{C1}=M_T=30mm 调整机床，用蒙特卡罗方法仿真出 8 个数学期望 E=30、标准差 σ=0.01 的服从正态分布的原始数据作为本次调整后的 8 个工件的直径测量值，构成数据序列 X_8=(30.00538，30.00099，29.98985，29.99196，30.00432，29.99993，29.99579，29.9879)，如图 3-1 所示。

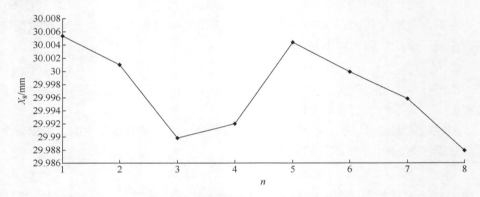

图 3-1   正态分布仿真数据序列 X_8

在置信水平 P=95%下，令 B=20000，运用乏信息融合技术的第 1 步内容研究原始数据序列，分别获取 5 个初始估计真值(单位：mm)，依次为 29.99746，30.00265，29.99708，29.99701，29.99705，如图 3-2 所示。

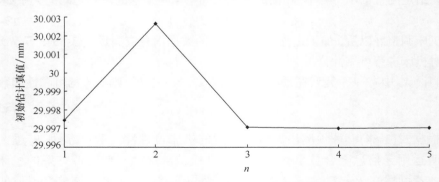

图 3-2   第 1 次调整的 5 个初始估计真值

将这 5 个初始估计真值作为新的数据序列即融合序列 X_{1T}=(29.99746，

30.00265，29.99708，29.99701，29.99705)，再运用乏信息融合技术的第 2 步内容，对融合序列进行 5 次融合，能够得到满足极差准则的融合值即最终估计真值 M_{01}= 29.99759mm。

根据式(3-33)可得，第 1 次调整误差 μ_1=0.00241mm，且 $\mu_1>\mu$，可得机床的加工误差不能够满足产品某性能参数的允许调整误差。因预测的估计真值 M_{01}=29.99759mm<M_{01}=30mm，此时，加工的某工件直径的概率分布呈现左偏态分布现象，应对机床进行调整。

根据式(3-35)可得在第 2 次试切加工时，按 $M_{C2}=M_T$=30.00241mm 调整机床，用蒙特卡罗方法仿真出 8 个数学期望 E=30、标准差 σ=0.01 的服从正态分布的原始数据作为本次调整后的 8 个工件的直径测量值，构成数据序列 X_8'=(29.99907，30.00468，30.01053，30.01265，29.985，29.99061，30.00948，29.99858)，如图 3-3 所示。

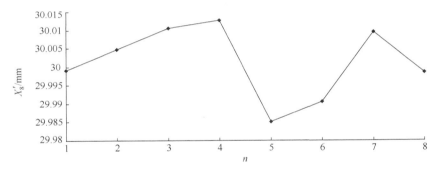

图 3-3　正态分布仿真数据序列 X_8'

在置信水平 P=95%下，令 B=20000，运用乏信息融合技术的第 1 步内容研究原始数据序列，再来研究原始数据序列分别获取的 5 个初始估计真值(单位：mm)，依次为 30.00418，29.99882，30.00173，30.00132，30.0017，如图 3-4 所示。

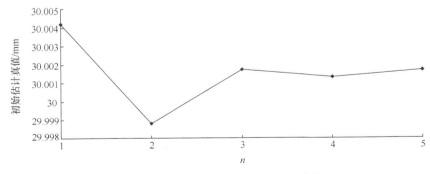

图 3-4　第 2 次调整的 5 个初始估计真值

　　然后，将这 5 个初始估计真值作为新的数据序列即融合序列 X_{2T}=(30.00418，29.99882，30.00173，30.00132，30.0017)，再运用乏信息融合技术的第 2 步内容对融合序列进行 4 次融合，能够得到满足极差准则的融合值即最终估计真值 M_{02}=30.00162mm。

　　根据式(3-33)可得，第 2 次调整误差 μ_2= 0.00162mm，且 $\mu_2<\mu$，可得此时机床的加工误差能够满足产品某性能参数的机床的允许调整误差。

　　根据模糊集合理论，对第 2 次调整时获得的数据序列 X_8' 进行处理，在置信水平 P=95%下，优选 L=3，再调节 q 以满足 P=95%，得到最优水平 q^*=0.33332，可以预测出该机床调整好以后加工产品直径的取值区间 $[X_L,X_U]$=[29.98371,30.0261]。以这样的结果可以预测在后续的正常生产时加工产品的直径参数数据落在预测区间[29.98371,30.0261]内的概率至少为 95%。此时调整完毕。

　　2. 机床调整好以后的实验

　　1) 仿真实验

　　仿真一个服从正态分布的系统数据，模拟调整好以后机床的实际加工过程，预测调整好以后机床的可靠性，以验证运用乏信息融合技术调整机床的可行性。

　　用蒙特卡罗方法仿真出 20000 个数学期望 E=0、标准差 σ=0.01 的服从正态分布的数据，构成一个数据序列 X_{20000}，如图 3-5 所示。

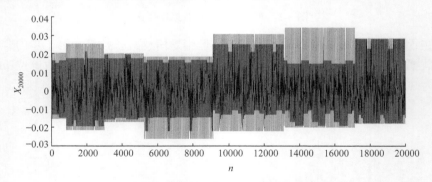

图 3-5　正态分布仿真数据序列 X_{20000}

　　选取仿真数据序列 X_{20000} 中的前 10 个仿真数据作为可靠数据序列 X_{10}(对应 X_{20000} 中的序号为从 1 到 10)，如图 3-6 所示。可靠数据序列 X_{10} 可认为是机床调整好以后获取的满足加工质量要求的小样本可靠数据序列。选取仿真数据序列 X_{20000} 中的后 19990 个仿真数据作为机床实际加工中输出的数据信息，构成一个机床实际输出的数据序列 X_{19990}(对应 X_{20000} 中的序号为从 11 到 20000)。

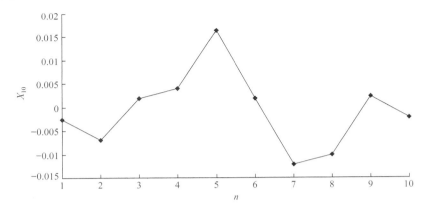

图 3-6　仿真的可靠数据序列 X_{10}

根据模糊集合理论，在置信水平 $P=95\%$ 下，优选 $L=3$，调节 q 以满足 $P=95\%$，得到最优水平 $q^*=0.3702$，能够预测出可靠数据序列 X_{10} 的估计区间 $[X_L, X_U]=[-0.02077, 0.0215]$。由统计学原理，计算出仿真数据 X_{19990} 中不在预测的估计区间范围之内的数据个数为 $w=637$ 个，根据式(3-53)、式(3-62)～式(3-64)，可得预测的可靠度 $R=96.81\% > P=95\%$，则说明调整好以后的机床是可靠的，验证了运用乏信息融合技术调整机床的方法是可行的。

2) 实际案例

本案例选定圆锥滚子轴承 30204 的外滚道圆度数据，预测调整好以后磨床的可靠性，以验证运用乏信息融合技术调整磨床的可行性。

在某专用磨床调整之后系统正常运行的一个磨削周期中，随机连续抽取 30 套轴承编号后测量其外滚道圆度数据，测得的圆度数据依次为(单位：μm)：

1.74,1.76,2.04,0.80,1.46,1.62,1.73,1.76,2.70,1.19
1.60,1.47,1.04,1.56,1.19,1.32,1.23,2.23,0.90,1.24
1.77,1.21,1.88,1.34,1.98,1.30,1.64,2.03,2.73,0.95

所测的圆度数据构成一个数据序列 X_{30}，如图 3-7 所示。

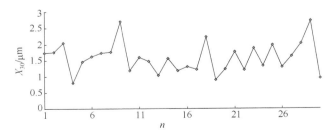

图 3-7　轴承外滚道圆度数据序列 X_{30}

选取外滚道圆度数据序列 X_{30} 中前 5 个输出数据作为可靠数据序列 X_5(对应 X_{30} 中的序号为从 1 到 5)，如图 3-8 所示。可靠数据序列 X_5 可认为是机床调整好以后获取的满足加工质量要求的小样本可靠数据信息。

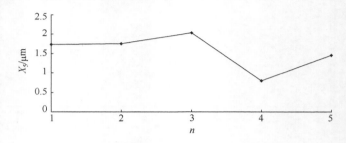

图 3-8　轴承外滚道表面圆度误差的可靠数据序列 X_5

选取外滚道圆度数据序列 X_{30} 中的后 25 个输出数据构成一个实际输出的数据序列 X_{25}(对应 X_{30} 中的序号为从 6 到 30)。运用灰自助原理，令 B=20000，将数据序列 X_{25} 生成 20000 个数据，构成一个数据序列 $X_{B20000}(B$=20000)，并将数据序列 X_{B20000} 作为调整好以后机床加工过程中实际输出的数据信息，如图 3-9 所示。

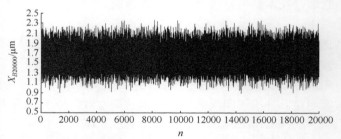

图 3-9　由 X_{25} 生成的数据序列 X_{B20000}

根据模糊集合理论，在置信水平 P=95%下，优选 L=3，调节 q 以满足 P=95%，得到最优水平 q^*=0.2399，能够预测出可靠数据序列 X_{10} 的估计区间 $[X_L, X_U]$=[0,0.0215]。由统计学原理，计算出生成的数据序列 X_{B20000} 中不在预测的估计区间范围之内的数据个数为 w=11 个，根据式(3-53)～式(3-64)，可得可靠性 R=99.45%>P=95%，则说明调整好以后的机床是可靠的，验证了运用乏信息融合技术调整机床的方法是可行的。

3.2 基于模糊范数法的制造过程稳定性评估

本节根据模糊集合理论，运用模糊范数法构建判断制造过程稳定性的评估模型，且该评估模型对所研究实验数据的概率分布没有要求。由于机床调整好以后，制造过程属性不确定且变化趋势未知，在制造过程中可获得概率分布未知的产品某性能参数测量数据；然后，运用模糊范数法，建立测量数据的隶属函数并估计其测量不确定度；最后，根据测量不确定度的相对误差，以实现对制造过程稳定性的判断及评估。

3.2.1 制造过程稳定性的评估模型

1. 获取机床调整好以后的测量数据

假设机床调整好以后制造过程中所加工的工件某性能为随机变量 x。在机床调整好以后正常运行过程中，对所加工工件某性能参数进行定期抽样检测，获取该工件某性能参数的测量值。对加工工件进行等间隔抽取，假定一次抽取 N 个连续的加工工件，共抽取 M 次，获取该工件某性能参数的测量数据，并构成该工件性能的测量数据序列 X：

$$X = (X_1, X_2, \cdots, X_m, \cdots, X_M), \quad m = 1, 2, \cdots, M \tag{3-65}$$

式中，X 表示机床调整好以后制造过程中所加工工件某性能参数的测量数据序列；X_m 表示第 m 次抽取时所获得的 X 中第 m 个测量数据序列；m 表示 X 中测量数据序列的序号；M 表示 X 中测量数据序列的个数。

其中，第 m 次抽取时所获得的 X 中第 m 个测量数据序列 X_m，可表示为

$$X_m = (x_1, x_2, \cdots, x_n, \cdots, x_N), \quad n = 1, 2, \cdots, N \tag{3-66}$$

式中，x_n 表示 X_m 中的第 n 个测量数据；n 表示 X_m 中测量数据序列的序号；N 表示 X_m 中测量数据序列的个数。

2. 建立测量数据的隶属函数

将一次抽取的测量数据序列 X_m 从小到大进行排序，以研究其内在特性，得到一个新的数据序列 X_I 为

$$X_I = (x_1, x_2, \cdots, x_i, \cdots, x_N), \quad x_i \leqslant x_{i+1}, \quad i = 1, 2, \cdots, N \tag{3-67}$$

定义相邻数据的差值序列 Δ_i 为

$$\Delta_i = x_{i+1} - x_i \geqslant 0 \tag{3-68}$$

一般相邻数据的差值 Δ_i 越小，测量数据的分布越密集；反之，越稀疏。即 Δ_i

和 x_i 的分布的密集程度有关。

根据差值序列 Δ_i 和测量数据 x_i 之间的关系，用线性隶属函数来描述机床调整好以后其系统总体的概率密度函数：

$$r_k = 1 - (\Delta_k - \Delta_{\min})/\Delta_{\max} \tag{3-69}$$

式中，r_k 表示概率分布因子。

在式(3-69)中，最大和最小差值分别为

$$\Delta_{\max} = \max_{k=1}^{N-1} \Delta_k \tag{3-70}$$

和

$$\Delta_{\min} = \min_{k=1}^{N-1} \Delta_k \tag{3-71}$$

根据模糊集合理论，设最大概率分布因子为 $r_{\max}$，且对应的 x_k 为 X_v，序列号 k 变为 v。若有多个相同的 $r_{\max}$，则可用算术平均值来确定 X_v 和 v。即可用最大隶属度法融合出估计真值 X_v。

设离散值

$$h_1(x_k) = r_k, \quad k = 1, 2, \cdots, v \tag{3-72}$$

$$h_2(x_k) = r_k, \quad k = v, v+1, \cdots, N \tag{3-73}$$

用两个多项式

$$f_1(x) = 1 + \sum_{l=1}^{L} a_l (X_0 - x)^l, \quad x \leqslant X_0 \tag{3-74}$$

和

$$f_2(x) = 1 + \sum_{l=1}^{L} b_l (x - X_0)^l, \quad x \geqslant X_0 \tag{3-75}$$

分别逼近离散值 $h_1(x_k)$ 和 $h_2(x_k)$，就可以得到 $f_1(x)$ 和 $f_2(x)$。式(3-74)和式(3-75)中，L 是多项式的阶次，一般当 L 取 3 或 4 时，多项式 $f_1(x)$ 和 $f_2(x)$ 逼近离散值的精度较高；X_0 是工件某性能参数的真值。

假设

$$\mu_{1k} = f_1(x_k) - h_1(x_k), \quad k = 1, 2, \cdots, v \tag{3-76}$$

$$\mu_{2k} = f_2(x_k) - h_2(x_k), \quad k = v, v+1, \cdots, N \tag{3-77}$$

将最大模范数定义为

$$\|\mu\|_\infty = \max_{k=1}^{N} |\mu_k| \tag{3-78}$$

对于 a_l，使其满足

$$\min_{a_l} \|\mu_1\|_\infty \tag{3-79}$$

对于 b_l，使其满足

$$\min_{b_l}\|\mu_2\|_\infty \tag{3-80}$$

就可以求出待定系数 a_l 和 b_l，进而可获得隶属函数 $f_1(x)$ 和 $f_2(x)$。

式(3-79)和式(3-80)的约束条件分别为

$$\frac{\mathrm{d}f_1(x)}{\mathrm{d}x}\geqslant 0, \quad 0\leqslant f_1\leqslant 1 \tag{3-81}$$

和

$$\frac{\mathrm{d}f_2(x)}{\mathrm{d}x}\leqslant 0, \quad 0\leqslant f_2\leqslant 1 \tag{3-82}$$

显然，式(3-81)和式(3-82)描述了隶属函数本身的单调特性。隶属函数 $f_1(x)$ 和 $f_2(x)$ 的几何描述可见图 3-10。

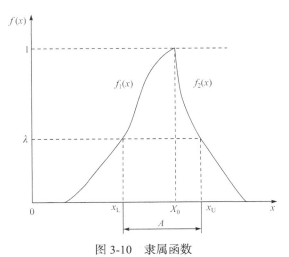

图 3-10 隶属函数

通常，机床调整好以后制造过程中工件某性能参数的真值 X_0 是未知的，可用经典统计学中的数学期望来表示；也可用模糊数学中的模糊期望来估计。考虑到所研究对象为概率分布未知的乏信息问题，优先选用最大隶属度来估计真值 X_0。即可用隶属函数 $f(x)=1$ 时的估计真值 X_v 来表示真值 X_0，如图 3-10 所示。

$$X_0 = x\big|_{f(x)=1} = X_v \tag{3-83}$$

式中，$|_{f(x)=1}$ 表示在 $f(x)=1$ 的条件下。

3. 估计测量数据的模糊不确定度

根据模糊集合理论，机床的制造系统属性具有模糊性。具有模糊性的制造系统属性从真到假的变化过程中存在着一个过渡区间。对于实际制造过程而言,可用机床调整好以后制造过程中加工工件的某性能属性变化规律来反映机床总体的属性变化规律。该机床属性的变化规律可用一个二值逻辑特征函数 $G(x)$ 来表示:

$$G(x) = \begin{cases} 1(\text{true}), & \lambda \geqslant \lambda^* \\ 0(\text{false}), & \lambda < \lambda^* \end{cases} \tag{3-84}$$

式中,$G(x)$ 为机床系统属性变化(即加工工件某性能参数的变化)的特征函数;λ 为水平,$\lambda \in [0,1]$;λ^* 为最优水平。

设用机床调整好以后制造过程中加工工件的某性能参数的变化区间为 $[x_L, x_U]$。由式(3-85)表明,在区间 $[x_L, x_U]$ 内的 x 是可用的,特征值为 1(true);而在区间 $[x_L, x_U]$ 外的 x 是不可用的,特征值为 0(false),如图 3-10 所示。

根据水平 λ,机床调整好以后制造过程中加工工件的某性能参数的变化区间 A 可以被描述为

$$x\big|_{f(x)=\lambda} \Rightarrow A = [x_L, x_U] \tag{3-85}$$

式中,$\big|_{f(x)=\lambda}$ 表示在 $f(x)=\lambda$ 的条件下;A 表示测量数据的模糊可用区间;x_L 表示模糊可用区间的下边界值;x_U 表示模糊可用区间的上边界值。

那么,测量数据的模糊不确定度 U_λ 可表示为

$$U_\lambda = x_U - x_L \tag{3-86}$$

然后,选择水平 $\lambda = \lambda^*$,使其分别满足

$$\min \big| f_1(x) - \lambda^* \big|_{x=x_L} \tag{3-87}$$

和

$$\min \big| f_2(x) - \lambda^* \big|_{x=x_U} \tag{3-88}$$

则可求出机床调整好以后制造过程中加工工件某性能参数测量数据的模糊可用区间 A。

此时可获得

$$x \in A = [x_L, x_U] \tag{3-89}$$

$$U_{\lambda^*} = U_\lambda = x_U - x_L \tag{3-90}$$

式中,U_{λ^*} 表示测量数据在最优水平 λ^* 下的最优模糊不确定度。

根据测量不确定度的相关知识,可用最优模糊不确定度 U_{λ^*} 来表征实际测量结果的测量不确定度。

机床调整好以后制造过程中加工工件的某性能参数的经验概率密度函数 $z(x)$ 可以用隶属函数 $f(x)$ 表示为

$$z(x) = \frac{f(x)}{\int_{x_L}^{X_0} f_1(x)\mathrm{d}x\big|_{\lambda=0} + \int_{X_0}^{x_U} f_2(x)\mathrm{d}x\big|_{\lambda=0}} \tag{3-91}$$

式中，$\big|_{\lambda}$ 表示在水平 λ 下，即对应曲线 $f_1(x)$ 和 $f_2(x)$ 下的总面积。

机床调整好以后制造过程中加工工件的某性能参数的置信水平 P 可表示为

$$P = \frac{\int_{x_L}^{X_0} f_1(x)\mathrm{d}x\big|_{\lambda} + \int_{X_0}^{x_U} f_2(x)\mathrm{d}x\big|_{\lambda}}{\int_{x_L}^{X_0} f_1(x)\mathrm{d}x\big|_{\lambda=0} + \int_{X_0}^{x_U} f_2(x)\mathrm{d}x\big|_{\lambda=0}} \times 100\% \tag{3-92}$$

式中，$\big|_{\lambda}$ 表示在水平 λ 下。式(3-92)必须满足 $0 \leqslant P \leqslant 1$。

由式(3-92)可知，置信水平 P 受 λ 和 L 的共同影响。如果要求置信水平 P 为某一常数，则可以调节水平 λ 和 L 来满足这个要求。在实际计算中，一般给定置信水平 P，优选 $L=3$，再调节 λ 以满足 P，便可得到在置信水平 P 下的最优水平 λ^* 和最优模糊不确定度 U_{λ^*}。

4. 机床调整好以后制造过程稳定性的评估方法

对于一个调整好的机床而言，在正常的实际制造过程中，该系统的属性特征一般不会在较短时间内发生较大的变化。因此，将机床调整好以后制造过程中第 1 次抽取中采集到的工件某性能参数测量数据序列 X_1 作为制造过程中获得的工件某性能参数测量数据的本征数据序列(表征机床总体属性良好)，即该阶段中机床制造过程的稳定性好。

随着机床运行时间的不断积累，刀具磨损等多种影响因素都有可能使机床出现各种各样的扰动现象，从而影响机床制造过程的稳定性。为实时评估机床调整好以后制造过程的稳定性，现将机床调整好以后制造过程中每次抽取中(第 1 次抽取除外)采集到的工件某性能参数测量数据序列 $X_2, X_3, \cdots, X_m, \cdots, X_M$ 作为制造过程中获得的工件某性能参数测量数据的评估数据序列，由于抽取次数为 M，则可获得 $(M-1)$ 组有关制造过程稳定性的评估数据序列。

用所提出的方法可估计出工件某性能参数测量数据的本征数据序列的最优模糊不确定度 $U_{1\lambda^*}$ 以及评估数据序列的最优模糊不确定度 $U_{2\lambda^*}, U_{3\lambda^*}, \cdots, U_{(M-1)\lambda^*}$。然后，以本征数据序列的最优模糊不确定度为参照，比较评估数据序列和本征数据序列的最优模糊不确定度的估计结果，从而判断机床调整好以后制造过程是否稳定。

为了有效地评估机床调整好以后制造过程的稳定性，定义估计的最优模糊不确定度 U_{λ^*} 的相对误差 $\mathrm{d}U_{\lambda^*}$ 为

$$dU_{j\lambda^*} = \frac{U_{j\lambda^*} - U_{1\lambda^*}}{U_{1\lambda^*}} \times 100\%, \quad j = 2, 3, \cdots, M \tag{3-93}$$

式中，$U_{1\lambda^*}$ 表示本征数据序列的最优模糊不确定度；$U_{j\lambda^*}$ 表示第(j-1)个评估数据序列的最优模糊不确定度，j 表示评估数据序列的序号。

根据评估数据序列与本征数据序列的最优模糊不确定度的相对误差，可以很好地描述制造过程不确定性的变化程度，从而能够判断制造过程是否稳定，实现对制造过程稳定性的评估。

3.2.2　案例研究

1. 判定制造过程稳定性的仿真案例

对于机床调整好以后的制造过程而言，在正常加工中，该机床加工出的工件某性能参数数据的波动范围会有或大或小的较小变化，若其变化范围在允许的范围之内，则可认为此加工阶段的制造过程是稳定的。随着加工时间的累积，该机床加工出的工件某性能参数数据的波动范围会不断变大，变大到一定程度可认为此加工阶段的制造过程是不稳定的。

在仿真实验中，仿真出一组实验数据，以模拟机床调整好以后制造过程实际输出的工件某性能参数的测量数据，该仿真数据能够反映制造过程的稳定程度从稳定到不稳定的变化过程。

首先，用蒙特卡罗方法仿真出 10 个数学期望 E_1=0、标准差 σ_1=0.01 的服从正态分布的实验数据作为机床调整好以后制造过程中第 1 次抽取的 10 个工件某性能的尺寸数据误差测量值，并构成制造过程的本征数据序列 X_1。然后，以本征数据序列的±$2\sigma_1$ 为允许的波动范围，模拟出仿真数据的波动范围由±$2\sigma_1$ 到±$3\sigma_1$ 逐步变大，根据概率统计，理论上可认为当波动范围增大到±$3\sigma_1$ 时，制造过程是不稳定的。则令 $3\sigma_1$=$2\sigma_6$，用蒙特卡罗方法仿真出 5 组数学期望 E_2=E_3=E_4=E_5=E_6=0、标准差 {σ_2, σ_3, σ_4, σ_5, σ_6}={0.011, 0.012, 0.013, 0.014, 0.015}的服从正态分布的实验数据(每组仿真数据个数为 10)，作为机床调整好以后制造过程中(第 1 次抽取之后)抽取的 5 组工件某性能的尺寸数据误差测量值，这 5 组仿真数据分别构成制造过程的评估数据序列 X_2，X_3，X_4，X_5，X_6。仿真结果如表 3-1 和表 3-2 所示。仿真出的所有实验数据可构成一个仿真数据序列 X_{60}，如图 3-11 所示。

表 3-1　不同标准差下的正态分布仿真数据序列

标准差	σ_1=0.010	σ_2=0.011	σ_3=0.012	σ_4=0.013	σ_5=0.014	σ_6=0.015
仿真数据序列	X_1	X_2	X_3	X_4	X_5	X_6

表 3-2　正态分布仿真案例的本征数据序列和评估数据序列

序号	本征数据序列	评估数据序列				
	X_1	X_2	X_3	X_4	X_5	X_6
1	−0.01108	0.0176	0.00629	0.00351	0.01219	−0.03287
2	0.01453	−0.00923	0.00522	−0.01065	−0.00306	0.01079
3	0.00339	−0.01048	0.00805	−0.00759	−0.01375	−0.01116
4	0.0025	−0.00047	−0.00922	−0.00029	−0.0059	−0.00274
5	−0.00514	0.00213	−0.01059	−0.00177	0.0065	0.00604
6	−0.00953	−0.0137	−0.00805	0.02306	0.00525	0.00921
7	−0.00067	0.00705	−0.01722	−0.00896	−0.02924	−0.01726
8	0.00844	0.00606	0.01351	−0.00167	0.02062	−0.00884
9	0.0138	0.00096	0.02054	0.00594	−0.01319	0.00445
10	−0.00059	−0.00387	−0.00093	0.03469	0.03177	0.01811

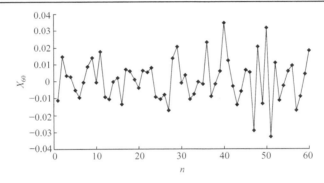

图 3-11　正态分布仿真数据序列

　　根据模糊范数法，对仿真数据序列进行研究。在置信水平 $P=95.44\%$ 下(对应的波动范围为±2σ)，优先选择 $L=3$，调节 λ 以满足 $P=95.44\%$，可估计出最优水平 λ^* 和最优水平 λ^* 下的最优模糊不确定度 U_{λ^*}。基于式(3-93)，可计算出评估数据序列与本征数据序列的最优不确定度相对误差 dU_{λ^*}，其估计结果如表 3-3 所示。

表 3-3　正态仿真数据的估计结果

估计结果	本征数据序列	评估数据序列				
	X_1	X_2	X_3	X_4	X_5	X_6
最优水平 λ^*	0.3346	0.4555	0.2615	0.2501	0.352	0.343
不确定度 U_{λ^*}	0.039134	0.043335	0.047323	0.053436	0.055905	0.05746
不确定度的相对误差 dU_{λ^*}/%		10.735	20.926	36.546	42.855	46.829

　　在置信水平 $P=95.44\%$ 下，由数理统计可知，理论上最大的不确定度相对误

差 $dU=(6\sigma_1-4\sigma_1)/4\sigma_1=50\%$。

由表 3-3 中的估计结果可得，根据模糊范数法，可选取不确定度相对误差 $dU_{\lambda^*}=45\%<50\%$ 来表征制造过程是否稳定的临界值。即可认为当不确定度的相对误差 $dU_{\lambda^*}\leqslant45\%$ 时，此时的制造过程是稳定的，可继续生产；当不确定度的相对误差 $dU_{\lambda^*}>45\%$ 时，此时的制造过程是不稳定的，须及时停止生产，尽早对机床进行检查和维修，确保调整好机床以后，再进行正常生产。

为了准确地评估机床调整好以后制造过程的稳定性，根据判定制造过程稳定性的估计结果，可将机床调整好以后的制造过程稳定程度从稳定到不稳定分为 5 个等级，分别为 Ⅰ(稳定性好)、Ⅱ(稳定性较好)、Ⅲ(稳定性一般)、Ⅳ(稳定性差) 和 Ⅴ(不稳定)，具体为

$$\text{Ⅰ级：}\quad dU_{\lambda^*}\leqslant15\%;$$
$$\text{Ⅱ级：}\quad 15\%<dU_{\lambda^*}\leqslant25\%;$$
$$\text{Ⅲ级：}\quad 25\%<dU_{\lambda^*}\leqslant35\%;$$
$$\text{Ⅳ级：}\quad 35\%<dU_{\lambda^*}\leqslant45\%;$$
$$\text{Ⅴ级：}\quad dU_{\lambda^*}>45\%$$

由于制造系统的结构复杂且影响因素多，并且其不确定性未知，在实际生产中制造过程稳定性出现好或者不好的变化都符合实际情况的变化规律。

2. 评估制造过程稳定性的案例

1) 仿真案例 1

模拟出一个服从瑞利分布的仿真数据，以满足机床调整好以后制造过程中输出的实际数据。运用模糊范数法处理仿真数据，实现实时评估机床调整好以后制造过程的稳定性，从而验证用模糊范数法评估制造过程稳定性的正确性。

在仿真实验中，用蒙特卡罗方法仿真出 200 个标准差 $\sigma=0.01$ 的服从瑞利分布的实验数据，构成一个瑞利分布仿真数据序列 X_{200}，如图 3-12 所示。

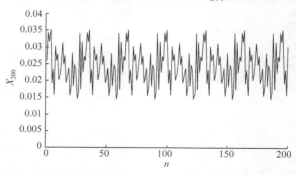

图 3-12　瑞利分布仿真数据序列 X_{200}

将 X_{200} 中的前 50 个仿真数据作为制造过程中输出的本征数据序列 X_1，如图 3-13 所示。将 X_{200} 中的后 150 个仿真数据分为 3 组(每组仿真数据个数为 50)，分别作为制造过程中输出的评估数据序列 X_2，X_3 和 X_4，如图 3-14～图 3-16 所示。

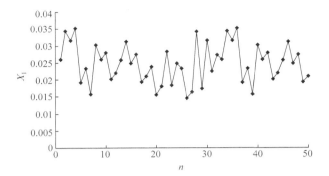

图 3-13　瑞利分布仿真数据的本征数据序列 X_1

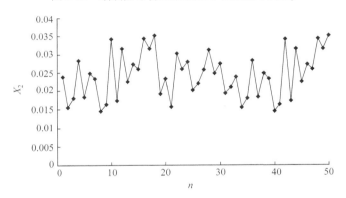

图 3-14　瑞利分布仿真数据的评估数据序列 X_2

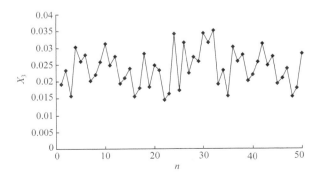

图 3-15　瑞利分布仿真数据的评估数据序列 X_3

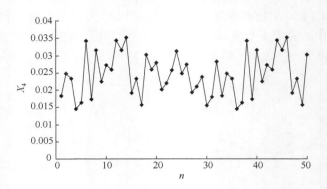

图 3-16　瑞利分布仿真数据的评估数据序列 X_4

运用模糊范数法，对瑞利分布仿真数据序列进行分析。在置信水平 P=95.44%下，优选 L=3，调节水平 λ 满足 P=95.44%，可估计出最优水平 λ^* 和最优水平 λ^* 下的模糊不确定度 U_{λ^*}。基于式(3-93)，可计算出制造过程中输出的评估数据序列与本征数据序列的最优不确定度相对误差 $\mathrm{d}U_{\lambda^*}$，其估计结果如表 3-4 所示。

表 3-4　瑞利分布仿真数据的估计结果

估计结果	本征数据序列	评估数据序列		
	X_1	X_2	X_3	X_4
最优水平 λ^*	0.4577	0.5075	0.51064	0.5439
不确定度 U_{λ^*}	0.034851	0.0384	0.033433	0.03439
不确定度的相对误差 $\mathrm{d}U_{\lambda^*}$/%		10.1834	−4.0688	−1.3228

由表 3-4 可知，在置信水平 P=95.44%下，运用模糊范数法，评估数据序列 X_2 估计的模糊不确定度相对误差 $\mathrm{d}U_{2\lambda^*}$ =10.1834%≤15%，说明该阶段制造过程中输出的工件某性能参数数据的波动范围变大，工件合格率降低，但其变化程度小，此时制造过程的稳定性仍处于稳定性好的 I 级阶段。评估数据序列 X_3 和 X_4 估计的模糊不确定度相对误差分别为 $\mathrm{d}U_{3\lambda^*}$ = −4.0688%%<0，$\mathrm{d}U_{4\lambda^*}$ = −1.3228%<0，说明该加工阶段制造过程的稳定性向稳定性更好的方向有较小的变化，则其稳定性在稳定性好的 I 级阶段，从而验证了制造过程稳定性评估方法的正确性。

2) 实际案例 1

本案例选用圆锥滚子轴承 30204 的外滚道粗糙度的实际数据，运用模糊范数法以实现评估制造过程的稳定性。

在某机床调整好以后，正式生产中随机抽取 30 套轴承，将其编号后测量其外滚道的粗糙度，将获得的外滚道粗糙度测量数据构成外滚道粗糙度数据序列 X_{30}，如图 3-17 所示。将 X_{30} 中的前 10 个测量数据构成外滚道粗糙度的本征数据序列 X_1，将 X_{30} 中的后 20 个测量数据分为 2 组(每组测量数据个数为 10)，分别构成外滚道粗糙度的评估数据序列 X_2 和 X_3，如表 3-5 所示。

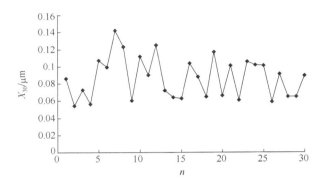

图 3-17　外滚道粗糙度数据序列 X_{30}

表 3-5　外滚道粗糙度的本征数据序列和评估数据序列(单位：μm)

序号	本征数据序列	评估数据序列	
	X_1	X_2	X_3
1	0.086	0.09	0.101
2	0.054	0.125	0.061
3	0.073	0.072	0.106
4	0.056	0.064	0.102
5	0.107	0.063	0.101
6	0.099	0.104	0.059
7	0.142	0.088	0.091
8	0.123	0.065	0.065
9	0.06	0.117	0.065
10	0.112	0.066	0.089

运用模糊范数法，对外滚道粗糙度数据序列进行分析。在置信水平 P=95.44%下，优选 L=3，调节水平 λ 满足 P=95.44%，可估计出最优水平 λ^* 和最优水平 λ^* 下的模糊不确定度 U_{λ^*}。基于式(3-93)，可计算出外滚道粗糙度的评估数据序列与本征数据序列的最优不确定度相对误差 $\mathrm{d}U_{\lambda^*}$，其估计结果如表 3-6 所示。

表 3-6　　外滚道粗糙度数据的估计结果

估计结果	本征数据序列	评估数据序列	
	X_1	X_2	X_3
最优水平 λ^*	0.268853	0.151	0.4129
不确定度 U_{λ^*}	0.07895	0.055122	0.077608
不确定度的相对误差 $\mathrm{d}U_{\lambda^*}/\%$		−30.1811	1.69981

由表 3-6 可知，在置信水平 P=95.44%下，运用模糊范数法，评估数据序列 X_2 估计的模糊不确定度相对误差 $\mathrm{d}U_{2\lambda^*}$ = −30.1811% ≤ 0，说明该加工阶段制造过程的稳定性向稳定性好的方向变化，其稳定性在稳定性好的 I 级阶段，评估数据序列 X_3 估计的模糊不确定度相对误差 $\mathrm{d}U_{3\lambda^*}$ = 1.69981% ≤ 15%，说明该阶段制造过程中输出的外滚道粗糙度数据的波动范围变大，加工工件的合格率降低，但变化程度较小，可判断此时的制造过程稳定性仍处于稳定性好的 I 级阶段。从而验证了制造过程稳定性评估方法的正确性。

3) 实际案例 2

本案例选用圆锥滚子轴承 30204 的外滚道圆度的实际数据，运用模糊范数法，以实现评估制造过程的稳定性。

在某专用磨床调整好以后，正式加工过程中随机抽取 30 套轴承，将其编号后测量外滚道圆度数据，将获得的外滚道圆度测量数据构成外滚道圆度实际数据序列 X_{30}，如图 3-18 所示。将 X_{30} 中的前 10 个测量数据构成外滚道圆度实际数据的本征数据序列 X_1，将 X_{30} 中的后 20 个测量数据分为 2 组(每组测量数据个数为 10)，分别构成外滚道圆度实际数据的评估数据序列 X_2 和 X_3，如表 3-7 所示。

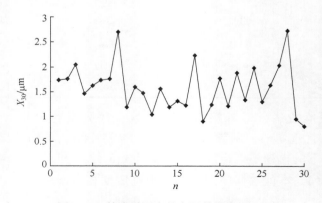

图 3-18　　外滚道圆度的实际数据序列 X_{30}

表 3-7　外滚道圆度实际数据的本征数据序列和评估数据序列(单位：μm)

序号	本征数据序列	评估数据序列	
	X_1	X_2	X_3
1	1.74	1.47	1.21
2	1.76	1.04	1.88
3	2.04	1.56	1.34
4	1.46	1.19	1.98
5	1.62	1.32	1.30
6	1.73	1.23	1.64
7	1.76	2.23	2.03
8	2.70	0.90	2.73
9	1.19	1.24	0.95
10	1.60	1.77	0.80

　　根据模糊范数法,对外滚道圆度实际数据序列进行研究。在置信水平 P=95.44%下，优选 L=3，调节 λ 来满足 P=95.44%，可估计出最优水平 λ^* 和最优水平 λ^* 下的模糊不确定度 U_{λ^*}。基于式(3-93)，可计算出外滚道圆度实际数据的评估数据序列与本征数据序列的最优不确定度相对误差 dU_{λ^*}，估计结果如表 3-8 所示。

表 3-8　外滚道圆度实际数据的估计结果

估计结果	本征数据序列	评估数据序列	
	X_1	X_2	X_3
最优水平 λ^*	0.2276	0.2562	0.396
不确定度 U_{λ^*}	2.050973	1.765948	2.575556
不确定度的相对误差 dU_{λ^*}/%		−13.897	25.5773

　　由表 3-8 可知，在置信水平 P=95.44%下，运用模糊范数法，评估数据序列 X_2 估计的模糊不确定度相对误差 $dU_{2\lambda^*}$ = −13.897%<0，说明该阶段制造过程中输出的外滚道圆度数据的波动范围变小，工件的合格率增大，此时制造过程稳定性处在稳定性好的 I 级阶段。评估数据序列 X_3 估计的模糊不确定度相对误差 25%< $dU_{3\lambda^*}$ = 25.5773%<35%，说明该加工阶段的制造过程处在稳定性一般的III级阶段。从而验证了制造过程稳定性评估方法的正确性。

　　4) 仿真案例 2

　　本仿真案例是以实际案例 2 中获得的 30 个圆锥滚子轴承 30204 的外滚道圆度实际数据为基础,将这 30 个外滚道圆度实际数据人为地依次增加一个线性微量

成分 $\Delta Y = Y(n)$(仿真的线性微量如图 3-19 所示),可模拟出一组具有线性微量变化的外滚道圆度仿真数据,将其构成一个外滚道圆度仿真数据序列 X_{S30},如图 3-20 所示。基于由增加线性微量获得的外滚道圆度仿真数据,运用模糊范数法,以实时评估制造过程的稳定性。

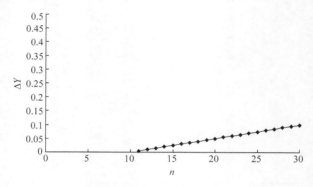

图 3-19　仿真的线性微量 ΔY

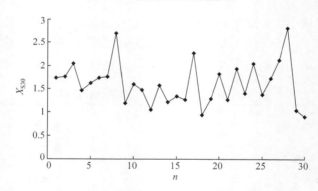

图 3-20　外滚道圆度的仿真数据序列 X_{S30}

　　将外滚道圆度仿真数据序列 X_{S30} 中的前 10 个数据作为外滚道圆度仿真数据的本征数据序列 X_1,将外滚道圆度仿真数据序列 X_{S30} 中的后 20 个仿真数据分为 2 组(每组仿真数据个数为 10),分别作为外滚道圆度仿真数据的评估数据序列 X_2 和 X_3,如表 3-9 所示。

表 3-9　外滚道圆度仿真数据的本征数据序列和评估数据序列

序号	本征数据序列	评估数据序列	
	X_1	X_2	X_3
1	1.74	1.475	1.265
2	1.76	1.05	1.94
3	2.04	1.575	1.405

序号	本征数据序列	评估数据序列	
	X_1	X_2	X_3
4	1.46	1.21	2.05
5	1.62	1.345	1.375
6	1.73	1.26	1.72
7	1.76	2.265	2.115
8	2.7	0.94	2.82
9	1.19	1.285	1.045
10	1.6	1.82	0.9

　　根据模糊范数法,对外滚道圆度仿真数据序列进行分析。在置信水平 P=95.44%下，优选 L=3，调节 λ 来满足 P=95.44%，可估计出最优水平 λ^* 和最优水平 λ^* 下的模糊不确定度 U_{λ^*}。基于式(3-93)，可计算出外滚道圆度仿真数据的评估数据序列与本征数据序列的最优不确定度相对误差 dU_{λ^*}，其估计结果如表 3-10 所示。

表 3-10　外滚道圆度仿真数据的估计结果

估计结果	本征数据序列	评估数据序列	
	X_1	X_2	X_3
最优水平 λ^*	0.2276	0.29467	0.3461
不确定度 U_{λ^*}	2.050973	1.51779	2.923705
不确定度的相对误差 dU_{λ^*}/%		−25.997	42.5521

　　由表 3-10 可知，在置信水平 P=95.44%下，运用模糊范数法，评估数据序列 X_2 估计的模糊不确定度相对误差 $dU_{2\lambda^*}$ = −25.997%<0，说明该阶段制造过程中输出的外滚道圆度数据的波动范围变小，该阶段的制造过程稳定性处于稳定性好的 Ⅰ 级阶段。评估数据序列 X_3 估计的模糊不确定度相对误差 35%<$dU_{3\lambda^*}$ = 42.5521%<45%，说明该加工阶段的制造过程处于稳定性差的Ⅳ级阶段。从而验证了制造过程稳定性评估方法的正确性。

3.3　基于模糊等价关系的系统误差诊断

3.3.1　诊断的基本原理

　　本节以模糊集合理论为基础，研究系统误差的诊断问题并提出一种动态测量数据处理的新方法。这种方法在动态测量数据的处理中，对数据的分布无特别要求，还允许小的样本量[5]。

1. 模糊相似系数

研究对象有 i 个样本：

$$Y_i = (Y_{i1}, Y_{i2}, \cdots, Y_{ik}, \cdots, Y_{in}), \quad k=1,2,\cdots,n; i=1,2,\cdots,m \qquad (3\text{-}94)$$

构成一个集合：

$$Y = (Y_1, Y_2, \cdots, Y_i, \cdots, Y_m) \qquad (3\text{-}95)$$

式中，m 为样本数；n 为每个样本的样本量(数据个数)；Y_{ik} 为第 i 个样本的第 k 个数据。

设数据的总个数为 $S=m \times n$，则第 i 个样本的第 k 个数据 Y_{ik} 的顺序号为 $t(t=1,2,\cdots,S)$。于是，顺序号 t 就相当于时间参数。

无论 Y_{ik} 是不是模糊数，将 Y_{ik} 线性映射到[0,1]区间内，看成模糊数 X_{ik}，就可以用模糊集合理论处理。

设线性映射公式为

$$X_{ik} = \frac{Y_{ik} - Y_{\min}}{Y_{\max} - Y_{\min}}, \quad k=1,2,\cdots,n; i=1,2,\cdots,m \qquad (3\text{-}96)$$

$$Y_{\max} = \max_{i,k} Y_{ik}, \quad k=1,2,\cdots,n; i=1,2,\cdots,m \qquad (3\text{-}97)$$

$$Y_{\min} = \min_{i,k} Y_{ik}, \quad k=1,2,\cdots,n; i=1,2,\cdots,m \qquad (3\text{-}98)$$

式中，X_{ik} 为模糊数，$X_{ik} \in [0,1]$。

各样本间的相似程度可以用模糊相似系数描述，于是有模糊相似矩阵：

$$\boldsymbol{R} = \{r_{il}\}_{m \times m}, \quad l=1,2,\cdots,m; i=1,2,\cdots,m \qquad (3\text{-}99)$$

式中，r_{il} 为模糊相似系数。

这里用最大最小法计算模糊相似系数：

$$r_{il} = \frac{\sum_{k=1}^{n}(X_{ik} \wedge X_{lk})}{\sum_{k=1}^{n}(X_{ik} \vee X_{lk})}, \quad l=1,2,\cdots,m; i=1,2,\cdots,m \qquad (3\text{-}100)$$

在式(3-98)和式(3-99)中，有

$$r_{il} = \begin{cases} 1, & i=l \\ r_{li}, & i \neq l \end{cases}, \quad l=1,2,\cdots,m; i=1,2,\cdots,m \qquad (3\text{-}101)$$

即 $\boldsymbol{R}$ 是一个模糊相似关系矩阵，研究对象具有模糊相似关系 $\boldsymbol{R}$。

2. 模糊等价关系及其意义

在给定模糊相似关系以后，用模糊集合理论的传递闭包法可以获得研究对象的模糊等价关系，求解方法如下：

对于任意模糊关系 R，如果存在

$$T(R)=R^{h-1}=R^{h}=\cdots, \quad h=1,2,3,\cdots \tag{3-102}$$

那么，依次可以求出模糊等价关系。

第 1 步，求出 $R^2=R\circ R$；

第 2 步，求出 $R^4=R^2\circ R^2$；

……

第 q 步，直到求出 $R^{2q}=R^q$ 为止，R^q 就是所求的模糊等价关系 $T(R)$，即模糊集合理论中的传递闭包：

$$T(R)=R^q \tag{3-103}$$

有

$$T(R)=\begin{bmatrix} v_{11} & v_{12} & v_{13} & \cdots & v_{1l} & \cdots & v_{1m} \\ v_{21} & v_{22} & v_{23} & \cdots & v_{2l} & \cdots & v_{2m} \\ v_{31} & v_{32} & v_{33} & \cdots & v_{3l} & \cdots & v_{3m} \\ \vdots & \vdots & \vdots & & \vdots & & \vdots \\ v_{i1} & v_{i2} & v_{i3} & \cdots & v_{il} & \cdots & v_{im} \\ \vdots & \vdots & \vdots & & \vdots & & \vdots \\ v_{m1} & v_{m2} & v_{m3} & \cdots & v_{ml} & \cdots & v_{mm} \end{bmatrix} = \begin{bmatrix} 1 & v_{12} & v_{13} & \cdots & v_{1l} & \cdots & v_{1m} \\ & 1 & v_{23} & \cdots & v_{2l} & \cdots & v_{2m} \\ & & 1 & \ddots & v_{3l} & \cdots & v_{3m} \\ & & & \ddots & \vdots & \ddots & \vdots \\ \text{对称} & & & & 1 & \cdots & v_{im} \\ & & & & & \ddots & \vdots \\ & & & & & & 1 \end{bmatrix}$$

$$\tag{3-104}$$

式中

$$0 \leqslant v_{il} \leqslant 1, \quad v_{il} = \begin{cases} 1, & i=l \\ v_{li}, & i \neq l \end{cases} \tag{3-105}$$

在式(3-104)中，元素 v_{il} 描述了研究对象中第 i 个样本 Y_i 和第 l 个样本 Y_l 的模糊等价关系，即 Y_i 特征和 Y_l 特征的符合程度，可称之为模糊等价性系数，它有如下意义：

(1) 若 v_{il} 越接近 1，则 Y_i 和 Y_l 两个样本的特征符合程度越好，表明二者之间的系统误差越小；

(2) 若 v_{il} 越接近 0，则 Y_i 和 Y_l 两个样本的特征符合程度越差，表明二者之间的系统误差越大；

(3) 特别地，当 $v_{il}=1$ 时，Y_i 和 Y_l 是完全一样的，不存在任何系统误差；当 $v_{il}=0$ 时，Y_i 和 Y_l 是毫不相干的，存在着极其明显的系统误差。

据此可以进行动态测量数据的系统误差的诊断与分析。

在工程实践中，$v_{il}=1$ 和 $v_{il}=0$ 是很少见的。此时，可以依据模糊数概念、最优水平 $\lambda(\lambda$ 水平)和 λ 水平截集 A_λ 来诊断研究对象系统误差存在的显著性。

3. 系统误差的模糊诊断原理

在模糊集合理论中，0 和 1 可以分别表示事物的真和假两个极端状态，而 0.5 则表示事物亦真亦假，最难判别。可以用 λ 水平和 λ 水平截集 A_λ 来诊断系统误差存在的显著性。

若

$$v_{il} > \lambda \tag{3-106}$$

则 Y_i 和 Y_l 在 λ 水平下彼此之间不存在系统误差；

若

$$v_{il} \leqslant \lambda \tag{3-107}$$

则 Y_i 和 Y_l 在 λ 水平下彼此之间存在系统误差。

在 λ 水平下彼此之间不存在系统误差的样本集合为

$$A_\lambda = \{\boldsymbol{T}(\boldsymbol{R}|_{v_{il} > \lambda})\}, \quad l=1,2,\cdots,m; i=1,2,\cdots,m \tag{3-108}$$

在 λ 水平下彼此之间存在系统误差的样本集合为

$$B_\lambda = \{\boldsymbol{T}(\boldsymbol{R}|_{v_{il} < \lambda})\}, \quad l=1,2,\cdots,m; i=1,2,\cdots,m \tag{3-109}$$

在分析时，取 $\lambda = \lambda^* = 0.5$。

4. 系统误差的模糊特征

定义分段平均模糊等价性系数集合为

$$U = (u_1, u_2, \cdots, u_j, \cdots, u_{m-1}) \tag{3-110}$$

式中

$$u_j = \frac{\sum\limits_{i=1}^{m-j} v_{i,i+j}}{m-j}, \quad u_j \in [0,1]; j=1,2,\cdots,m-1 \tag{3-111}$$

式中，u_j 为分段平均模糊等价性系数，简称为分段等价系数；j 为样本序号。

在式(3-110)中，由于 j 从小到大变化，可以表示为各样本采样的时间先后顺序，也可以表示为各样本采样的区间大小等从小到大变化的顺序号。因此，和时间 t 参数相似，j 又可以称为样本时间参数或样本顺序参数。为方便起见，统称时间参数(尽管有时 j 和 t 可能和时间无关)。

u_j 的变化范围为

$$\delta u = \max u_j - \min u_j, \quad j=1,2,\cdots,m-1 \tag{3-112}$$

对于单样本研究对象而言，本节中的 m 可看作组数，n 可看作每组数据个数。于是该样本量为 $S=nm$。

由于 u_j 是 v_{il} 的分段均值，从理论上讲：

(1) 若 u_j 越小，则系统误差越大；若 u_j 越大，则系统误差越小。u_j 的变化意味着系统误差的减小或增大。

(2) 若随着时间参数 j 的增大，u_j 无明显变化，则研究对象不存在显著的系统误差。

(3) 若随着时间参数 j 的增大，u_j 明显减小，则研究对象存在着上升或下降趋势的系统误差。

(4) 若随着时间参数 j 的增大，u_j 由小明显变大后又明显变小，则研究对象存在着周期性趋势的系统误差。

(5) 设随着时间参数 j 的增大，若 u_j 由小明显变大后又明显变小的次数为 w，则研究对象的周期性系统误差变化 $w+1$ 个周期。

(6) 若 $v_{il} \leqslant \lambda$，同时 u_j 比较大，u_j 的变化范围 δu 又很小，则系统误差比较小，没有明显的上升、下降或周期性系统误差，这表明可能存在着定值系统误差。

在工程实践中，没有系统误差的理想系统几乎是不存在的。一般认为，无系统误差是指系统误差很小，可以达到忽略不计的程度。

3.3.2 案例研究

用统计方法并不能诊断出所有形式的系统误差，本节通过实验来验证所提出方法的正确性，而不采用和统计分析相比较的方法。

1. 无系统误差的系统

这里研究均匀分布和正态分布的情形。这两类分布的随机变量不含系统误差，因此研究对象的真实情况不存在系统误差。

1) 均匀分布

均匀分布随机误差离散数据样本个数为 $m=10$，每个样本的样本量为 $n=5$，共有 50 个数据。

$$Y=(Y_1, Y_2, Y_3, Y_4, Y_5, Y_6, Y_7, Y_8, Y_9, Y_{10})$$
$$Y_1=(0.1124, -0.3265, -0.5326, 0.3779, -2.3862)$$
$$Y_2=(2.1747, 0.0608, -2.0284, 1.5079, -1.9310)$$
$$Y_3=(0.6544, -1.1342, 0.1015, -1.3375, 0.5486)$$
$$Y_4=(1.4592, 0.6950, 1.25605, 2.1421, 0.0528)$$
$$Y_5=(0.2886, -0.1503, 0.7357, -2.0530, -0.8171)$$
$$Y_6=(-0.2562, 1.3292, -0.4594, -0.2236, 0.3373)$$
$$Y_7=(0.2234, -0.8658, -0.6300, 1.9309, -1.1829)$$
$$Y_8=(-1.9717, -0.7359, 0.8250, 1.4105, -0.3781)$$

$Y_9 = (-0.1423, 0.4186, 1.3047, -0.7845, 1.4512)$

$Y_{10} = (-0.9878, -0.1016, -0.1910, -0.6546, 1.9063)$

计算后可得到模糊等价关系矩阵(根据不同情况，在后面的例子中，计算结果小数点后的有效数字将保留适当的位数)：

1.000,0.619,0.650,0.650,0.650,0.650,0.709,0.632,0.650,0.650

0.619,1.000,0.619,0.619,0.619,0.619,0.619,0.619,0.619,0.619

0.650,0.619,1.000,0.666,0.672,0.666,0.650,0.632,0.666,0.666

0.650,0.619,0.666,1.000,0.666,0.671,0.650,0.632,0.671,0.671

0.650,0.619,0.672,0.666,1.000,0.666,0.650,0.632,0.666,0.666

0.650,0.619,0.666,0.671,0.666,1.000,0.650,0.632,0.715,0.715

0.709,0.619,0.650,0.650,0.650,0.650,1.000,0.632,0.650,0.650

0.632,0.619,0.632,0.632,0.632,0.632,0.632,1.000,0.632,0.632

0.650,0.619,0.666,0.671,0.666,0.715,0.650,0.632,1.000,0.767

0.650,0.619,0.666,0.671,0.666,0.715,0.650,0.632,0.767,1.000

和分段平均模糊等价性系数集合：

$U = (0.657, 0.647, 0.655, 0.655, 0.648, 0.666, 0.639, 0.635, 0.65)$

可以看出 u_j 的变化范围很小，仅为 $\delta u = 0.031$。

图 3-21 描述了 u_j 和 j 的关系，随着 j 的变化，u_j 的变化很小。因此，各样本之间不存在系统误差。

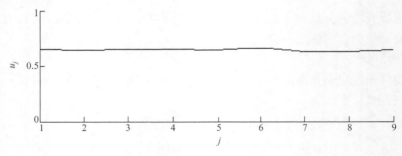

图 3-21　均匀分布关系图($m=10$, $n=5$)

另一方面，由各样本之间的模糊等价关系矩阵也可以得出相同的结论，这是因为

$$\min v_{il} = 0.619$$

$$v_{il} \geqslant \min, \quad v_{il} > 0.5$$

$$l = 1, 2, \cdots, 10; \quad i = 1, 2, \cdots, 10$$

2) 正态分布

正态分布随机误差离散数据样本个数为 $m=10$，每个样本的样本量为 $n=5$，共有 50 个数据：

$$Y=(Y_1,Y_2,Y_3,Y_4,Y_5,Y_6,Y_7,Y_8,Y_9,Y_{10})$$

$Y_1=(0.9510463,0.4161904,0.1984314,0.2561883,0.05697781)$

$Y_2=(0.169929,0.9726159,0.07743371,0.411845,0.8995168)$

$Y_3=(0.6512842,0.689134,0.8836289,0.8135109,0.1712648)$

$Y_4=(0.5933033,0.02878696,0.05503869,0.6656756,0.7030886)$

$Y_5=(0.1703783,0.467423,0.1670482,0.2333947,0.7261885)$

$Y_6=(0.6098068,0.5604534,0.8415092,0.7868548,0.02277851)$

$Y_7=(0.786626,0.01772749,0.943991,0.7439969,0.2950901)$

$Y_8=(0.7259778,0.3683124,0.07381582,0.7472836,0.2944461)$

$Y_9=(0.1377609,0.5909097,0.9696836,0.5562013,0.81563)$

$Y_{10}=(0.4178982,0.1569311,0.2398201,0.2786897,0.7369711)$

计算后可得到模糊等价关系矩阵：

$$
\begin{array}{l}
1.000,0.553,0.553,0.553,0.553,0.553,0.553,0.553,0.553,0.553 \\
0.553,1.000,0.580,0.605,0.626,0.580,0.580,0.605,0.580,0.626 \\
0.553,0.580,1.000,0.580,0.580,0.876,0.692,0.580,0.585,0.580 \\
0.553,0.605,0.580,1.000,0.605,0.580,0.580,0.612,0.580,0.605 \\
0.553,0.626,0.580,0.605,1.000,0.580,0.580,0.605,0.580,0.665 \\
0.553,0.580,0.876,0.580,0.580,1.000,0.692,0.580,0.585,0.580 \\
0.553,0.580,0.692,0.580,0.580,0.692,1.000,0.580,0.585,0.580 \\
0.553,0.605,0.580,0.612,0.605,0.580,0.580,1.000,0.580,0.605 \\
0.553,0.580,0.585,0.580,0.580,0.585,0.585,0.580,1.000,0.580 \\
0.553,0.626,0.580,0.605,0.665,0.580,0.580,0.605,0.580,1.000
\end{array}
$$

和分段平均模糊等价性系数集合：

$$U=(0.592,0.584,0.629,0.6,0.592,0.587,0.571,0.59,0.553)$$

可见

$$\delta u=0.076$$

u_j 的变化范围很小，因为 $\delta u=0.076$。

图 3-22 描述了 u_j 和 j 的关系，随着 j 的变化，u_j 的变化很小，因此各样本之间不存在系统误差。

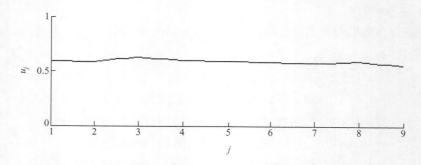

图 3-22　正态分布关系图($m=10,n=5$)

另一方面，由各样本之间的模糊等价关系矩阵也可以得出相同的结论，这是因为

$$\min v_{il} = 0.553$$

$$v_{il} \geqslant \min, \quad v_{il} > 0.5$$

$$l=1,2,\cdots,10；\quad i=1,2,\cdots,10$$

所以各样本之间不存在系统误差。

误差呈正态分布或均匀分布的系统，是不存在变值系统误差的。这与本节的研究结果相同。

上述对正态分布和均匀分布误差的计算表明，提出的方法对测量数据的概率分布无特别要求。

2. 包含系统误差的系统

1) 无随机误差的线性系统

一个无随机误差的线性系统($m=10,n=5$)：

$$Y=(Y_1,Y_2,Y_3,Y_4,Y_5,Y_6,Y_7,Y_8,Y_9,Y_{10})$$

$$Y_1=(10.02,10.04,10.06,10.08,10.1)$$

$$Y_2=(10.12,10.14,10.16,10.18,10.2)$$

$$Y_3=(10.22,10.24,10.26,10.28,10.3)$$

$$Y_4=(10.32,10.34,10.36,10.38,10.4)$$

$$Y_5=(10.42,10.44,10.46,10.48,10.5)$$

$$Y_6=(10.52,10.54,10.56,10.58,10.6)$$

$$Y_7=(10.62,10.64,10.66,10.68,10.7)$$

$$Y_8=(10.72,10.74,10.76,10.78,10.8)$$

$$Y_9=(10.82,10.84,10.86,10.88,10.9)$$

$$Y_{10}=(10.92,10.94,10.96,10.98,11.0)$$

其模糊等价关系矩阵为

$$1.000, 0.286, 0.286, 0.286, 0.286, 0.286, 0.286, 0.286, 0.286, 0.286$$
$$0.286, 1.000, 0.583, 0.583, 0.583, 0.583, 0.583, 0.583, 0.583, 0.583$$
$$0.286, 0.583, \ 1.000, 0.706, 0.706, 0.706, 0.706, 0.706, 0.706, 0.706$$
$$0.286, 0.583, 0.706, 1.000, 0.773, 0.773, 0.773, 0.773, 0.773, 0.773$$
$$0.286, 0.583, 0.706, 0.773, 1.000, 0.815, 0.815, 0.815, 0.815, 0.815$$
$$0.286, 0.583, 0.706, 0.773, 0.815, 1.000, 0.844, 0.844, 0.844, 0.844$$
$$0.286, 0.583, 0.706, 0.773, 0.815, 0.844, 1.000, 0.865, 0.865, 0.865$$
$$0.286, 0.583, 0.706, 0.773, 0.815, 0.844, 0.865, 1.000, 0.881, 0.881$$
$$0.286, 0.583, 0.706, 0.773, 0.815, 0.844, 0.865, 0.881, 1.000, 0.894$$
$$0.286, 0.583, 0.706, 0.773, 0.815, 0.844, 0.865, 0.881, 0.894, 1.000$$

分段平均模糊等价性系数集合为

$$U = (0.739, 0.719, 0.696, 0.668, 0.633, 0.587, 0.525, 0.434, 0.286)$$
$$\delta u = 0.452$$

图 3-23 是无随机误差的线性系统的关系图。由 U 和图 3-23 可知，u_j 呈明显的单调下降趋势，表明各样本之间存在着单调趋势的系统误差。随着时间的延长，系统误差越来越大。这也可以认为，各样本之间的间隔越大，关系越疏松；反之，关系越紧密。

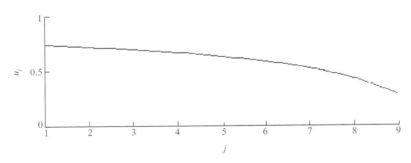

图 3-23　无随机误差的线性系统的关系图($m=10, n=5$)

2) 无随机误差的周期趋势系统

一个无随机误差的周期数为 2 的周期趋势系统($m=10, n=5$)：

$$Y = (Y_1, Y_2, Y_3, Y_4, Y_5, Y_6, Y_7, Y_8, Y_9, Y_{10})$$
$$Y_1 = (0.0000, 2.6592, 5.0864, 7.3225, 8.6800)$$
$$Y_2 = (10.0147, 10.4946, 10.6334, 9.8588, 8.4365)$$
$$Y_3 = (6.34165, 3.7805, 1.3237, -1.3058, -3.7230)$$
$$Y_4 = (-6.3275, -8.3295, -9.2343, -10.5639, -10.8210)$$

$Y_5=(-9.6147,-8.7036,-7.3326,-5.2851,-2.6671)$

$Y_6=(0.0000,2.7319,5.0175,7.1133,9.2301)$

$Y_7=(10.0578,10.8890,10.45107,9.6982,7.8718)$

$Y_8=(6.3024,4.0267,1.3562,-1.2750,-3.7240)$

$Y_9=(-6.2035,-8.4561,-9.6785,-10.3576,-10.4489)$

$Y_{10}=(-10.1705,-8.4610,-7.0545,-5.1633,-2.6063)$

其模糊等价关系矩阵为

1.000,0.748,0.622,0.219,0.317,0.989,0.748,0.622,0.219,0.317

0.748,1.000,0.622,0.219,0.317,0.748,0.987,0.622,0.219,0.317

0.622,0.622,1.000,0.219,0.317,0.622,0.622,0.994,0.219,0.317

0.219,0.219,0.219,1.000,0.219,0.219,0.219,0.219,0.866,0.219

0.317,0.317,0.317,0.219,1.000,0.317,0.317,0.317,0.219,0.941

0.989,0.748,0.622,0.219,0.317,1.000,0.748,0.622,0.219,0.317

0.748,0.987,0.622,0.219,0.317,0.748,1.000,0.622,0.219,0.317

0.622,0.622,0.994,0.219,0.317,0.622,0.622,1.000,0.219,0.317

0.219,0.219,0.219,0.866,0.219,0.219,0.219,0.219,1.000,0.219

0.317,0.317,0.317,0.219,0.941,0.317,0.317,0.317,0.219,1.000

分段平均模糊等价性系数集合为

$$U=(0.437,0.356,0.319,0.407,0.955,0.452,0.386,0.268,0.317)$$
$$\delta u=0.687$$

图 3-24 和 U 描述了无随机误差的周期趋势系统中各样本之间的关系，一个具有周期趋势误差的系统关系图呈现出"尖峰"特征。随着时间延长，分段等价系数 u_j 由小逐渐增大，在"尖峰"处取最大值(在本例中，该值为 0.955)；通过"尖峰"后，分段等价系数 u_j 由大逐渐减小，形成一个周期。因此，具有明显"尖峰"特征的系统，必然存在周期性系统误差。"尖峰"的个数就是样本的周期数加 1，即周期数为 2。

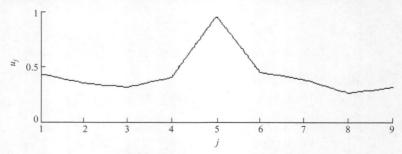

图 3-24 无随机误差的周期趋势系统的关系图($m=10,n=5$)

"尖峰"和周期的关系还可以由下面的实验进一步说明。

图 3-25 的数据共 200 个，取 m=20，n=10，采样时间参数为 t。

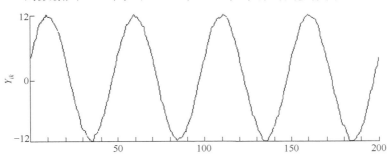

图 3-25　多周期性系统误差仿真时域信号

经计算得到分段平均模糊等价性系数集合：

U =(0.419,0.348,0.344,0.427,0.939,0.418,0.348,0.344,0.428,0.415,0.35,0.342,

0.433,0.944,0.406,0.356,0.331,0.488)

$$\delta u=0.612$$

图 3-26 是一个多周期趋势系统的关系图。可以看出，"尖峰"的个数和周期数的对应关系为，3 个"尖峰"对应 4 个周期。因此，u_j 的明显变化规律就表征了系统的周期性误差特征。

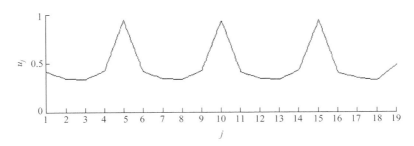

图 3-26　多周期趋势仿真系统的关系图(m=20,n=10)

3) 包含随机误差的单调趋势系统

一个包含随机误差的单调趋势系统(m=10,n=5)：

$$Y=(Y_1,Y_2,Y_3,Y_4,Y_5,Y_6,Y_7,Y_8,Y_9,Y_{10})$$

$$Y_1=(10.92786,10.32351,10.08511,10.19421,10.47989)$$

$$Y_2=(10.61882,10.27615,10.23015,10.57550,9.92655)$$

$$Y_3=(10.74518,10.80966,10.68353,10.51227,10.49220)$$

$$Y_4=(10.40159,10.06955,10.11041,10.51722,10.27152)$$

$$Y_5=(9.67125,9.45539,9.75792,9.622706,9.61326)$$

$$Y_6 = (9.60951, 9.33892, 9.78304, 9.56769, 9.04164)$$
$$Y_7 = (8.93235, 9.48695, 8.80011, 8.75175, 8.53819)$$
$$Y_8 = (9.20327, 9.04495, 8.47429, 8.68760, 8.19759)$$
$$Y_9 = (8.56778, 8.47482, 7.84943, 8.20433, 7.63419)$$
$$Y_{10} = (7.75334, 8.28925, 7.48906, 7.44743, 7.30986)$$

其模糊等价关系矩阵为

1.000,0.915,0.905,0.915,0.781,0.781,0.714,0.714,0.592,0.416

0.915,1.000,0.905,0.939,0.781,0.781,0.714,0.714,0.592,0.416

0.905,0.905,1.000,0.905,0.781,0.781,0.714,0.714,0.592,0.416

0.915,0.939,0.905,1.000,0.781,0.781,0.714,0.714,0.592,0.416

0.781,0.781,0.781,0.781,1.000,0.928,0.714,0.714,0.592,0.416

0.781,0.781,0.781,0.781,0.928,1.000,0.714,0.714,0.592,0.416

0.714,0.714,0.714,0.714,0.714,0.714,1.000,0.825,0.592,0.416

0.714,0.714,0.714,0.714,0.714,0.714,0.825,1.000,0.592,0.416

0.592,0.592,0.592,0.592,0.592,0.592,0.592,0.592,1.000,0.416

0.416,0.416,0.416,0.416,0.416,0.416,0.416,0.416,0.416,1.000

分段平均模糊等价性系数集合为

$$U = (0.776, 0.730, 0.702, 0.666, 0.643, 0.609, 0.574, 0.504, 0.416)$$
$$\delta u = 0.360$$

图 3-27 是包含随机误差的单调趋势系统的关系图。

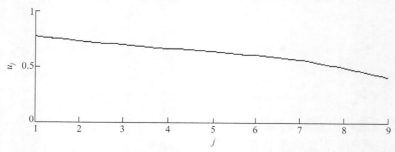

图 3-27　包含随机误差的单调趋势的系统误差的关系图($m=10, n=5$)

u_j 呈现明显的单调下降趋势,表明各样本之间存在着单调趋势的系统误差。随着时间的延长,系统误差越来越大。这也可以认为,各样本之间的间隔越大,关系越疏松;反之,关系越紧密。

很显然,这里的分析结果和上述无随机误差线性(单调趋势)系统的分析结果几乎完全一致,都诊断出系统含有单调趋势的系统误差。但是,这两个系统除了都具有单调趋势的系统误差这一共性外，还有明显的差异，即一个含有随机误差，另一个不含有随机误差。

因此，可以认为所提出的系统误差的模糊诊断原理对随机误差具有滤波作用，能衰减随机误差的影响，突出单调趋势系统误差的贡献。

4) 包含随机误差的周期趋势系统

一个包含随机误差的周期数为 2 的周期趋势系统($m=10,n=5$)：

$$Y=(Y_1,Y_2,Y_3,Y_4,Y_5,Y_6,Y_7,Y_8,Y_9,Y_{10})$$

$$Y_1=(7.59932,15.16786,17.60216,20.45222,19.29857)$$

$$Y_2=(13.90831,12.53741,14.38405,9.97197,6.77293)$$

$$Y_3=(-4.47102,1.63361,-3.70387,-10.67854,-16.28748)$$

$$Y_4=(-22.08508,-15.19011,-20.72077,-21.38579,-10.84456)$$

$$Y_5=(-13.13377,-8.80749,-2.46840,-2.00630,5.28882)$$

$$Y_6=(10.51205,17.83545,13.66968,14.36949,21.73026)$$

$$Y_7=(20.13086,16.86530,17.62799,10.40673,3.08800)$$

$$Y_8=(-1.19974,-1.67183,-10.02927,-16.06704,-9.46152)$$

$$Y_9=(-17.68517,-14.90693,-18.84784,-14.06752,-10.23949)$$

$$Y_{10}=(-12.28761,-3.32288,1.69639,0.20420,5.91938)$$

其模糊等价关系矩阵为

$$1.000,0.851,0.556,0.442,0.611,0.909,0.851,0.556,0.442,0.611$$
$$0.851,1.000,0.556,0.442,0.611,0.851,0.902,0.556,0.442,0.611$$
$$0.556,0.556,1.000,0.442,0.556,0.556,0.556,0.711,0.442,0.556$$
$$0.442,0.442,0.442,1.000,0.442,0.442,0.442,0.442,0.582,0.442$$
$$0.611,0.611,0.556,0.442,1.000,0.611,0.611,0.556,0.442,0.870$$
$$0.909,0.851,0.556,0.442,0.611,1.000,0.851,0.556,0.442,0.611$$
$$0.851,0.902,0.556,0.442,0.611,0.851,1.000,0.556,0.442,0.611$$
$$0.556,0.556,0.711,0.442,0.556,0.556,0.556,1.000,0.442,0.556$$
$$0.442,0.442,0.442,0.582,0.442,0.442,0.442,0.442,1.000,0.442$$
$$0.611,0.611,0.556,0.442,0.870,0.611,0.611,0.556,0.442,1.000$$

分段平均模糊等价性系数集合为

$$U=(0.577,0.52,0.523,0.586,0.795,0.573,0.518,0.526,0.611)$$

$$\delta u=0.277$$

图 3-28 是包含随机误差的周期趋势系统的关系图。

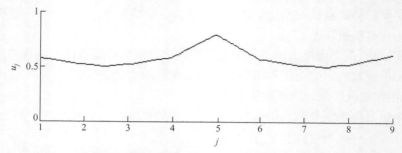

图 3-28　包含随机误差的周期趋势的系统误差的关系图(m=10,n=5)

由 U 和图 3-28 可以知道，u_j 的变化呈"尖峰"状态。"尖峰"的个数和周期数的对应关系为，1 个"尖峰"对应 2 个周期，可以诊断出系统含有周期性系统误差。

很显然，这里的分析结果和上述无随机误差周期趋势系统的分析结果几乎完全一致，都诊断出系统含有周期性系统误差。但是，这两个系统除了都具有周期性系统误差这一共性外，还有明显的差异，即一个含有随机误差，另一个不含有随机误差。

因此，可以认为所提出的系统误差的模糊诊断原理对随机误差具有滤波作用，能衰减随机误差的影响，突出周期性趋势系统误差的贡献。

3. 滚动轴承外滚道圆度数据分析

在某专用磨床调整之后系统正常运行的一个磨削周期中，随机连续抽取 30 套轴承编号后测量其外滚道圆度数据，结果为(与 3.1.5 节数据相同，单位：μm)：

$$1.74,1.76,2.04,0.80,1.46,1.62,1.73,1.76,2.70,1.19$$
$$1.60,1.47,1.04,1.56,1.19,1.32,1.23,2.23,0.90,1.24$$
$$1.77,1.21,1.88,1.34,1.98,1.30,1.64,2.03,2.73,0.95$$

取 m=6 和 n=5，得

$$Y=(Y_1,Y_2,Y_3,Y_4,Y_5,Y_6)$$
$$Y_1=(1.74,1.76,2.04,0.80,1.46)$$
$$Y_2=(1.62,1.73,1.76,2.70,1.19)$$
$$Y_3=(1.60,1.47,1.04,1.56,1.19)$$
$$Y_4=(1.32,1.23,2.23,0.90,1.24)$$
$$Y_5=(1.77,1.21,1.88,1.34,1.98)$$
$$Y_6=(1.30,1.64,2.03,2.73,0.95)$$

其模糊等价关系矩阵为

$$1.00,0.544,0.544,0.643,0.632,0.544$$
$$0.544,1.00,0.572,0.544,0.544,0.821$$
$$0.544,0.572,1.00,0.544,0.544,0.572$$

$$0.643, 0.544, 0.544, 1.00, 0.632, 0.544$$
$$0.632, 0.544, 0.544, 0.632, 1.00, 0.544$$
$$0.544, 0.821, 0.572, 0.544, 0.544, 1.00$$

分段平均模糊等价性系数集合为

$$U = (0.567, 0.544, 0.586, 0.726, 0.544)$$

$$\delta u = 0.1825$$

图 3-29 是滚动轴承外滚道制造过程的圆度数据关系图，可以看出该关系图虽然有上升与下降趋势且呈现 1 个"尖峰"，但是由各样本之间的模糊等价关系矩阵可以发现

$$\min v_{il} = 0.544$$

$$v_{il} \geqslant \min, \quad v_{il} > 0.5$$

$$l = 1, 2, \cdots, 6; \quad i = 1, 2, \cdots, 6$$

所以，制造过程不存在明显的系统性误差，制造过程是稳定的(这与 3.1.5 节的分析结果相一致)。但是，因 $\delta u = 0.1825$，所以 u_j 的变化范围稍显大，表明圆度数据彼此间等价关系的密切程度具有一定的波动性。

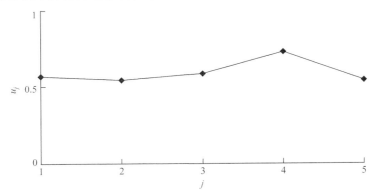

图 3-29　外滚道制造过程的圆度数据关系图($m = 6$, $n = 5$)

3.4　本章小结

1. 关于机床加工误差的调整

融合隶属函数法、最大隶属度法、均值滚动法、算术平均值法和自助法这 5 种方法，提出了一种乏信息融合技术，实现了机床加工误差的调整。运用该方法研究机床输出的小样本数据，以获取机床调整过程中工件的估计真值，对机床的加工误差进行合理地调整；运用模糊集合理论，在给定的置信水平下，预测机床

调整好之后的估计区间，通过判断调整好以后机床的可靠程度，可以验证运用乏信息融合技术调整机床的可行性。

调整机床的仿真实验表明：运用乏信息融合技术，能够实现对机床的加工误差进行调整，认为该调整方法是可行的。机床调整好以后的实验结果表明：在置信水平 $P=95\%$ 下，运用模糊集合理论预测的机床可靠性 R 的取值大于置信水平 P，说明调整好以后的机床是可靠的，验证了运用乏信息融合技术调整机床的可行性。

2. 关于制造过程稳定性评估

根据模糊集合理论，运用模糊范数法构建了关于如何判断制造过程稳定性的评估模型，该评估模型能够处理制造过程中采集的未知数据信息，即对数据信息的概率分布没有要求。在给定的置信水平下，该评估模型能够评估机床调整好以后制造过程的稳定性。

判定制造过程稳定性的仿真案例表明，在置信水平 $P=95.44\%$ 下，获得的判断制造过程稳定性临界值为估计的测量不确定度相对误差 $\mathrm{d}U_{\lambda^*}=45\%$，即若测量不确定度相对误差 $\mathrm{d}U_{\lambda^*} \leqslant 45\%$，制造过程是稳定的；否则，制造过程是不稳定的。并获得了机床调整好以后的制造过程稳定性程度从稳定到不稳定的 5 个等级：I(稳定性好)、II(稳定性较好)、III(稳定性一般)、IV(稳定性差)、V(不稳定)。即 I 级：$\mathrm{d}U_{\lambda^*} \leqslant 15\%$；II 级：$15\% < \mathrm{d}U_{\lambda^*} \leqslant 25\%$；III 级：$25\% < \mathrm{d}U_{\lambda^*} \leqslant 35\%$；IV 级：$35\% < \mathrm{d}U_{\lambda^*} \leqslant 45\%$；V 级：$\mathrm{d}U_{\lambda^*} > 45\%$。为实现准确评估制造过程的稳定性提供了很好的依据。

评估制造过程稳定性的案例表明，基于模糊范数的制造过程稳定性评估方法不考虑研究对象的概率分布，在置信水平 $P=95.44\%$ 下，运用模糊范数法，能够准确地评估制造过程的稳定性。从而验证了制造过程稳定性评估方法的正确性。

3. 关于系统误差诊断

在用模糊集合理论诊断系统误差时，用传递闭包的概念，定义了模糊等价性系数，得到了系统误差的模糊诊断原理，同时，所定义的分段平均模糊等价性系数，可用于研究系统误差的特征。

提出的方法对测量数据的概率分布无特别要求。

系统误差的模糊诊断原理对随机误差具有滤波作用，能衰减随机误差的影响，突出单调趋势系统误差和周期性趋势系统误差的贡献。

第4章 滚动轴承加工质量与振动的乏信息分析

本章研究滚动轴承加工质量与振动的乏信息分析问题，内容包括用粗集理论寻求滚动轴承振动影响因素，用神经网络理论构建滚动轴承振动模型，用模糊理论进行滚动轴承质量聚类。

4.1 基于粗集理论的滚动轴承振动因素分析

本节研究加工质量对滚动轴承振动的影响程度问题。

滚动轴承零件的加工质量包含两个方面的内容："加工精度"和"加工表面质量"。加工精度是指机械加工后零件的尺寸、几何形状以及各表面相互位置等三方面参数的实际值与理想值的符合程度，而它们之间的偏离程度则称为加工误差。加工表面质量主要是指零件表面形貌和表层物理机械性能。影响轴承加工质量的因素很多，主要有轴承制造精度方面的套圈滚道的直径变动量和圆度、滚道对端面的平行度、套圈的厚度变动量等；滚动体的尺寸差、圆度、球度等；还有加工表面质量方面的表面粗糙度、波纹度；切削力和切削热引起的表面烧伤或者表层塑性变形。这些加工质量参数被认为是随机变量，它们的概率密度函数，即使对大批量生产而言，有很多到目前仍然是未知的或待确定的。如果像经典统计学那样假设概率密度函数为正态分布或瑞利分布，那么假设带来的误差可能比非统计推断结果的误差还要大得多。本节将通过实验研究，比较并评定不同性质的加工质量指标对轴承振动的影响程度。在研究中，采用代号为 HKTC 的航天轴承，并选取沟道曲率半径误差、沟道圆度和沟道表面粗糙度作为不同性质加工质量指标的代表。

轴承加工质量的实验项目很多，本节的实验研究对象主要是轴承振动，通过实验研究评价不同性质的加工质量指标对轴承振动的影响程度。

目前对轴承振动的研究通常采用数理统计分析，但是传统数理统计分析需要大样本，而且要求样本符合典型的概率分布，不但测量和计算的工作量较大，而且可能出现结果和定性分析结果不符等问题。

为了找出影响振动的主要因素，运用粗集理论建立轴承振动影响因素的知识表达系统，采用粗集理论关于知识简化和核对系统进行属性约简，然后结合属性重要性原理找出影响轴承振动的主要因素[18]。

4.1.1　基本原理

1. 粗集理论的基本原理

在工程应用中，经常要在保持知识库中初等范畴不变的情况下消去冗余的基本范畴，进行知识的简化。知识简化的实现是利用简化和核这两个基本概念来进行的。

令 R 为一等价关系族，且 $r \subseteq R$，对于不可分辨关系，且记为 ind(R)，如果存在 ind(R)=ind($R-\{r\}$)，则称 r 为 R 中可省略的，否则 r 为 R 中不可省略的。对于属性子集 $P \subseteq R$，若存在 $Q=P-r$，$Q \subseteq P$ 使得 ind(Q)=ind(P)，且 Q 为满足条件的最小子集，则称 Q 为 P 的简化，用 red(P) 表示。显然，一个属性集合 P 可以有多种简化。P 的所有简化集 red(P) 的交集，称为 P 的核，记作 core(P)。

2. 粗集理论应用的特点

粗集理论作为数据分析和理解的一种新型数据工具，可用在数据约简和数据推理中。数据约简主要是使信息系统中的信息量减少，而不影响其原有功能。粗集理论与传统的统计及模糊集方法不同的是：后者需要依赖先验知识对不确定性的定量描述，而前者只依赖数据内部的知识，用数据之间的近似来表示知识的不确定性。用粗集来处理不确定性问题的最大优点在于它不需要关于数据的预先或附加的信息。粗集理论在人工智能和科学研究领域有十分重要的应用，尤其为知识获取、决策分析、专家系统和模式识别等领域提供了一种很有效的数学方法。

3. 粗集模型的构造

该建模过程分为三步：

(1) 连续型数据的离散化处理。

实验获得的数据可能是连续的或是离散的，在进行粗集数据分析之前首先应将连续的数据量化处理。数据离散可根据实际情况，选择等距离划分算法、等频率划分算法、Naive Scaler 算法等进行。表 4-1 中的数据均已采用等距离划分算法离散化处理。

(2) 属性的简化。

约简的一般方法为：在决策表中将信息相同的对象及其信息删除；删除多余的属性；求出最小简约。

(3) 对经过简约后的实验数据进行属性重要性分析。

对于属性集 C 导出来的分类属性子集 $B' \subseteq B$ 的重要性可定义为

$$a = \frac{\text{pos}_{B-B'}(C)}{\text{pos}_B(C)} \tag{4-1}$$

式中，a 表示影响程度；$\text{pos}_B(C)$ 为 C 的 B 正域。

表 4-1　轴承 HKTC 振动实验数据

U 轴承序号	C_1 内圈沟道曲率半径/mm	C_2 外圈沟道曲率半径/mm	C_3 内圈沟道圆度/μm	C_4 外圈沟道圆度/μm	C_5 内圈沟道表面粗糙度/μm	C_6 外圈沟道表面粗糙度/μm	D 振动加速度有效值/dB
1	10.64	10.68	0.58	0.46	0.02	0.03	49.5
2	10.67	10.67	0.67	0.60	0.02	0.04	53
3	10.65	10.68	0.53	0.69	0.02	0.02	50
4	10.68	10.68	0.51	0.80	0.03	0.04	50
5	10.64	10.67	0.50	0.46	0.03	0.03	47
6	10.67	10.68	0.45	0.56	0.03	0.02	52.5
7	10.60	10.69	0.42	1.28	0.03	0.03	46
8	10.65	10.70	0.42	0.56	0.03	0.04	49
9	10.65	10.68	0.63	0.50	0.03	0.04	48
10	10.65	10.69	0.54	0.56	0.03	0.09	48
11	10.66	10.67	0.35	0.68	0.05	0.03	48.5
12	10.63	10.70	0.54	0.96	0.02	0.05	56.5
13	10.64	10.68	0.5	0.55	0.02	0.03	52.5
14	10.63	10.69	0.58	0.57	0.03	0.03	51
15	10.64	10.69	0.39	0.67	0.03	0.06	49.5
16	10.63	10.68	0.48	0.75	0.02	0.02	58
17	10.68	10.68	0.36	0.38	0.02	0.03	48
18	10.63	10.69	0.38	0.43	0.02	0.05	49
19	10.64	10.67	0.57	0.64	0.04	0.04	46
20	10.64	10.69	0.50	0.43	0.02	0.03	51.5
21	10.61	10.69	0.48	0.60	0.03	0.02	50.5
22	10.63	10.68	0.49	0.80	0.03	0.03	52
23	10.65	10.69	0.54	0.46	0.04	0.05	48.5
24	10.67	10.68	0.41	0.56	0.03	0.03	47
25	10.65	10.67	0.60	0.68	0.03	0.04	56.5
26	10.68	10.70	0.52	0.61	0.02	0.04	47
27	10.64	10.67	0.56	0.53	0.04	0.04	51.5
28	10.64	10.68	0.72	0.71	0.03	0.05	48

式(4-1)表示当从集合 B 中去掉某些属性子集 B' 对对象分类时,分类 U/C 的正域受到影响的程度。

4.1.2　案例研究

1. 影响轴承振动的加工质量指标的赋值

为了定量评价轴承加工质量指标对航天轴承 HKTC 振动的影响,根据表 4-1 实际测量的数据,通过征求专家经验对加工质量指标确定一个合理的阈值。然后,把各指标值转换成粗集形式的数据表格,发现在决策表中存在 4 组属性值完全相同的对象,相同对象可以合并,属性合并后的决策表如表 4-2 所示。

表 4-2　离散化的实验数据

U	C_1	C_2	C_3	C_4	C_5	C_6	D
1	1	0	2	2	0	1	1
2	0	0	1	2	0	0	0
3	1	0	1	2	0	1	0
4	0	0	0	0	0	0	0
5	1	0	0	1	0	0	1
6	0	0	2	0	0	1	0
7	0	1	1	1	0	2	0
8	1	0	0	2	1	0	0
9	0	1	1	2	0	1	2
10	0	0	0	1	0	0	1
11	0	1	1	1	0	0	1
12	0	1	0	2	0	2	0
13	0	0	0	2	0	0	2
14	1	0	0	0	0	0	0
15	0	0	1	2	1	1	0
16	0	1	0	0	0	0	1
17	0	1	0	1	0	0	1
18	0	0	0	2	0	0	1
19	0	1	1	0	1	1	0
20	1	0	0	1	0	0	0
21	0	0	1	2	0	1	2
22	1	1	1	2	0	1	0
23	0	0	1	1	1	1	1
24	0	0	2	2	0	1	0

表 4-2 中 C_1、C_2、C_3、C_4、C_5、C_6 分别表示条件属性：内圈沟道曲率半径、外圈沟道曲率半径、内圈沟道圆度、外圈沟道圆度、内圈沟道表面粗糙度和外圈沟道表面粗糙度，D 表示决策属性：轴承振动加速度有效值。其中，根据原始实验数据的数值范围，各属性及其离散化值域如下：

内圈沟道曲率半径 C_1(mm)：0-[10.60, 10.65]，1-[10.66, 10.68]。

外圈沟道曲率半径 C_2(mm)：0-[10.67, 10.68]，1-[10.69, 10.70]。

内圈沟道圆度 C_3(μm)：0-[0.35, 0.50]，1-[0.51, 0.60]，2-0.60 以上。

外圈沟道圆度 C_4(μm)：0-[0.43, 0.50]，1-[0.51, 0.60]，2-0.60 以上。

内圈沟道表面粗糙度 C_5(μm)：0-[0.02, 0.03]，1-[0.03, 0.04]。

外圈沟道表面粗糙度 C_6(μm)：0-[0.04, 0.05]，1-[0.06, 0.09]。

振动加速度有效值 D(dB)：0-[49.0, 50.0]，1-52，2-52 以上。

2. 决策表属性约简

对表 4-2 数据研究发现

$$U \,|\, \mathrm{ind}(\boldsymbol{R}) \neq \mathrm{ind}(\boldsymbol{R} - \{C_1\}) \qquad U \,|\, \mathrm{ind}(\boldsymbol{R}) \neq \mathrm{ind}(\boldsymbol{R} - \{C_2\})$$
$$U \,|\, \mathrm{ind}(\boldsymbol{R}) \neq \mathrm{ind}(\boldsymbol{R} - \{C_3\}) \qquad U \,|\, \mathrm{ind}(\boldsymbol{R}) \neq \mathrm{ind}(\boldsymbol{R} - \{C_4\}) \qquad (4\text{-}2)$$
$$U \,|\, \mathrm{ind}(\boldsymbol{R}) = \mathrm{ind}(\boldsymbol{R} - \{C_5\}) \qquad U \,|\, \mathrm{ind}(\boldsymbol{R}) \neq \mathrm{ind}(\boldsymbol{R} - \{C_6\})$$

可知条件属性 C_5 内圈沟道表面粗糙度是可约简的，其他条件属性是不可约简的，即不可省略的，可知属性 $\boldsymbol{R}$ 的核为

$$\mathrm{core}(\boldsymbol{R}) = \left\{ \{C_1\}, \{C_2\}, \{C_3\}, \{C_4\}, \{C_6\} \right\}$$

定义条件属性集

$$\boldsymbol{C} = \left\{ C_1, C_2, C_3, C_4, C_6 \right\}$$

根据表 4-2 的信息，进行计算和分析如下：

$U/\mathrm{ind}\{D\} = \{\{1,5,10,11,16,17,18,23\}, \{2,3,4,6,7,8,12,14,15,19,20,22,24\}, \{9,13,21\}\}$；

$U/\mathrm{ind}\{C_1,C_2,C_3,C_4\} = \{\{2,21\}, \{5,20\}, \{7,11\}, \{13,18\}, \{1\}, \{3\}, \{4\}, \{6\}, \{8\}, \{9\}, \{10\},$
　　　　　　　　　　　$\{12\}, \{14\}, \{15\}, \{16\}, \{17\}, \{19\}, \{22\}, \{23\}, \{24\}\}$；

$U/\mathrm{ind}\{C_1,C_2,C_3,C_6\} = \{\{4,10,13,18\}, \{5,14,20\}, \{16,17\}, \{6,24\}, \{15,23\}, \{1\}, \{2\}, \{3\},$
　　　　　　　　　　　$\{7\}, \{8\}, \{9\}, \{11\}, \{12\}, \{15\}, \{19\}, \{21\}, \{22\}\}$；

$U/\mathrm{ind}\{C_1,C_2,C_4,C_6\} = \{\{1,3\}, \{2,13,18\}, \{5,20\}, \{21,24\}, \{11,17\}, \{4\}, \{6\}, \{7\}, \{8\}, \{9\},$
　　　　　　　　　　　$\{10\}, \{12\}, \{14\}, \{15\}, \{16\}, \{19\}, \{23\}, \{22\}, \{24\}\}$；

$U/\mathrm{ind}\{C_1,C_3,C_4,C_6\} = \{\{3,22\}, \{4,16\}, \{5,20\}, \{8,21\}, \{13,18\}, \{10,17\}, \{1\}, \{2\}, \{6\},$
　　　　　　　　　　　$\{7\}, \{9\}, \{11\}, \{12\}, \{14\}, \{15\}, \{19\}, \{23\}, \{24\}\}$；

$U/\mathrm{ind}\{C_2,C_3,C_4,C_6\} = \{\{1,24\}, \{3,21\}, \{4,14\}, \{5,10,20\}, \{9,22\}, \{13,19\}, \{2\}, \{6\}, \{7\},$
　　　　　　　　　　　$\{8\}, \{11\}, \{12\}, \{15\}, \{16\}, \{17\}, \{18\}, \{23\}, \{24\}\}$

于是

$$\text{pos}_{C-C_1}\{D\}=\{2,4,6,7,8,11,12,14,15,16,17,18,23\};$$

$$\text{pos}_{C-C_2}\{D\}=\{1,2,3,6,7,9,11,12,14,15,19,23,24\};$$

$$\text{pos}_{C-C_3}\{D\}=\{4,6,7,8,9,10,11,12,14,15,16,17,19,22,23\};$$

$$\text{pos}_{C-C_4}\{D\}=\{1,2,3,6,7,8,9,11,12,16,17,19,21,22,24\};$$

$$\text{pos}_{C-C_5}\{D\}=\{1,3,4,6,8,9,10,12,14,15,16,17,19,22,23,24\}$$

所以

$$r_{C-C_1}\{D\}=13/24=0.5417;$$

$$r_{C-C_2}\{D\}=14/24=0.5833;$$

$$r_{C-C_3}\{D\}=15/24=0.625;$$

$$r_{C-C_4}\{D\}=15/24=0.625;$$

$$r_{C-C_5}\{D\}=16/24=0.6667$$

由此可见，属性 C_1 的重要性>属性 C_2 的重要性>属性 C_3 的重要性；属性 C_3 的重要性=属性 C_4 的重要性>属性 C_6 的重要性>属性 C_5 的重要性。

C_1 与 C_2 属性重要性较其他属性重要性高，说明以沟道曲率半径为代表的结构尺寸参数对轴承振动的影响较大，以沟道形状误差为代表的宏观形状误差参数和以沟道表面粗糙度为代表的微观形貌参数对轴承振动的影响较小。

C_3 与 C_4 属性重要性相等，说明轴承内圈沟道形状误差与外圈沟道形状误差的变化对轴承振动的影响是一致的。C_5 与 C_6 属性重要性低，表示轴承的微观形貌误差已经达到比较高的质量水平，以至于对轴承振动的影响不再成为主要因素。

4.2　基于神经网络的滚动轴承振动模型分析

通过对轴承 HKTC 加工质量指标对轴承振动加速度有效值影响的分析，不难发现轴承振动实验数据具有非线性和模糊性的特点，不易建立精确的数学模型。研究具有不确定性、不完善性信息的工程项目时，引入神经网络是一个重要的研究方向。

神经网络作为一种复杂的非线性的数据分析工具，日益得到重视及推广应用，神经网络在合理地给出网络的层数、各层的节点数、作用函数及权值的初始化值条件下，可以逼近数学上的许多复杂问题。神经网络利用非线性映射的思想和并行处理的方法，用网络本身结构表达输入和输出关联知识的隐含数编码，能有效地进行轴承加工质量指标与轴承振动之间的复杂关系描述。

4.2.1 基本原理

1. 人工神经网络

人工神经网络是对人脑或自然的神经网络若干基本特性的抽象和模拟。它是由许多神经元按照一定的联结方式构成的网络。神经网络的信息处理功能是由网络单元的输入输出特性、网络的拓扑结构(神经元的连接方式)所决定的。当神经网络结构一定时，其信息处理就由连接权所决定。

人工神经网络在模式识别、趋势分析、自动控制、人工智能和预测科学等方面得到了广泛应用。近年来，应用最广泛的是 BP 神经网络。据统计 80%～90% 的神经网络模型采用了 BP 神经网络或者它的变化形式。BP 神经网络是前向网络的核心部分，体现了神经网络中最精华、最完美的内容。

2. BP 神经网络基本理论

BP 神经网络是一种多层前馈神经网络，名字源于 1985 年 Rinehart 和他的同事发展了多层前馈网络的学习算法——Back Propagation Training Algorithm(简称 BP 算法)，将 BP 学习算法应用于前馈网络，通常称为 BP 神经网络。

从结构上讲，BP 神经网络是典型的多层网络。它分为输入层、隐层和输出层，层与层之间采用全互联的方式，同一层单元之间不存在相互连接。图 4-1 给出了一个双隐层 BP 神经网路结构。

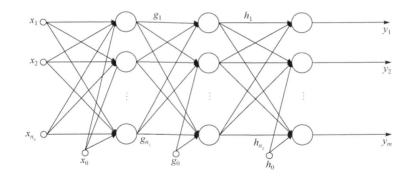

图 4-1 具有两个隐层的 BP 神经网络

设输入向量为 $n+1$ 维，其中 x_0 为第 1 隐层中激活函数的阈值，将其增广到输入向量中作为一个分量 x_0，即

$$\boldsymbol{x} \subseteq \mathbf{R}^{n+1} \tag{4-3}$$

$$\boldsymbol{x} = \left(x_0, x_1, \cdots, x_n\right)^{\mathrm{T}} \tag{4-4}$$

图 4-1 网络含有两个隐层，设第一个隐层有 n_1 个神经元，于是该隐层输出向量：

$$\boldsymbol{g} = \left(g_0, g_1, \cdots, g_{n_1}\right)^{\mathrm{T}} \tag{4-5}$$

第二隐层有 n_2 个神经元，其输出向量：

$$\boldsymbol{h} = \left(h_0, h_1, \cdots, h_{n_2}\right)^{\mathrm{T}} \tag{4-6}$$

输出层有 m 个神经元，于是网络的输出量：

$$\boldsymbol{y} = \left(y_0, y_1, \cdots, y_m\right)^{\mathrm{T}} \tag{4-7}$$

第一隐层和第二隐层神经元均采用 Sigmoid 函数：

$$f(u) = \frac{1}{1 + \mathrm{e}^{-\lambda u}} \tag{4-8}$$

式中，参数 λ 为 Sigmoid 函数的增益；u 为基函数输出。

输出层神经元采用线性激活函数：

$$f(u) = u \tag{4-9}$$

误差反向传播学习算法的实现步骤如下：

(1) 初始化。设置网络连接权值，置所有可调参数(权值和阈值)为均匀分布的较小随机数。

(2) 信息正向传递过程的计算。输入学习样本对(x^p, t^p)，$p=1,2,\cdots,\alpha$，对每个输入样本按式(4-10)～式(4-12)顺序计算各神经元的输出值：

$$g_j^p = f\left(\sum_{i=1}^{n_0} w_{ji} x_i^p - \theta_j\right), \quad j = 1, 2, \cdots, n_1 \tag{4-10}$$

$$h_k^p = f\left(\sum_{j=1}^{n_1} w_{kj} x_j^p - \theta_k\right), \quad k = 1, 2, \cdots, n_2 \tag{4-11}$$

$$y_l^p = f\left(\sum_{k=1}^{n_2} w_{lk} x_k^p - \theta_l\right), \quad l = 1, 2, \cdots, m \tag{4-12}$$

(3) 误差反向传播。从输出层至输入层，反向依次按式(4-5)～式(4-7)计算各层神经元的等效误差 δ_l^p, δ_k^p 和 δ_j^p。然后返回步骤(2)，对其他学习样本进行正向传播计算和误差反向传播，一直到所有 α 个学习样本都进行类似运算为止：

$$\delta_l^p = f'\left(\mathrm{net}_l^p\right)\left(t_l^p - y_l^p\right) \tag{4-13}$$

$$\delta_k^p = f'\left(\mathrm{net}_k^p\right)\sum_{l=1}^{m} \delta_l^p \omega_{lk} \tag{4-14}$$

$$\delta_j^p = f'\left(\mathrm{net}_j^p\right)\sum_{k=1}^{n_2} \delta_k^p \omega_{kj} \tag{4-15}$$

式中，$t_l^p - y_l^p$ 为输出神经元的实际误差；ω_{lk} 和 ω_{kj} 分别为第二隐层至输出层和第一隐层至第二隐层的连接权值。

调整各层的连接权值，返回步骤(2)。根据新的连接权值进行计算，每一个学习样本对(x^p, t^p)和输出层的每一个神经元均满足精度要求，即

$$\left| t_l^p - y_l^p \right| < \varepsilon, \quad p = 1, 2, \cdots, \alpha; l = 1, 2, \cdots, m \tag{4-16}$$

式中，ε 为由精度要求给定的某个小数。

3. 基于 MATLAB 的 BP 神经网络的实现

MATLAB(Matrix Laboratory)是美国 Mathworks 公司推出的一套高性能的开放性软件包，MATLAB 产品族的一大特点是有众多的面向具体应用的工具箱和仿真模块，包含了完整的函数集用来对信号图像处理、控制系统设计、神经网络等特殊应用进行分析和设计。神经网络工具箱是 MATLAB 环境下所开发的工具箱之一，它是以人工神经网络为基础，用 MATLAB 语言构造出许多典型神经网络的激励函数，如 S 型、线型、竞争层、饱和线性等激活函数，使设计者对所选定网络输出的计算变成对激励函数的调用。

对于各种不同的网络模型，MATLAB 神经网络工具箱集成了许多种学习算法。实验分析中主要使用了 BP 神经网络创建函数 newff()、网络初始化函数 init()、网络训练函数 train()和网络仿真函数 sim()。

4.2.2　案例研究

获得影响轴承振动的加工质量实验样本数据后，根据样本矩阵和目标矩阵设计神经网络参数，采用正向建模结构，将预处理后的实验数据输入网络进行训练。用 MATLAB 神经网络工具箱构建轴承振动实验模型的流程图如图 4-2 所示。

由图 4-2 可以看出，轴承振动实验模型的神经网络设计步骤如下：

(1) 在 MATLAB 开发环境下输入训练样本矩阵和目标矩阵。样本矩阵数据为表 4-1 中各加工质量指标数据，目标矩阵数据是与轴承振动加速度对应的表示振动强弱的数据。

(2) 根据样本矩阵和目标矩阵设计神经网络的参数。包括：隐层节点数，网络训练次数，网络误差，网络学习率，网络连接权初值等。

(3) 训练神经网络，判断网络是否收敛。如果网络不能收敛，就需要修正网络结构和连接权值，然后重新训练网络。

(4) 输入网络测试数据，观察预测误差大小，评定网络性能。

由于轴承加工质量指标和振动加速度样本数据间各指标互不相同，原始样本中各向量的数量级差别很大，为了计算方便以及防止部分神经元达到过饱和状态，在研究中对样本的输入进行规一化处理。

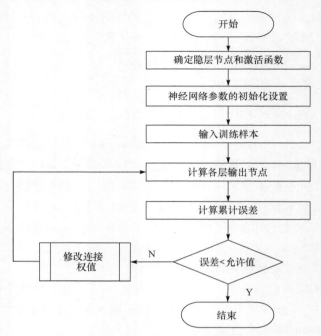

图 4-2　实验模型的神经网络流程图

可以利用 MATLAB 将样本数据归一化到区间[0,1]内，归一化代码为

```
for i=1:6
p(i,:)=(p(i,:)-min(p(i,:)))/(max(p(i,:))-min(p(i,:)));
p_test(i,:)=(p_test(i,:)-min(p_test(i,:)))/(max(p_test(i,:))
          -min(p_test(i,:)));
%p 为表 4-1 中前 24 套轴承各加工质量指标原始输入数据
%p_test 为表 4-1 中后 4 套轴承各加工质量指标原始输入数据
end
for i=1:1
T(i,:)=(t(i,:)-min(t(i,:)))/(max(t(i,:))-min(t(i,:)));
T_test(i,:)=(t_test(i,:)-min(t_test(i,:)))/(max(t_test(i,:))
          -min(t_test(i,:)));
%t 为表 4-1 中前 24 套轴承振动加速度原始输入数据
%p_test 为表 4-1 中后 4 套轴承振动加速度原始输入数据
end
```

根据 Kolmogorov 定理，采用一个 $N×(2N+1)×M$ 的 3 层 BP 神经网络。其中，N 表示输入特征向量的维数，M 表示输出状态类别总数。在实验中，影响轴承振动的加工质量指标为 6 维的输入向量，因此输入层神经元的个数有 6 个，中间层

神经元可以设定为 13 个。网络的中间层的神经元传递函数采用 S 型正切函数 tansig，输出层的神经元采用 S 型正切函数 logsig。这是因为函数的输出位于区间 [0,1] 内，正好满足网络的输出要求。

利用以下代码创建一个满足上述要求的 BP 神经网络：

```
threshold=[0 1;0 1; 0 1;0 1; 0 1;0 1];
net=newff(threshold,[13,1],{'tansig','logsig'},'traingd');
%建立 13 神经元隐层、1 神经元输出层的网络并确定各自的传递函数
```

其中，变量 threshold 用于规定输入向量的最大值和最小值分别为 1 和 0。考虑到网络的结构比较复杂，网络函数如表 4-3 所示。

表 4-3　网络函数选择

训练函数	学习函数	性能函数
traind	learngdx	mse

表 4-3 中各行为样本的目标输出为 T，从而建立轴承加工质量指标和轴承振动之间的映射关系 $P \rightarrow T$。选定表 4-1 中前 24 套轴承加工质量指标实验数据为输入样本 P，用于对网络进行训练。第 25、26、27 和 28 套轴承的实验数据，用来作为检验数据。

网络训练代码如下：

```
net.trainParam.epochs=8000;       %设定训练次数为 8000
net.trainParam.goal=0.001;        %训练误差为 0.001
net.trainParam.lr=0.1;            %学习速率
net.trainParam.show=50;           %显示训练迭代过程
net=train(net,P,T);               %训练命令
```

设置好神经网络的各参数后，就可以输入训练样本，对 BP 网络进行训练学习，训练结果为：

```
TRAINGDX,Epoch 0/8000,MSE 0.100826/0.001,Gradient 0.184427/1e-006
TRAINGDX,Epoch 25/8000,MSE 0.0737817/0.001,Gradient 0.0527514/1e-006
TRAINGDX,Epoch 50/8000,MSE 0.0600558/0.001,Gradient 0.0250868/1e-006
TRAINGDX,Epoch 75/8000,MSE 0.0479007/0.001,Gradient 0.0123889/1e-006
TRAINGDX,Epoch 100/8000,MSE 0.0335645/0.001,Gradient 0.00859767/1e-006
TRAINGDX,Epoch 125/8000,MSE 0.0207235/0.001,Gradient 0.00389598/1e-006
TRAINGDX,Epoch 1050/8000,MSE 0.0012517/0.001,Gradient 0.00218755/1e-006
TRAINGDX,Epoch 1075/8000,MSE 0.00122481/0.001,Gradient 0.000698283/1e-006
TRAINGDX,Epoch 1100/8000,MSE 0.00114632/0.001,Gradient 0.000677732/1e-006
TRAINGDX,Epoch 1125/8000,MSE 0.00111197/0.001,Gradient 0.0136418/1e-006
TRAINGDX,Epoch 1150/8000,MSE 0.00105547/0.001,Gradient 0.00430104/1e-006
TRAINGDX,Epoch 1175/8000,MSE 0.00103774/0.001,Gradient 0.000913176/1e-006
TRAINGDX,Epoch 1200/8000,MSE 0.00100293/0.001,Gradient 0.000641969/1e-006
TRAINGDX,Epoch 1202/8000,MSE 0.000998066/0.001,Gradient 0.000628793/1e-006
TRAINGDX,Performance goal met
```

可见，经过 1202 次训练后，网络误差达到要求，结果如图 4-3 所示。

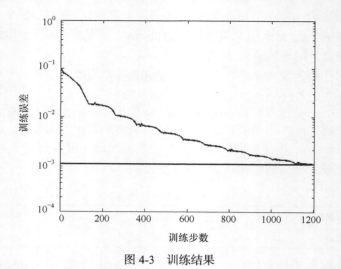

图 4-3　训练结果

训练好的网络还需要进行预测才可以判定是否可以投入实际应用。这里的预测数据就是用表 4-1 中后 4 套轴承实验数据来检验预测误差是否满足要求。代码如下：

```
net=init(net);
net=train(net,P,T);
Y=sim(net,P_test);
%绘制预报误差曲线
```

预报误差曲线如图 4-4 所示，网络预测值与真实值之间的误差是非常小的，除了第 3 个误差数据超过 0.1dB 外，其余误差都在 0 左右，网络有很好的预测精度，完全满足应用要求。

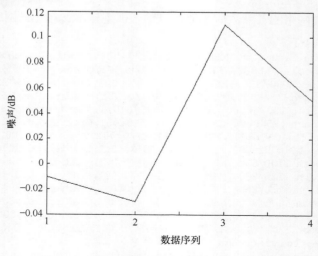

图 4-4　预报误差曲线

4.3　基于模糊理论的滚动轴承质量聚类分析

4.3.1　实验数据的获取

与其他系统的测量过程一样，轴承产品的最大问题也是动态测量过程的评估与检验。动态测量过程的评估与检验是很重要的，因为许多实际工程问题都具有动态特征。在动态测量过程中，测量结果形成一个时间序列，可以看作一个向量。其中每一个元素都是一个随机函数，随时间变化而变化且属于非平稳随机过程。在确定的时刻，时间序列中的元素是随机变量，因此时间序列由两个因素构成：属于某个概率分布的随机变量和具有变化规律的趋势项。

对随机特征信息不完备的实验研究，乏信息实验分析与评估不需要知道实验系统本身的概率分布特征信息，而是采用特殊方法，通过极小量数据获取实验系统所处的某种状态，进而做出推断。例如，TIMKEN 大型圆锥滚子轴承生产线试生产新型号轴承 93825，在正式投入生产之前，需要对该生产线进行能力测试，先试加工 50 套轴承，并对这 50 套轴承的保持架窜动量和装配高进行检测，然后检测轴承振动，将检测合格的轴承送往 TIMKEN 美国实验中心对轴承主要质量指标进行综合评定，检测项目主要包含：尺寸精度、旋转精度、保持架窜动量、旋转灵活性和振动噪声、残磁强度、表面质量硬度等方面，整个周期大约需要一个月时间，最终检测结果表明除第 8 号轴承外圈径向跳动，第 24 号轴承旋转精度不合格外，其他轴承各项性能检测均达到 TIMKEN 质量标准，检验合格，如表 4-4 所示。

表 4-4　圆锥滚子轴承 93825 实验数据

轴承序号 k	特征向量 x_k	在 3 个点的保持架窜动量值/mm			装配高平均值/mm
		1	2	3	
1	x_1	0.50	0.37	0.40	0.073
2	x_2	0.40	0.50	0.40	0.074
3	x_3	0.42	0.5	0.41	0.071
4	x_4	0.42	0.43	0.47	0.073
5	x_5	0.30	0.33	0.35	0.068
6	x_6	0.52	0.56	0.40	0.077
7	x_7	0.45	0.50	0.52	0.077
8	x_8	0.28	0.29	0.30	0.078
9	x_9	0.36	0.47	0.37	0.07
10	x_{10}	0.47	0.50	0.52	0.078
11	x_{11}	0.42	0.47	0.45	0.071
12	x_{12}	0.45	0.52	0.56	0.075
13	x_{13}	0.55	0.37	0.46	0.077
14	x_{14}	0.40	0.47	0.50	0.073
15	x_{15}	0.40	0.40	0.37	0.062

轴承序号 k	特征向量 x_k	在 3 个点的保持架窜动量值/mm			装配高平均值/mm
		1	2	3	
16	x_{16}	0.40	0.47	0.47	0.070
17	x_{17}	0.43	0.45	0.55	0.071
18	x_{18}	0.50	0.52	0.50	0.074
19	x_{19}	0.49	0.45	0.50	0.071
20	x_{20}	0.50	0.55	0.50	0.074
21	x_{21}	0.35	0.45	0.58	0.077
22	x_{22}	0.30	0.35	0.38	0.074
23	x_{23}	0.45	0.40	0.40	0.07
24	x_{24}	0.60	0.54	0.55	0.068
25	x_{25}	0.57	0.50	0.45	0.068
26	x_{26}	0.55	0.55	0.55	0.068
27	x_{27}	0.50	0.45	0.55	0.068
28	x_{28}	0.40	0.40	0.45	0.07
29	x_{29}	0.40	0.50	0.46	0.069
30	x_{30}	0.42	0.50	0.44	0.073
31	x_{31}	0.50	0.50	0.51	0.078
32	x_{32}	0.45	0.48	0.47	0.07
33	x_{33}	0.35	0.35	0.35	0.077
34	x_{34}	报废	报废	报废	报废
35	x_{35}	0.50	0.55	0.56	0.078
36	x_{36}	0.55	0.58	0.55	0.077
37	x_{37}	0.40	0.40	0.39	0.073
38	x_{38}	0.50	0.5	0.53	0.068
39	x_{39}	0.53	0.55	0.50	0.069
40	x_{40}	0.45	0.43	0.43	0.071
41	x_{41}	0.50	0.55	0.52	0.069
42	x_{42}	0.55	0.53	0.54	0.073
43	x_{43}	0.51	0.55	0.43	0.074
44	x_{44}	0.55	0.57	0.55	0.079
45	x_{45}	0.45	0.50	0.54	0.078
46	x_{46}	0.44	0.40	0.40	0.077
47	x_{47}	0.50	0.50	0.49	0.08
48	x_{48}	0.45	0.50	0.49	0.074
49	x_{49}	0.48	0.48	0.42	0.071
50	x_{50}	0.48	0.50	0.53	0.077

　　新产品的性能实验周期长，其中轴承的包装、运输等也需要较长时间，在对新型号轴承进行实验评估前，没有任何关于轴承性能实验概率分布的先验信息，除了各种已知和未知的复杂分布的干扰外，还经常出现未知的趋势与突发的意外干扰等生产过程中的不稳定因素。考虑到大型圆锥滚子轴承 93825 质量检测周期长，且没有概率分布先验信息而只有少量轴承装配高和保持架窜动量数据的特点，可运用模糊数学中的聚类识别法，在对轴承质量检测前的测量数据进行分析和处

理后，将轴承进行合理的分类，为检测前轴承的性能评估提供参照。

4.3.2　模糊理论和模糊聚类算法

模糊理论是建立在模糊集合基础上，描述和处理人类语言中特有的模糊信息的理论，主要包括模糊集合、隶属度函数、模糊运算和模糊关系等概念。

1. 模糊集合

论域 X 上的模糊集合 A 由隶属函数 $\mu_A(x)$ 来表征，其中 $\mu_A(x)$ 在实轴的闭区间 $[0,1]$ 上取值，$\mu_A(x)$ 的值反映了 X 中的元素 x 对 A 的隶属程度。

模糊集合完全由隶属函数刻画。$\mu_A(x)$ 的值接近 1，表示 x 隶属于 A 的程度很高；$\mu_A(x)$ 的值接近 0，表示 x 隶属于 A 的程度很低。当 $\mu_A(x)$ 的值域为 2 值 $\{0,1\}$ 时，$\mu_A(x)$ 演化为普通集合的特征函数。

$\mu_A(x)$ 是从 X 到 $[0,1]$ 的一个映射，它唯一确定了模糊集合 A，即

$$\mu_A(x):\quad x \rightarrow [0,1] \tag{4-17}$$

论域 X 所包含的元素是分明的，只有 X 上的模糊集合 A 才是模糊的。

2. 模糊集合的运算及性质

1) 模糊集合的并、交、补运算

设 A 和 B 是 X 中的模糊集，记 A 和 B 的并、交集分别为 $A \cup B$ 和 $A \cap B$，A 的补集为 A^c，则它们的隶属函数分别为

$$\mu_{A \cup B} = \max\left\{\mu_A(x), \mu_B(x)\right\} \tag{4-18}$$

$$\mu_{A \cap B} = \min\left\{\mu_A(x), \mu_B(x)\right\} \tag{4-19}$$

$$\mu_{A^c} = 1 - \mu_A(x) \tag{4-20}$$

2) 模糊集合的并、交、补运算的基本性质

模糊集合运算满足交换率：

$$A \cup B = B \cup A \tag{4-21}$$

$$A \cap B = B \cap A \tag{4-22}$$

模糊集合运算满足结合律：

$$(A \cup B) \cup C = A \cup (B \cup C) \tag{4-23}$$

$$(A \cap B) \cap C = A \cap (B \cap C) \tag{4-24}$$

模糊集合运算满足分配律：

$$A \cup (B \cap C) = (A \cup B) \cap (A \cup C) \tag{4-25}$$

$$A \cap (B \cup C) = (A \cap B) \cup (A \cap C) \tag{4-26}$$

3. 模糊关系

模糊关系的定义为：$X \times Y$ 中的二元模糊关系 R 是 $X \times Y$ 中的模糊集合，它的隶属函数用 $\mu_R(x, y)$ 表示。$\mu_R(x, y)$ 在实轴闭区间 $[0,1]$ 取值，其大小反映了 (x, y) 具有关系 R 的程度。

当 X 和 Y 都是有限集时，模糊关系也可用矩阵来表示。设

$$X = (x_0, x_1, \cdots, x_n) \tag{4-27}$$

$$Y = (y_0, y_1, \cdots, y_n) \tag{4-28}$$

则 R 可以表示为

$$R = [r_{ij}]_{m \times n} \tag{4-29}$$

式中

$$r_{ij} = \mu_R(x, y) \tag{4-30}$$

矩阵 R 为模糊矩阵。

模糊关系的截关系定义为：设 R 是 $X \times Y$ 中的模糊关系，对任意 $\lambda \in [0,1]$，定义 R 的 λ 截关系为集合：

$$R_\lambda = [(x, y) \mid \mu_R(x, y) \geqslant \lambda] \tag{4-31}$$

也可用特征函数表示为

$$\mu_{R_\lambda} = \begin{cases} 1, & \mu_R(x, y) \geqslant \lambda \\ 0, & \mu_R(x, y) < \lambda \end{cases} \tag{4-32}$$

当 R 用模糊矩阵表示时，R_λ 为布尔矩阵。

4. 模糊关系的合成

模糊关系的合成定义为：设 R 是 $X \times Y$ 中的模糊关系，S 是 $Y \times Z$ 中的模糊关系，定义模糊关系 R 与 S 的合成 $Q = R \circ S$ 具有隶属函数：

$$\mu_{R \circ S}(x, z) = \bigcup_{y \in Y} \{\mu_R(x, y) \bigcap \mu_S(y, z)\} \tag{4-33}$$

对于有限域：

$$X = (x_0, x_1, \cdots, x_n) \tag{4-34}$$

$$Y = (y_0, y_1, \cdots, y_n) \tag{4-35}$$

$$Z = (z_0, z_1, \cdots, z_n) \tag{4-36}$$

模糊关系的合成运算可以用模糊矩阵的合成运算来进行。

模糊矩阵的合成的定义为

$$R = [r_{ij}]_{m \times n} \tag{4-37}$$

$$S = [s_{jk}]_{n \times l} \tag{4-38}$$

定义

$$\boldsymbol{Q} = \boldsymbol{R} \circ \boldsymbol{S} = [q_{ik}]_{m \times l} \tag{4-39}$$

式中

$$q_{ik} = \mathop{\vee}\limits_{j=1}^{n} (r_{ij} \wedge s_{jk}) \tag{4-40}$$

称 $\boldsymbol{Q}$ 为模糊矩阵 $\boldsymbol{R}$ 与 $\boldsymbol{S}$ 的合成。

5. 模糊关系的性质

1) 自反性

设 $\boldsymbol{R}$ 是 $\boldsymbol{X}$ 中的模糊关系，若对 $\forall x \in \boldsymbol{X}$ 都有

$$\mu_{\boldsymbol{R}}(x, x) = 1 \tag{4-41}$$

则称 $\boldsymbol{R}$ 为自反关系。

2) 对称性

设 $\boldsymbol{R}$ 是 $\boldsymbol{X}$ 中的模糊关系，当且仅当对 $\forall x, y \in \boldsymbol{X}$，有

$$\mu_{\boldsymbol{R}}(x, y) = \mu_{\boldsymbol{R}}(y, x) \tag{4-42}$$

则称 $\boldsymbol{R}$ 为对称关系。

3) 传递性

$\boldsymbol{R}$ 是 $\boldsymbol{X}$ 中的模糊关系，若有

$$\boldsymbol{R} \circ \boldsymbol{R} \subseteq \boldsymbol{R} \tag{4-43}$$

成立，则称 $\boldsymbol{R}$ 具有传递性。

模糊相似关系为：设 $\boldsymbol{R}$ 是 $\boldsymbol{X}$ 中的模糊关系，若 $\boldsymbol{R}$ 同时具有自反性和对称性，则称 $\boldsymbol{R}$ 为模糊相似关系。

模糊等价关系为：设 $\boldsymbol{R}$ 是 $\boldsymbol{X}$ 中的模糊关系，若 $\boldsymbol{R}$ 同时具有自反性、对称性和传递性，则称 $\boldsymbol{R}$ 为模糊等价关系。

4.3.3　模糊聚类关系

聚类是按照一定的要求和规律对事物进行区分和分类的过程，在这一过程中没有任何关于分类的先验知识，没有指导，仅靠事物的相似性作为类属划分的准则，属于无监督分类的范畴。聚类分析是指用数学的方法研究和处理给定对象的分类。

聚类分析是多元统计分析的一种，也是非监督模式识别的一个重要分支。它把一个没有类别标记的样本集按准则化分成若干子集(类)，使相似的样本尽可能归为一类，而不相似的样本尽可能划到不同的类中。

模糊聚类是以模糊集理论为依据，用模糊的方法处理聚类问题。它能得到样本属于各个类别的不确定程度，表达样本类属的中介性，客观地反映现实世界。

1. 基于模糊等价关系的模糊聚类

基于模糊等价关系的模糊聚类是依据客观事物的特征、亲疏程度和相似性，通过建立模糊相似关系对客观事物进行分类的数学方法。主要有传递闭包法、直接聚类法、最大数法等。聚类分析的对象是样本，样本是由能反映其特征的若干特征向量来表征的。每个特征向量反映了样本某一方面的特征属性。从聚类分析的角度考虑，通常一个样本的特征向量很多，其中可能有一些特征向量的噪声比较大。若将这些特征向量直接参与聚类运算，则在一定程度上会造成聚类数据的冗余，影响聚类的效果。因此，为了提高聚类的性能，就有必要从样本数据的众多特征向量中选取与聚类相关程度高、独立性好的特征向量，删除一些无用的特征向量。对特征向量的选取，首先是从采用全部的特征向量开始聚类，记录聚类结果并分析，然后不断去除影响小的特征向量或者是噪声大的干扰向量，重新聚类分析，与之前的聚类结果进行比较，直至特征向量数据适中，并且能够实现很好的聚类效果，满足模糊聚类分析的要求。

在模糊聚类分析中，称所要进行分类的对象为样本。在实际的聚类分析中，获得的样本指标数据比较复杂，每一维特征指标的量纲和数量级都不同。假设被分类的样本向量有 m 个，每个样本向量 x_k 有 n 个指标数据，设为

$$x_k = (x_{k1}, x_{k2}, \cdots, x_{ki}, \cdots, x_{kn}), \quad k = 1, 2, \cdots, m; i = 1, 2, \cdots, n \tag{4-44}$$

在运算过程中直接使用这些原始特征量可能导致数量级大的特征量对分类的影响作用较大，而降低甚至排除数量级很小的特征量的作用。为了消除不同特征量的单位差别以及数量级别不同的影响，首先要对各个指标数据进行数据标准化。

2. 基于模糊等价关系的模糊聚类的特点

基于模糊等价关系的模糊聚类其优点是聚类灵活，即依据不同的阈值对模糊等价矩阵进行划分聚类；缺点是得到聚类结果后，不知道每一类别的聚类中心信息，以及各类样本隶属于某一类的隶属度。传递闭包法、动态直接聚类法和最大树法这三种方法的聚类结果基本相同，但传递闭包法更适合于 MATLAB 的数值和矩阵运算，因此本节采用传递闭包法对样本进行聚类分析。

另外，采用基于模糊等价关系的聚类分析是为了对样本数据进行初步的聚类分析，并对样本的特征向量做试探性筛选。应用聚类分析的效果不仅取决于选择合适并可行的聚类分析方法，并考虑该方法中某些参数的选取，而且在很大程度上取决于样本特征向量的选取。

3. 聚类分析的具体步骤

模糊聚类分析的具体步骤可分为如下 4 步。

1) 数据标准化

计算每个特征向量的均值 x_{0i} 与标准差 s_i:

$$x_{0i} = \frac{1}{m} \sum_{k=1}^{m} x_{ki} \tag{4-45}$$

$$s_i = \sqrt{\frac{1}{m} \sum_{k=1}^{m} (x_{ki} - x_{0i})^2} \tag{4-46}$$

由

$$\eta_{ki} = \frac{x_{ky} - x_{0i}}{s_i}, \quad i = 1, 2, \cdots, n; k = 1, 2, \cdots, m \tag{4-47}$$

求指标数据 x_{ki} 的标准化值。

若需要将标准化值压缩到闭区间[0,1]，则采用极值标准化公式处理:

$$\eta_{ki} = \frac{x_{ki} - x_{i\min}}{x_{i\max} - x_{i\min}}, \quad i = 1, 2, \cdots, n; k = 1, 2, \cdots, m \tag{4-48}$$

式中

$$x_{i\min} = \min_{k}(x_{ki}) \tag{4-49}$$

$$x_{i\max} = \max_{k}(x_{ki}) \tag{4-50}$$

2) 样本相似关系计算

这样，样本向量 $\boldsymbol{x}_k$ 由标准化的指标数据表示:

$$\boldsymbol{\eta}_k = (\eta_{k1}, \eta_{k2}, \cdots, \eta_{ki} \cdots, \eta_{kn}), \quad i = 1, 2, \cdots, n; k = 1, 2, \cdots, m \tag{4-51}$$

为了建立样本间的模糊等价关系 $\boldsymbol{R}$，先计算各分类样本的相似性统计量，建立样本的模糊相似关系 $\boldsymbol{R}_s$:

$$\boldsymbol{R}_s = [r_{kj}]_{m \times m}, \quad k, j = 1, 2, \cdots, m \tag{4-52}$$

式中

$$0 \leqslant r_{kj} \leqslant 1 \tag{4-53}$$

式中，r_{kj} 表示样本向量 $\boldsymbol{x}_k$ 与 $\boldsymbol{x}_j$ 的相似程度。

常见的计算样本相似性统计量的方法有夹角余弦法、几何平均最小法和最大最小法，具体方法的数学表达式如下:

夹角余弦法的计算公式为

$$r_{kj} = \frac{\sum\limits_{i=1}^{n} \eta_{ki}\eta_{ji}}{\sqrt{\sum\limits_{i=1}^{n}\eta_{ki}^2 \sum\limits_{i=1}^{n}\eta_{ji}^2}} \qquad (4\text{-}54)$$

几何平均最小法的计算公式为

$$r_{kj} = \frac{\sum\limits_{i=1}^{n} \min(\eta_{ki},\eta_{ji})}{\sum\limits_{i=1}^{n} \sqrt{\eta_{ki}\eta_{ji}}} \qquad (4\text{-}55)$$

最大最小法的计算公式为

$$r_{kj} = \frac{\sum\limits_{i=1}^{n} \min(\eta_{ki},\eta_{ji})}{\sum\limits_{i=1}^{n} \max(\eta_{ki},\eta_{ji})} \qquad (4\text{-}56)$$

由上述方法得到的模糊关系 $\boldsymbol{R}_s$ 满足自反性和对称性，但一般不满足传递性。

3) 获取模糊等价关系

采用传递闭包性质，改造相似关系为等价关系，也就是构造相似关系 $\boldsymbol{R}_s$ 的传递闭包，即模糊等价关系 $\boldsymbol{R}$。使用平方法，依次计算

$$\boldsymbol{R}_s^2 = \boldsymbol{R}_s \circ \boldsymbol{R}_s$$

$$\boldsymbol{R}_s^4 = \boldsymbol{R}_s^2 \circ \boldsymbol{R}_s^2$$

$$\boldsymbol{R}_s^8 = \boldsymbol{R}_s^4 \circ \boldsymbol{R}_s^4$$

$$\cdots\cdots$$

若

$$\boldsymbol{R}_s^{2^{l+1}} = \boldsymbol{R}_s^{2^l}, \quad l = 0,1,2,\cdots \qquad (4\text{-}57)$$

则模糊等价关系为

$$\boldsymbol{R} = \boldsymbol{R}_s^{2^l} \qquad (4\text{-}58)$$

4) 获取截矩阵

给定截集水平 λ，获取截矩阵 $\boldsymbol{R}_\lambda$，用于聚类分析。

4.3.4 案例研究

1. 滚动轴承装配质量指标和基本要求

滚动轴承的装配质量指标即装配精度，主要是径向游隙、宽度、振动和噪声。轴向游隙和径向游隙之间有一定的函数关系。因此，可以通过控制径向游隙来间

接控制轴向游隙。装配的基本要求是：在保证装配质量指标的前提下，使合套率最高。

在轴承套圈滚道磨加工中，受机床加工精度、毛坯的原始精度等影响，会使滚道尺寸具有一定的分散性，这样就必须将内、外套滚道直径在其公差范围内按照一定的尺寸差分组，然后把相应尺寸的内、外圈及滚动体按照标准规定的游隙值进行配合，在配套过程中主要由轴承游隙来确定相对应的内、外圈及滚动体尺寸。

2. 大型圆锥滚子轴承 93825 的装配工艺过程

圆锥滚子轴承 93825 属分离型单列圆锥滚子轴承，轴承内、外圈均有锥形滚道，可以承受径向负荷和单一方向轴向负荷。圆锥滚子轴承的装配是用一定的方法，按相关的技术条件和质量要求把合格的轴承零件组装成符合有关标准和规范规定的轴承产品的工艺过程。大型圆锥滚子轴承 93825 的装配工艺过程见表 4-5。

表 4-5　圆锥滚子轴承的装配工艺过程

序号	工序名称	设备、检查工具及工艺要求
1	退磁、清洗	高斯表检测残磁在 ±2Gs 内
2	清洗保持架、滚子	清洗机
3	将滚子装入保持架 并装入内圈，收缩 保持架	压力机、模具 保持架无磕伤、锈蚀、变形，百分表 检测保持架收缩后的窜动为 0.280～ 0.685mm；保持架收缩后滚子旋转灵 活，高度仪检测内组件装配高公差为 0～+0.050mm
4	激光打字	激光刻字机
5	成品终检	内径、高度、保持架窜动量 20%抽查； 装配高 100%检查
6	成品退磁、清洗	高斯表检测残磁在 ±2Gs 内； 清洗机清洗后，产品清洁、无肉眼可见脏物
7	涂油、防锈、包装	

影响圆锥滚子轴承装配质量的因素主要是内、外套圈滚道的直径偏差及滚子的直径偏差等[19]。由于圆锥滚子轴承工作的重要性，使得对其保持架窜动量或装配高公差要求十分严格。在我国，滚动轴承的宽度公差大部分已经标准化。以中小型深沟球轴承为例，其径向游隙公差范围只有 0.01～0.02mm。目前，在成批生产的情况下，轴承零件加工的经济精度范围多在 0.04～0.05mm。这样的制造误差是不能满足滚动轴承互换配套需要的。因此，对于

滚动轴承的装配，就不能采用一般的互换装配方法，而只能采用选择装配的方法。只有对个别具有可分离套圈的轴承(如单列圆锥滚子轴承的外圈)，才采用互换性的装配方法。

如图 4-5 所示，单列圆锥滚子轴承宽度 T_s 主要和内圈大挡边宽度 a_0、内滚道内径 d_i、滚子直径 D_w、外滚道直径 D_1、外滚道半锥角 α 以及滚子半锥角 ϕ 有关[19]。

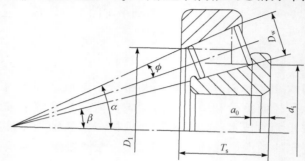

图 4-5　单列圆锥滚子轴承宽度

1) 外滚道直径变化量对轴承宽度的影响

外滚道直径变化量对轴承宽度的影响可用下式计算：

$$\Delta T_1 = \Delta E \cot \alpha / 2 \tag{4-59}$$

式中，ΔT_1 为外滚道直径变化量引起的轴承宽度变化量；ΔE 为外滚道直径的变化量；α 为外滚道半锥角。

一般情况下，外滚道直径的变化对轴承宽度的影响大约是 1:2 的关系，也就是说当外滚道直径增加 1μm 时，轴承宽度大约增加 2μm。

2) 内滚道直径变化量对轴承宽度的影响

内滚道直径变化量对轴承宽度的影响可用下式计算：

$$\Delta T_2 = \Delta d_i \cos \beta \cos \phi / (2 \sin \alpha) \tag{4-60}$$

式中，ΔT_2 为内滚道直径变化量引起的轴承宽度变化量；Δd_i 为内滚道直径的变化量；α 为外滚道半锥角；β 为内滚道半锥角；ϕ 为滚子半锥角。

同内滚道的情况相似，一般情况下，内滚道直径的变化对轴承宽度的影响大约是 1:2 的关系。

3) 内圈大挡边高度变化量对轴承宽度的影响

内圈大挡边高度变化量对轴承宽度的影响可用下式计算：

$$\Delta T_3 = \Delta a_0 \cos \beta \sin(2\phi) / \sin \alpha \tag{4-61}$$

式中，ΔT_3 为内圈大挡边高度变化量引起的轴承宽度变化量；Δa_0 为内滚大挡边高度的变化量；α 为外滚道半锥角；β 为内滚道半锥角；ϕ 为滚子半锥角。

一般情况下，内圈大挡边高度的变化对轴承宽度的影响大约是 1:0.3 的关系。

4) 圆锥滚子直径变化量对轴承宽度的影响

圆锥滚子直径变化量对轴承宽度的影响可用下式计算：

$$\Delta T_4 = \Delta D_w \cos \phi / \sin \alpha \tag{4-62}$$

式中，ΔT_4 为圆锥滚子直径变化量引起的轴承宽度变化量；ΔD_w 为滚子直径的变化量；α 为外滚道半锥角；ϕ 为滚子半锥角。

一般情况下，滚子直径的变化对轴承宽度的影响大约是 1:4 的关系。

从上面的分析可看出，圆锥滚子直径的变化对轴承宽度的影响最大，93825 生产线主要完成对轴承内外套圈的加工，滚子和保持架严格按照尺寸选用标准型号。

3. 轴承内外套圈加工的工艺要求及其测量方法

在本研究中，大型圆锥滚子生产线主要完成轴承 93825 内外套圈的加工，圆锥滚子和保持架从国外定购，其中滚子采用 TIMKEN 标准 7 号滚子。保持架选用的是冲压保持架。内外圈磨削加工过程中除尺寸严格要求外，还提出了较高的技术要求，表 4-6 部分列举了内圈加工过程中主要工序的技术要求以及测量方法。

表 4-6 内圈主要工序的技术指标

工序名称	技术指标名称	技术指标数据
精磨双端面	两端面平行差/μm	10
	两端面平面度	$A_{pi}>85\%(4\mu m)$
	两端面粗糙度 R_a/μm	0.1～0.8
磨挡边	挡边对后端面的轴向跳动/μm	30
	挡边对滚道的轴向跳动/μm	20
	挡边平面度/μm	8
	2 波圆度/μm	6.4
	3~9 波圆度/μm	2.5
	10 波以上圆度/μm	1.9
精磨滚道	两端面粗糙度 R_a/μm	0.1～0.8
	滚道半锥角 β 偏差/(°)	±3.8
	两端面平行差/μm	10
	滚道圆度/μm	7
	2 波圆度/μm	4.45
	3~9 波圆度/μm	2.54
	10 波以上圆度/μm	1.85
	波纹度/μm	2.25
	滚道粗糙度 R_a/μm	0.64

4. 装配高和保持架窜动量实验数据的模糊聚类分析

本节主要采用不同的模糊聚类方法对已经获取的实验样本数据进行聚类分析，为轴承性能评估提供理论依据及评估方法。这里进行聚类分析的样本数据为 TIMKEN 公司装配人员对某特大型圆锥滚子轴承按照工艺要求采集的保持架窜动量和装配高数据(表 4-4)。其中保持架窜动量的测量是用 B59489 型千分表在平板上完成。

轴承过程装配在压力机上完成，首件试压将压力设置为 2.9MPa，压力保持时间为 5s。压力机泄压后取出轴承，检测 3 点保持架窜动量均大于工艺要求的 0.628mm，逐步增加压力，当压力设置为 3.1MPa，保压时间为 6s 时，测得 3 点保持架窜动量分别为 0.5mm，0.47mm，0.4mm，这 3 个数据接近工艺要求(保持架收缩后的窜动量为 0.280～0.685mm)的中间值，较好地满足工艺要求。轴承测量频率为装配人员 100%测量，压力机的压力和保压时间设置根据测得的 3 点保持架窜动量大小做动态调整。装配过程中第 4 号轴承在压力机上一次加压后测得的 3 点保持架窜动量为 0.7mm，0.91mm，0.68mm，窜动量太大，延长保压时间重新加压后测得保持架窜动量满足工艺要求；第 19 号轴承在压力机上一次加压后测得的 3 点保持架窜动量为 0.2mm，0.23mm，0.25mm，窜动量太小，在压力机上反向加压后测得窜动量满足工艺要求；第 34 号轴承因外圈不合格，保持架收缩后滚子旋转不灵活，轴承报废。3 点保持架窜动量实验数据见表 4-4。

这 49 套轴承的振动与装配高测量，是在 TIMKEN 专用轴承信号分析仪上检测的。装配高平均值见表 4-4，噪声检测全部合格。这 49 套轴承包装好后送往 TIMKEN 位于美国的实验中心后，实验中心将对轴承的各项性能指标进行综合测试，根据测试结果对生产线的能力进行评估。

保持架窜动量和装配高样本数据由 4 个特征向量组成，根据模糊等价关系聚类的步骤，首先对样本的特征向量数据进行规一化处理，可以发现所有特征向量值均在闭区间[0,1]内，所以可以直接对样本数据进行下一步运算。然后利用已经标准化的样本向量，计算样本间的相似性统计量，建立样本的模糊相似关系矩阵。

从表 4-4 中选取 12 个样本，采用夹角余弦公式处理，得到相似关系矩阵如下：

$$
\boldsymbol{R}_{\mathrm{s}} =
\begin{bmatrix}
1.00 & 0.76 & 0.78 & 0.90 & 0.80 & 0.80 & 0.75 & 0.88 & 0.78 & 0.79 & 0.89 & 0.84 \\
0.76 & 1.00 & 0.58 & 0.78 & 0.61 & 0.76 & 0.68 & 0.64 & 0.61 & 0.67 & 0.63 & 0.77 \\
0.78 & 0.58 & 1.00 & 0.74 & 0.74 & 0.85 & 0.37 & 0.72 & 0.49 & 0.81 & 0.71 & 0.63 \\
0.80 & 0.61 & 0.70 & 1.00 & 0.82 & 0.85 & 0.79 & 0.73 & 0.84 & 0.82 & 0.87 & 0.85 \\
0.90 & 0.78 & 0.74 & 0.82 & 1.00 & 0.85 & 0.66 & 0.93 & 0.71 & 0.86 & 0.85 & 0.80 \\
0.92 & 0.76 & 0.85 & 0.85 & 0.85 & 1.00 & 0.71 & 0.60 & 0.82 & 0.50 & 0.69 & 0.74 \\
0.75 & 0.68 & 0.37 & 0.79 & 0.66 & 0.71 & 1.00 & 0.78 & 0.86 & 0.77 & 0.82 & 0.73 \\
0.88 & 0.64 & 0.72 & 0.73 & 0.93 & 0.60 & 0.78 & 1.00 & 0.76 & 0.58 & 0.78 & 0.78 \\
0.78 & 0.61 & 0.49 & 0.84 & 0.71 & 0.82 & 0.86 & 0.76 & 1.00 & 0.62 & 0.70 & 0.69 \\
0.79 & 0.67 & 0.81 & 0.82 & 0.86 & 0.50 & 0.77 & 0.58 & 0.62 & 1.00 & 0.75 & 0.78 \\
0.89 & 0.63 & 0.71 & 0.87 & 0.85 & 0.69 & 0.82 & 0.78 & 0.70 & 0.75 & 1.00 & 0.81 \\
0.84 & 0.77 & 0.63 & 0.85 & 0.80 & 0.74 & 0.73 & 0.78 & 0.69 & 0.78 & 0.81 & 1.00
\end{bmatrix}
$$

最后采用传递闭包性质，将样本的模糊相似关系矩阵改造为模糊等价矩阵。利用上面获取的相似矩阵 $\boldsymbol{R}_{\mathrm{s}}$，经过关系合成运算得到如下的模糊等价矩阵 $\boldsymbol{R}_{\mathrm{s}}^{2}$：

$$
\boldsymbol{R} = \boldsymbol{R}_{\mathrm{s}}^{2} =
\begin{bmatrix}
1.00 & 0.78 & 0.85 & 0.85 & 0.86 & 0.90 & 0.84 & 0.92 & 0.84 & 0.86 & 0.89 & 0.85 \\
0.78 & 1.00 & 0.78 & 0.78 & 0.78 & 0.78 & 0.78 & 0.78 & 0.78 & 0.78 & 0.78 & 0.78 \\
0.85 & 0.78 & 1.00 & 0.85 & 0.85 & 0.85 & 0.84 & 0.85 & 0.84 & 0.85 & 0.85 & 0.85 \\
0.86 & 0.78 & 0.85 & 1.00 & 0.86 & 0.86 & 0.84 & 0.86 & 0.84 & 0.86 & 0.86 & 0.85 \\
0.90 & 0.78 & 0.85 & 0.86 & 1.00 & 0.90 & 0.84 & 0.90 & 0.84 & 0.86 & 0.89 & 0.85 \\
0.92 & 0.78 & 0.85 & 0.86 & 0.90 & 1.00 & 0.84 & 0.93 & 0.84 & 0.86 & 0.89 & 0.85 \\
0.84 & 0.78 & 0.84 & 0.84 & 0.84 & 0.84 & 1.00 & 0.84 & 0.84 & 0.84 & 0.84 & 0.84 \\
0.92 & 0.78 & 0.85 & 0.86 & 0.90 & 0.93 & 0.84 & 1.00 & 0.84 & 0.86 & 0.89 & 0.85 \\
0.84 & 0.78 & 0.84 & 0.84 & 0.84 & 0.84 & 0.84 & 0.84 & 1.00 & 0.84 & 0.84 & 0.84 \\
0.86 & 0.78 & 0.85 & 0.86 & 0.86 & 0.86 & 0.84 & 0.86 & 0.84 & 1.00 & 0.86 & 0.85 \\
0.89 & 0.78 & 0.85 & 0.86 & 0.89 & 0.89 & 0.84 & 0.89 & 0.84 & 0.86 & 1.00 & 0.85 \\
0.85 & 0.78 & 0.85 & 0.85 & 0.85 & 0.85 & 0.84 & 0.85 & 0.84 & 0.85 & 0.85 & 1.00
\end{bmatrix}
$$

基于模糊等价关系的聚类分析方法，其相似矩阵的紧密性依赖于计算样本相似性统计量的方法的选取。因此，模糊聚类分析会根据选取不同的计算样本相似性统计量的方法产生不同的聚类结果。

当 $\boldsymbol{R}_{\mathrm{s}}$ 是模糊相似矩阵，并且不满足传递性时，为了进行聚类必须采用传递闭包性质，将这种模糊相似矩阵 $\boldsymbol{R}_{\mathrm{s}}$ 改造成模糊等价矩阵 $\boldsymbol{R}$。传递闭包法的本质是以最小的幅度提高 $\boldsymbol{R}_{\mathrm{s}}$ 的每一个元素来达到传递性，于是对 $\boldsymbol{R}_{\mathrm{s}}$ 产生了传递偏差，其影响在聚类过程中是不可忽视的。在计算样本相似矩阵时，有多种计算样本相关程度的统计量的方法可选。对于动态测量样本数据处理，常见的计算样本对象的相似性统计量的方法有：几何平均最小法、夹角余弦法和最大最小法。因此，在以下的聚类分析中仅采用这三种方法的聚类结果进行比较。首先获取模糊相似矩阵，再用传递闭包变换将模糊相似矩阵改造为模糊等价矩阵，然后将模糊等价矩阵中互不相同的 r_{kj} 按从小到大的顺序排列，定义为 λ 数组，其中每一个 λ 值作为不同的阈值对模糊等价矩阵进行划分聚类，即得到分类结果。

为此，选取这 49 组有效样本数据，用一种计算样本相似统计量的方法进行计算，并根据上述方法得到模糊等价矩阵的 λ 阈值取值范围。表 4-7 为具体的计算样本相似性统计量的方法与 λ 阈值取值范围关系。

表 4-7　λ 阈值取值范围

计算样本相似性统计量的方法	λ 阈值取值范围
最大最小法	$0.6869 \leqslant \lambda \leqslant 0.9346$
几何平均最小法	$0.8206 \leqslant \lambda \leqslant 0.9454$
夹角余弦法	$0.8865 \leqslant \lambda \leqslant 0.9825$

根据表 4-7 中三种样本相似性统计量计算方法及其 λ 阈值取值范围进行聚类分析，其轴承性能测试结果作为对聚类的评价。聚类结果的输出为样本序号。样本特征向量为 4 维向量，采用几何平均最小法处理样本数据。经过传递闭包变换获得样本的模糊等价矩阵，再将模糊等价矩阵中互不相同的元素按从小到大的顺序排列，λ 阈值依次取改组数值，进行动态分类。

对于最大最小法，其 λ 阈值取值范围：$0.6869 \leqslant \lambda \leqslant 0.9346$。当 $\lambda > 0.9346$ 时，$x_1 \sim x_{49}$ 各成一类；当 $\lambda \leqslant 0.6869$ 时，λ 截矩阵为全 1 矩阵，$x_1 \sim x_{49}$ 均聚为一类。因此，在选取 λ 值，进行聚类分析时，仅选取 λ 阈值取值范围内的数据即可。

当 $\lambda = 0.75$ 时，聚类输出：x_8，x_{24} 各自为一类，其余样本为一类。

当 $\lambda = 0.82$ 时，聚类输出：x_2，x_3，x_4，x_{10}，x_{11}，x_{14}，x_{16}，x_{19}，x_{29}，x_{30}，x_{31}，x_{38}，x_{47}，x_{48}，x_{49} 聚为一类，其余样本各自为一类。

当 $\lambda = 0.91$，聚类输出：x_5，x_8，x_{22} 聚为一类，x_{35}，x_{36}，x_{44} 聚为一类，其余样本各自为一类。

采用几何平均最小法处理样本数据，其 λ 阈值取值范围：$0.8206 \leqslant \lambda \leqslant 0.9454$。

当 $\lambda = 0.83$ 时，聚类输出：x_8，x_{24} 各自为一类，其余样本为一类。

当 $\lambda = 0.85$ 时，聚类输出：x_8，x_{24}，x_{44} 各自为一类，其余样本为一类。

当 $\lambda = 0.92$ 时，聚类输出：x_5，x_8，x_{22}，x_{33} 聚为一类，x_{35}，x_{44} 聚为一类，其余样本各自为一类。

采用夹角余弦法处理样本数据，其 λ 阈值取值范围：$0.8865 \leqslant \lambda \leqslant 0.9825$。

当 $\lambda=0.89$ 时，聚类输出：x_8，x_{35} 各自为一类，其余样本为一类。

当 $\lambda=0.92$ 时，聚类输出；x_8，x_{24}，x_{35} 各自为一类，其余样本为一类。

当 $\lambda=0.98$ 时，聚类输出：x_5，x_8，x_{28}，x_{33} 聚为一类，x_{35}，x_{36}，x_{44}，x_{47} 聚为一类，其余样本各自为一类。

经过对样本数据的聚类分析，发现如下聚类趋势：λ 值在阈值取值范围选取时，λ 值取值越高，各自成为一类的样本数据就越多，若 λ 值减小，样本聚为一类的数据逐渐增加。每次归类就减少一些类，直至所有样本归为一类。对聚类输出的样本进行比较可以发现，当 λ 值相对较高时，总是可以得到一些样本归为一类，如最大最小法，当 $\lambda=0.75$ 时，聚类输出：x_8，x_{24} 各自为一类，其余样本为一类；夹角余弦法，$\lambda=0.89$ 时，x_8，x_{35} 各自为一类，其余样本为一类；几何平均最小法，当 $\lambda=0.83$ 时，x_8，x_{24} 各自为一类，其余样本为一类。研究发现，序号为 x_8 的轴承保持架窜动量和装配高都比较小，而序号为 x_{24}，x_{35} 的轴承保持架窜动量和装配高偏大。λ 取值较小时单独聚为一类的样本序号主要是：x_8，x_{24}，x_{35}。

对比 TIMKEN 美国实验中心对轴承主要质量指标进行的综合检测结果，可以发现使用模糊聚类三种常用的计算样本相似性统计量的方法，当 λ 合理选取较小值时，实验检测不合格的 x_8，x_{24} 号轴承信息都单独聚为一类，与检验合格的轴承区分开。获得的样本实验数据分类实现了很好的聚类效果，满足模糊聚类分析的要求。

4.4　本章小结

本章首先对轴承加工质量的内涵以及轴承制造过程中影响加工质量的主要因素进行简要的介绍，运用粗集理论建立轴承振动影响因素的知识表达系统，采用粗集理论关于知识简化和核对系统进行属性约简，然后结合属性重要性原理比较并评价了不同性质的加工质量指标对轴承振动的影响程度。研究表明，以沟道曲率半径为代表的结构尺寸参数对轴承振动的影响最大，其次是以沟道形状误差为代表的宏观形状误差参数，而以沟道表面粗糙度为代表的微观形貌参数对轴承振动的影响最小。

根据粗集理论对样本数据的分析结果，引入 BP 神经网络，建立了轴承振动预测的 BP 神经网络实验模型，在 MATLAB 开发环境下输入训练样本矩阵和目标矩阵进行运算，经过 1202 次训练后，网络误差达到要求，并用表4-1 中后 4 套轴承实验数据来检验网络预测误差。检验结果显示，除了第 3 个误差数据超过 0.1dB 外，其余误差都在 0 左右，其结果与实际测量值吻合理想。实验表明，利用 BP 神经网络建立轴承振动预测模型对轴承振动进行预测是可行的。

根据大型圆锥滚子轴承 93825 实验数据少且缺少概率分布特征信息的特点，利用样本相似性统计量计算方法获得样本间的相似矩阵；然后改造相似矩阵得到模糊等价矩阵，选用最大最小法、几何平均最小法、夹角余弦法等三种不同计算样本相似性统计量的方法，通过合理选用 λ 阈值对模糊等价矩阵进行截取，而获得样本实验数据的分类。验证结果表明，在没有概率分布先验信息而只有少量轴承装配高和保持架窜动量数据的条件下，对轴承装配高和保持架窜动量数据进行模糊聚类分析，当选取 λ 适当小时，模糊聚类得到的单独聚为一类的轴承与对轴承主要质量指标进行综合检验后诊断不合格的轴承基本一致。模糊聚类分析的结果可为轴承质量检测前生产线生产能力的评估提供参照。

第 5 章 滚动轴承质量的真值融合原理与模糊假设检验方法

本章研究滚动轴承质量的真值融合原理与模糊假设检验方法，内容包括真值融合原理及其研究案例，滚动轴承质量时间序列的模糊假设检验及其实验研究。

5.1 真值融合原理

5.1.1 真值融合的概念

正如第 3 章所述，为解决乏信息系统的真值估计问题，采用多种数学方法进行研究，进而从多个侧面来获取整个系统的属性信息。当方法不同时，评判准则就会不同，这样就会得到不同的属性信息。而获得的属性信息反映了系统的属性，将获得的属性信息构成集合，即估计真值集合。该集合从多个方面来描述系统的属性特征，然后进行融合得到属性信息，这样就更合理地对系统属性真值进行估计，这就是真值融合。

设系统输出的原始数据序列为

$$X = (x(1), x(2), \cdots, x(n), \cdots, x(N)), \quad n = 1, 2, \cdots, N; N > 2 \tag{5-1}$$

式中，$x(n)$ 为原始序列 X 中的第 n 个数据，N 为数据的个数。

采用 L 种数学方法得到估计真值的解集为

$$\boldsymbol{X}_0 = (X_{01}, X_{02}, \cdots, X_{0l}, \cdots, X_{0L}), \quad l = 1, 2, \cdots, L \tag{5-2}$$

式中，X_{0l} 为采用第 l 种数学方法得到的真值的估计结果。

真值融合是指从集合 $\boldsymbol{X}_0$ 中可以获得一个与 $\boldsymbol{X}_0$ 中元素密切相关的集合，满足准则 Θ 的最终解为

$$X_{0\mathrm{True}} \mid \Theta \mid \mathrm{Fusion}\, \boldsymbol{X}_0 \subseteq \boldsymbol{A}_{\mathrm{True}} \tag{5-3}$$

式中，$X_{0\mathrm{True}}$ 为估计真值的最终解；$\boldsymbol{A}_{\mathrm{True}}$ 为系统属性的真值集合，$\mid \Theta$ 为在准则 Θ 下；$\mid \mathrm{Fusion}\, \boldsymbol{X}_0$ 为融合 $\boldsymbol{X}_0$ 元素。

实际上，真值融合就是对解集 $\boldsymbol{X}_0$ 的数学处理，是对系统属性的最终估计[5,14]。

5.1.2　真值融合方法

考虑到研究的轴承质量数据序列概率分布未知且数据量很小, 本节提出 5 种真值估计方法。

1. 滚动均值法

将式(5-1)中的数据从小到大排列:

$$x_i \leqslant x_{i+1}, \quad i = 1, 2, \cdots, N-1 \tag{5-4}$$

定义系统的估计真值为

$$X_{01} = \frac{1}{N} \sum_{j=1}^{N} \xi_j \tag{5-5}$$

式中

$$\xi_j = \frac{1}{N-j+1} \sum_{i=1}^{N-j+1} \sum_{k=i}^{i+j-1} \frac{x_k}{j}, \quad j = 1, 2, \cdots, N \tag{5-6}$$

2. 隶属函数法

将式(5-1)中的数据从小到大排列:

$$x_i \leqslant x_{i+1}, \quad i = 1, 2, \cdots, N-1 \tag{5-7}$$

定义差值序列 d_i:

$$d_i = x_{i+1} - x_i, \quad i = 1, 2, \cdots, N-1 \tag{5-8}$$

设线性隶属函数 f_i:

$$f_i = 1 - \frac{d_i - d_{\min}}{d_{\max}}, \quad i = 1, 2, \cdots, N-1 \tag{5-9}$$

设紧邻均值序列为

$$Z = (z_1, z_2, \cdots, z_i, \cdots, z_{N-1}) \tag{5-10}$$

式中

$$z_i = \frac{1}{2}(x_{i+1} + x_i), \quad i = 1, 2, \cdots, N-1 \tag{5-11}$$

则系统的估计真值为

$$X_{02} = \frac{1}{\sum\limits_{i=1}^{N-1} f_i} \sum_{i=1}^{N-1} f_i z_i \tag{5-12}$$

作为一种定量融合方法, 隶属函数法实际属于加权均值方法, 权重即为隶属函数 f_i。

3. 最大隶属度法

依据隶属函数法，设最大隶属度为

$$f_{\max} = \max_{j=1}^{N-1} f_j \tag{5-13}$$

取对应 $f_{\max}$ 的 x_{v+1} 和 x_v 的均值作为轴承质量时间序列的估计真值 X_{03}：

$$X_{03} = \frac{1}{2}(x_{v+1} + x_v) \mid v, v+1 \to f_{\max}, \quad v \in (1, 2, \cdots, N-1) \tag{5-14}$$

如果存在 T 个重复的 $f_{\max}$，则第 t 个均值为

$$x_{0t} = \frac{1}{2}(x_{v+1} + x_v)_t, \quad t = 1, 2, \cdots, T-1 \tag{5-15}$$

则系统的估计真值为

$$X_{03} = \frac{1}{T-1} \sum_{t=1}^{T-1} x_{0t} \tag{5-16}$$

4. 滚动自助法

为便于研究，将式(5-1)改写为

$$X = (x_1, x_2, \cdots, x_k, \cdots, x_N) \tag{5-17}$$

从序列 X 中进行自助抽样，等概率可放回地抽取 $m_D = N$ 个数据，则获得自助样本 X_b，连续抽取 B 次，就能够得到 B 个自助样本：

$$X_b = (x_b(1), x_b(2), \cdots, x_b(k), \cdots, x_b(m_D)), \quad b = 1, 2, \cdots, B \tag{5-18}$$

则 X_b 的均值为

$$X_{bm} = \frac{1}{m_D} \sum_{k=1}^{m_D} x_b(k), \quad b = 1, 2, \cdots, B \tag{5-19}$$

从而得到一个样本含量为 B 的自助样本：

$$X_{\text{Bootstrap}} = (X_{1m}, X_{2m}, \cdots, X_{bm}, \cdots, X_{Bm}) \tag{5-20}$$

将上面的自助样本从小到大排序，并分为 Q 组，就可以得到各组的组中值 X_{mq} 和离散频率 F_q，$q=1,2,\cdots,Q$。

以频率 F_q 为权重，则估计真值为

$$X_{04} = \sum_{q=1}^{Q} F_q X_{mq} \tag{5-21}$$

5. 算术平均法

算术平均法是第 5 种真值估计方法，是最常用的点估计方法之一。

对于式(5-1)，定义系统的估计真值为

$$X_{05} = \frac{1}{N} \sum_{n=1}^{N} x(n) \tag{5-22}$$

明显地，上述 5 种方法各不相同，应用这 5 种方法能够获得系统不同的属性信息，这为多个估计真值的融合奠定了基础。

5.1.3 真值融合的收敛准则

采用多种数学方法得到估计真值的解集 X_0 后，将 X_0 作为第 0 次融合序列，用 $X_{0\mathrm{Fusion0}}$ 表示：

$$\begin{aligned} X_{0\mathrm{Fusion0}} &= (X_{01F0}, X_{02F0}, \cdots, X_{0lF0}, \cdots, X_{0LF0}) \\ &= (X_{01}, X_{02}, \cdots, X_{0l}, \cdots, X_{0L}) \end{aligned} \tag{5-23}$$

式中，X_{0l} 为采用第 l 种数学方法得到的真值的估计结果，$l=1, 2, \cdots, L$，L 表示 L 种数学方法。

然后采用所提出的融合方法对 $X_{0\mathrm{Fusion0}}$ 进行计算，得到第 1 次融合序列：

$$X_{0\mathrm{Fusion1}} = (X_{01F1}, X_{02F1}, \cdots, X_{0lF1}, \cdots, X_{0LF1}) \tag{5-24}$$

式中，X_{0lF1} 为采用第 l 种数学方法对第 0 次融合序列融合的计算结果。

依此类推，第 j 次融合序列为

$$X_{0\mathrm{Fusion}j} = (X_{01Fj}, X_{02Fj}, \cdots, X_{0lFj}, \cdots, X_{0LFj}) \tag{5-25}$$

式中，X_{0lFj} 为采用第 l 种数学方法对第 $j-1$ 次融合序列融合的计算结果。

设存在任意小的实数 ε，若极差满足

$$\delta_j = \max_{l=1}^{L} X_{0lFj} - \min_{l=1}^{L} X_{0lFj} \leqslant \varepsilon \tag{5-26}$$

则最终的估计真值为

$$X_{0\mathrm{True}} = \frac{1}{L} \sum_{l=1}^{L} X_{0lFj} \tag{5-27}$$

此准则称为真值融合收敛的极差准则。

5.2 真值融合的实际案例

5.2.1 实验计划

1. 获取约定真值

在实验中，必须采集大量的数据以获得约定真值。这些数据组成一个数据序

列，即大样本的测试序列，用 X_{test} 表示。采用 5.1 节中的 5 种方法进行测试，得到 5 种估计真值，分别用 X_{01}，X_{02}，X_{03}，X_{04} 和 X_{05} 表示。

根据大数定律和经典统计中心极限定理，这 5 个估计真值应等于或接近一个固定常数，称之为数学期望。因是大样本的数据，故 5 个估计真值在理论上应该是彼此相等的。事实上，由于在测量过程中存在噪声和不确定性的有限采样，5 个真值并非完全一样。根据误差理论和统计理论，如果差异很小，基于大样本的 5 个估计真值可以被认为是接近数学期望的，因此可以被视为约定真值 X_{True}，即

$$X_{\text{m}} = \frac{1}{5} \sum_{l=1}^{5} X_{\text{m}0l} = X_{\text{True}} \subseteq A_{\text{True}} \tag{5-28}$$

式中，X_{m} 为 5 个真值的平均值；X_{True} 为约定真值。

2. 小样本

在测试序列 X_{Test} 中选择前 N 个数据作为原始数据序列 X，见式(5-1)，其中 n 是数据在 X 的个数，根据乏信息系统理论，对于小样本条件下一个非常小的整数，N 的选择范围是 3～10。

3. 计算最终估计真值

根据式(5-1)～式(5-28)，得到最终的估计真值 $X_{0\text{True}}$。它是对测试序列 X_{Test} 真值的估计。

4. 检验估计结果

为检验估计结果，采用相对误差来检验结果的可靠性：

$$E_{\text{R}} = \left| \frac{X_{0\text{True}} - X_{\text{True}}}{X_{\text{True}}} \right| \times 100\% \tag{5-29}$$

5.2.2　圆锥滚子轴承加工质量与振动实验

1. 测量仪器与实验数据

实验轴承为圆锥滚子轴承 30204，随机抽取 30 套轴承，用振动仪 B1010 采集轴承的径向振动速度信号(包括低频速度 L、中频速度 M 和高频速度值 H)，然后将抽取的 30 套轴承拆套，用圆度仪和粗糙度轮廓仪测出轴承内圈的圆度和挡边粗糙度，振动值和内圈质量参数都测量了 30 个数据。测量仪器如表 5-1 所示。

表 5-1　测量仪器

设备仪器名称	型号
圆度仪	Y9025C
粗糙度轮廓仪	CX-1
振动仪	B1010

通过实验测量了圆锥滚子轴承 30204 的质量参数，如表 5-2 所示，质量参数包括内圈的 2 个加工质量参数(滚道圆度和挡边粗糙度)和轴承振动的 3 个质量参数(低频速度 L、中频速度 M 和高频速度 H)。可以看出，有 5 个测试序列，其中每个测试序列有 30 个数据。

表 5-2　实验采集的 5 个测试序列

序号 n	内圈加工质量参数		轴承振动质量参数		
	滚道圆度 $R/\mu m$	挡边粗糙度 $S/\mu m$	低频速度 $L/(\mu m/s)$	中频速度 $M/(\mu m/s)$	高频速度 $H/(\mu m/s)$
1	1.08	0.247	262	202	90
2	0.90	0.148	180	150	98
3	1.06	0.197	202	128	120
4	3.28	0.276	195	172	75
5	1.28	0.306	225	165	90
6	0.88	0.271	202	225	98
7	1.87	0.123	158	165	105
8	1.16	0.303	225	150	68
9	1.06	0.254	188	135	75
10	0.97	0.368	165	128	60
11	1.01	0.186	128	150	98
12	0.70	0.245	158	112	60
13	1.15	0.293	188	135	68
14	0.72	0.385	165	150	75
15	1.08	0.229	202	202	112
16	0.67	0.298	225	225	105
17	1.10	0.280	225	202	75
18	0.98	0.290	195	188	75
19	1.15	0.440	202	112	68
20	1.14	0.446	165	172	68
21	1.64	0.270	232	202	90
22	0.73	0.170	248	218	98
23	0.87	0.461	150	165	82

序号 n	内圈加工质量参数		轴承振动质量参数		
	滚道圆度 R/μm	挡边粗糙度 S/μm	低频速度 L/(μm/s)	中频速度 M/(μm/s)	高频速度 H/(μm/s)
24	1.91	0.314	188	262	98
25	1.95	0.235	188	135	90
26	1.19	0.268	240	225	105
27	0.78	0.210	225	218	90
28	1.51	0.183	188	150	90
29	1.39	0.190	195	135	52
30	1.39	0.356	225	165	75

2. 大样本条件下的约定真值

如上所述，平均值 X_m 可用于描述大样本条件下约定真值 X_{True}。在此基础上，将 30 个数据作为测试样本，即 $N_{Test}=30$，则分别采用 5 种真值融合方法计算出 5 个估计真值。结果如表 5-3～表 5-7 所示。

表 5-3　滚道圆度在大样本 $N_{Test}=30$ 下的估计真值

序号 l	方法	估计真值 X_{m0}/μm	备注
1	滚动平均法	1.15832	
2	隶属函数法	1.13727	最大相对误差 0.7%
3	最大隶属度法	1.17	5 个估计真值的平均值
4	滚动自助法(B=50000,Q=8,m_D=30)	1.21972	X_m=1.181μm
5	算术平均法	1.22	

由表 5-3 可知，在大样本条件下，轴承内圈滚道圆度的 5 个估计真值范围从 1.13727μm 到 1.22μm，差别很小，最大的相对误差仅有 0.7%。根据式(5-28)，5 个估计真值的平均值为 1.181μm，则这个平均值就是内圈滚道圆度的约定真值 X_{True}。

表 5-4　挡边表面粗糙度在大样本 $N_{Test}=30$ 下的估计真值

序号 l	方法	估计真值 X_{m0}/μm	备注
1	滚动平均法	0.27112	
2	隶属函数法	0.26944	最大相对误差 1.9%
3	最大隶属度法	0.27050	5 个估计真值的平均值
4	滚动自助法(B=50000,Q=8,m_D=30)	0.27374	X_m=0.2719μm
5	算术平均法	0.27473	

由表 5-4 可知，在大样本条件下，轴承挡边表面粗糙度的 5 个估计真值范围从 0.26944μm 到 0.27473μm，差别很小，最大的相对误差仅有 1.9%。根据式(5-28)，5 个估计真值的平均值为 0.2719μm，则这个平均值就是内圈挡边粗糙度的约定真值 X_{True}。

表 5-5　低频速度在大样本 N_{Test}=30 下的估计真值

序号 l	方法	估计真值 X_{m0l}/(μm/s)	备注
1	滚动平均法	197.98968	
2	隶属函数法	198.62476	最大相对误差 1.2%
3	最大隶属度法	197.70588	5 个估计真值的平均值
4	滚动自助法(B=50000,Q=8,m_D=30)	196.25915	X_m=197.7μm/s
5	算术平均法	197.8	

由表 5-5 可知，在大样本条件下，轴承低频速度的 5 个估计真值范围从 196.25915μm/s 到 198.62476μm/s，差别很小，最大的相对误差仅有 1.2%。根据式(5-28)，5 个估计真值的平均值为 197.7μm/s，则这个平均值就是低频振动速度的约定真值 X_{True}。

表 5-6　中频速度在大样本 N_{Test}=30 下的估计真值

序号 l	方法	估计真值 X_{m0l}/(μm/s)	备注
1	滚动平均法	169.79291	
2	隶属函数法	168.27952	最大相对误差 2.2%
3	最大隶属度法	167.68421	5 个估计真值的平均值
4	滚动自助法(B=50000,Q=8,m_D=30)	171.0648	X_m=169.7μm/s
5	算术平均法	171.43333	

由表 5-6 可知，在大样本条件下，轴承中频速度的 5 个估计真值范围从 167.68421μm/s 到 171.43333μm/s，差别很小，最大的相对误差仅有 2.2%。根据式(5-28)，5 个估计真值的平均值为 169.7μm/s，则这个平均值就是中频振动速度的约定真值 X_{True}。

表 5-7　高频速度在大样本 N_{Test}=30 下的估计真值

序号 l	方法	估计真值 X_{m0l}/(μm/s)	备注
1	滚动平均法	85.08188	
2	隶属函数法	84.68292	最大相对误差 0.7%
3	最大隶属度法	84.55	5 个估计真值的平均值
4	滚动自助法(B=50000,Q=8,m_D=30)	85.16403	X_m=84.9μm/s
5	算术平均法	85.1	

由表5-7可知，在大样本条件下，轴承高频速度的5个估计真值范围从84.55μm/s 到 85.16403μm/s，差别很小，最大的相对误差仅有 0.7%。根据式(5-28)，5 个估计真值的平均值为 84.9μm/s，则这个平均值就是高频振动速度的约定真值 X_{True}。

为方便描述，将表 5-3～表 5-7 中的约定真值列于表 5-8 中。

表 5-8　大样本 N_{Test}=30 下的约定真值

序号	测试序列 X_{Test}	约定真值 X_{True}
1	滚道圆度 $R/\mu m$	1.181
2	挡边表面粗糙度 $S/\mu m$	0.2719
3	低频振动速度 $L/(\mu m/s)$	197.7
4	中频振动速度 $M/(\mu m/s)$	169.7
5	高频振动速度 $H/(\mu m/s)$	84.9

3. 小样本条件下的轴承质量参数的评估

1) 轴承内圈滚道圆度评估

从表 5-2 中选取滚道圆度测试序列的前 5 个数据，即小样本个数 N=5，形成新的测试序列 X：

$$X=(1.08, 0.9, 1.06, 3.28, 1.28)$$

采用 5.1 节所述的 5 种方法进行计算，结果如表 5-9 所示。

表 5-9　滚道圆度在小样本下的估计真值(N=5)

序号 I	方法	估计真值 $X_0/\mu m$	相对误差 $E_R/\%$	备注
1	滚动平均法	1.428	20.91	
2	隶属函数法	1.080	8.55	滚道圆度的约定真值为 1.181μm
3	最大隶属度法	1.070	9.40	
4	滚动自助法	1.578	33.62	
5	算术平均法	1.520	28.70	

从表 5-9 很容易看出，这 5 种方法得到的结果明显不同，估计真值的范围从 1.070μm 到 1.578μm。最大相对误差为 33.62%，最小相对误差为 8.55%。

估计真值的解集 X_0 如下所示：

$$X_0=(X_{01}, X_{02}, X_{03}, X_{04}, X_{05})=(1.428, 1.080, 1.070, 1.578, 1.520)$$

值得注意的是，采用这 5 种方法得到的解集并不是最终解。为了获得最终解，给出了第 0 次的融合序列：

$$X_{0\text{Fusion0}}=(X_{01F0}, X_{02F0}, X_{03F0}, X_{04F0}, X_{05F0})$$
$$=(X_{01}, X_{02}, X_{03}, X_{04}, X_{05})=(1.428, 1.080, 1.070, 1.578, 1.520)$$

分别采用滚动平均法、隶属函数法、最大隶属度法、滚动自助法和算术平均法对上述序列进行融合，则得到第 1 次的融合序列为

$$X_{0\text{Fusion1}} = (X_{01\text{F1}}, X_{02\text{F1}}, X_{03\text{F1}}, X_{04\text{F1}}, X_{05\text{F1}}) = (1.339, 1.346, 1.075, 1.271, 1.335)$$

采用同样的方法，对滚道圆度进行 6 次融合，融合结果如表 5-10 所示。

表 5-10　滚道估计真值的融合序列(单位：μm)

序号 j	融合序列 $X_{0\text{Fusion}j}$	融合真值 X_{0lFj}					范围 δ_j
		X_{01Fj} 滚动平均法	X_{02Fj} 隶属函数法	X_{03Fj} 最大隶属度法	X_{04Fj} 滚动自助法	X_{05Fj} 算术平均法	
0	$X_{0\text{Fusion0}}$	1.428	1.080	1.070	1.578	1.520	0.508
1	$X_{0\text{Fusion1}}$	1.339	1.346	1.075	1.271	1.335	0.271
2	$X_{0\text{Fusion2}}$	1.283	1.329	1.337	1.231	1.273	0.106
3	$X_{0\text{Fusion3}}$	1.291	1.300	1.333	1.299	1.291	0.042
4	$X_{0\text{Fusion4}}$	1.301	1.295	1.291	1.309	1.303	0.018
5	$X_{0\text{Fusion5}}$	1.300	1.299	1.302	1.298	1.300	0.004
6	$X_{0\text{Fusion6}}$	1.300	1.300	1.300	1.300	1.300	0

取 $\varepsilon = 0.001$，根据极差准则，最终估计真值为

$$X_{0\text{True}} = \frac{1}{5}\sum_{l=1}^{5} X_{0lF6} = 1.300$$

相对误差为

$$E_{\text{R}} = \left| \frac{1.300 - 1.181}{1.181} \right| \times 100\% = 10.08\%$$

2) 轴承挡边表面粗糙度评估

从表 5-2 中选取挡边表面粗糙度测试序列的前 5 个数据，即小样本个数 $N=5$，形成新的测试序列 X：

$$X = (0.247, 0.148, 0.197, 0.276, 0.306)$$

采用 5.1 节中的方法，获得基于小样本的轴承挡边表面粗糙度的估计真值和融合序列，如表 5-11 和表 5-12 所示。从表 5-11 很容易看出，这 5 种方法得到的估计真值有明显不同，其范围从 0.2180μm 到 0.2615μm，最大相对误差为 19.8%，最小相对误差为 9.34%。

表 5-11　挡边表面粗糙度在小样本下的估计真值($N=5$)

序号 l	方法	估计真值 X_0/μm	相对误差 E_{R}/%	备注
1	滚动平均法	0.2362	13.13	
2	隶属函数法	0.2465	9.34	
3	最大隶属度法	0.2615	3.82	挡边表面粗糙度的约定真值为 0.2719μm
4	滚动自助法	0.2180	19.82	
5	算术平均法	0.2348	13.64	

表 5-12　挡边表面粗糙度估计真值的融合序列(单位：μm)

| 序号 j | 融合序列 $X_{0Fusionj}$ | 融合真值 X_{0lFj} | | | | | 范围 δ_j |
		X_{01Fj} 滚动平均法	X_{02Fj} 隶属函数法	X_{03Fj} 最大隶属度法	X_{04Fj} 滚动自助法	X_{05Fj} 算术平均法	
0	$X_{0Fusion0}$	0.2362	0.2465	0.2615	0.2180	0.2348	0.0435
1	$X_{0Fusion1}$	0.2393	0.2387	0.2355	0.2425	0.2394	0.0070
2	$X_{0Fusion2}$	0.2391	0.2392	0.2394	0.2387	0.2391	0.0007

使 $\varepsilon=0.001$，如表 5-12 所示，根据极差准则，则最终估计真值为

$$X_{0True} = \frac{1}{5}\sum_{l=1}^{5} X_{0lF2} = 0.2391$$

相对误差为

$$E_R = \left| \frac{0.2391 - 0.2719}{0.2719} \right| \times 100\% = 12.06\%$$

3) 小样本条件下的轴承低频振动速度的评估

从表 5-2 中选取低频振动速度测试序列的前 5 个数据，即小样本个数 $N=5$，形成新的测试序列 X：

$$X=(262,180,202,195,225)$$

采用 5.1 节中的方法，基于小样本的轴承低频振动速度的估计真值和融合序列如表 5-13 和表 5-14 所示。从表 5-13 很容易看出，这 5 种方法得到的估计真值有明显不同，其范围从 198.50μm/s 到 212.80μm/s，最大相对误差为 7.64%，最小相对误差为 0.4%。

表 5-13　低频振动速度在小样本下的估计真值($N=5$)

序号 l	方法	估计真值 X_{0l}/(μm/s)	相对误差 E_R/%	备注
1	滚动平均法	211.38	6.92	
2	隶属函数法	201.81	2.08	
3	最大隶属度法	198.50	0.40	低频振动速度的约定
4	滚动自助法	201.64	1.99	真值 L 为 197.7μm/s
5	算术平均法	212.80	7.64	

表 5-14　低频振动速度估计真值的融合序列(单位：μm/s)

| 序号 j | 融合序列 $X_{0Fusionj}$ | 融合真值 X_{0lFj} | | | | | 范围 δ_j |
		X_{01Fj} 滚动平均法	X_{02Fj} 隶属函数法	X_{03Fj} 最大隶属度法	X_{04Fj} 滚动自助法	X_{05Fj} 算术平均法	
0	$X_{0Fusion0}$	211.38	201.81	198.50	201.64	212.8	14.30
1	$X_{0Fusion1}$	205.09	204.81	201.73	202.45	205.23	3.50
2	$X_{0Fusion2}$	203.94	204.21	205.16	203.24	203.86	1.92
3	$X_{0Fusion3}$	204.06	203.92	203.90	204.25	204.08	0.35

取 ε=0.5，如表 5-14 所示，根据极差准则，最终估计真值为

$$X_{0\text{True}} = \frac{1}{5}\sum_{l=1}^{5} X_{0lF3} = 204.0$$

相对误差为

$$E_{\text{R}} = \left| \frac{204.0 - 197.7}{197.7} \right| \times 100\% = 3.19\%$$

4) 小样本条件下的轴承中频振动速度的评估

从表 5-2 中选取中频振动速度测试序列的前 5 个数据，即小样本个数 N=5，形成新的测试序列 X：

$$X=(202,150,128,172,165)$$

基于小样本的轴承中频振动速度的估计真值和融合序列如表 5-15 和表 5-16 所示。从表 5-15 很容易看出，这 5 种方法得到的估计真值有明显不同，其范围从 168.50μm/s 到 154.12μm/s，最大相对误差为 9.18%，最小相对误差为 0.71%。

表 5-15　中频振动速度在小样本下的估计真值(N=5)

序号 l	方法	估计真值 X_0/(μm/s)	相对误差 E_{R}/%	备注
1	滚动平均法	163.20	3.83	
2	隶属函数法	161.00	5.13	
3	最大隶属度法	168.50	0.71	中频振动速度的约定
4	滚动自助法	154.12	9.18	真值 M 为 169.7μm/s
5	算术平均法	163.40	3.71	

表 5-16　中频振动速度估计真值的融合序列(单位：μm/s)

序号 j	融合序列 $X_{0\text{Fusion}j}$	融合真值 X_{0lFj}					范围 δ_j
		X_{01Fj} 滚动平均法	X_{02Fj} 隶属函数法	X_{03Fj} 最大隶属度法	X_{04Fj} 滚动自助法	X_{05Fj} 算术平均法	
0	$X_{0\text{Fusion}0}$	163.20	161.00	168.50	154.12	163.40	14.38
1	$X_{0\text{Fusion}1}$	162.18	163.17	163.30	162.18	162.04	1.26
2	$X_{0\text{Fusion}2}$	162.55	162.49	162.18	162.80	162.57	0.62
3	$X_{0\text{Fusion}3}$	162.52	162.56	162.56	162.47	162.52	0.09

取 ε=0.5，如表 5-16 所示，根据极差准则，最终估计真值为

$$X_{0\text{True}} = \frac{1}{5}\sum_{l=1}^{5} X_{0lF3} = 162.5$$

相对误差为

$$E_R = \left| \frac{162.5 - 169.7}{169.7} \right| \times 100\% = 4.24\%$$

5) 小样本条件下的轴承高频振动速度的评估

从表 5-2 中选取高频振动速度测试序列的前 5 个数据，即小样本个数 $N=5$，形成新的测试序列 X：

$$X = (90,98,120,75,90)$$

基于小样本的轴承高频振动速度的估计真值和融合序列如表 5-17 和表 5-18 所示。从表 5-17 很容易看出，这 5 种方法得到的估计真值有明显不同，其范围从 90.0μm/s 到 98.5μm/s，最大相对误差为 16.02%，最小相对误差为 6.01%。

表 5-17　高频振动速度在小样本下的估计真值($N=5$)

序号 l	方法	估计真值 X_{0l}/(μm/s)	相对误差 E_R/%	备注
1	滚动平均法	94.1	10.84	
2	隶属函数法	90.1	6.12	
3	最大隶属度法	90.0	6.01	高频振动速度的约定真值 H 为 84.9μm/s
4	滚动自助法	98.5	16.02	
5	算术平均法	94.6	11.43	

表 5-18　高频振动速度估计真值的融合序列(单位：μm/s)

序号 j	融合序列 $X_{0Fusionj}$	融合真值 X_{0lFj}					范围 δ_j
		X_{01Fj} 滚动平均法	X_{02Fj} 隶属函数法	X_{03Fj} 最大隶属度法	X_{04Fj} 滚动自助法	X_{05Fj} 算术平均法	
0	$X_{0Fusion0}$	94.1	90.1	90.0	98.5	94.6	8.5
1	$X_{0Fusion1}$	93.4	92.2	90.1	92.8	93.5	3.4
2	$X_{0Fusion2}$	92.5	93.0	93.5	91.9	92.4	1.6
3	$X_{0Fusion3}$	92.7	92.6	92.5	92.8	92.7	0.3

取 $\varepsilon=0.5$，如表 5-18 所示，根据极差准则，最终估计真值为

$$X_{0True} = \frac{1}{5} \sum_{l=1}^{5} X_{0lF3} = 92.7$$

相对误差为

$$E_R = \left| \frac{92.7 - 84.9}{84.9} \right| \times 100\% = 9.19\%$$

5.3　真值融合的仿真案例

采用蒙特卡罗法模拟均匀分布的随机过程，区间为[0,1]，则得到随机过程的测试序列 X_{Test}，如图 5-1 所示，测试序列数据个数为 $N_{\text{Test}}=1024$。显然，测试序列服从均匀分布，根据统计理论，均匀分布的数学期望为 $(1-0)/2=0.5$，则测试序列的约定真值为 0.5。

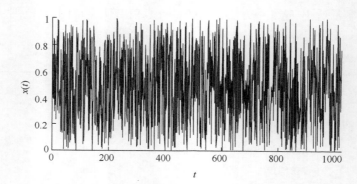

图 5-1　基于蒙特卡罗仿真的均匀分布测试序列($N_{\text{Test}}=1024$)

从图 5-1 中选取测试序列的前 5 个数据，即小样本个数 $N=5$，形成新的测试序列 X：

$$X=(0.77374,0.40697,0.72449,0.55777,0.38796)$$

基于小样本的蒙特卡罗仿真均匀分布的估计真值和融合序列如表 5-19 和表 5-20 所示。从表 5-19 很容易看出，这 5 种方法得到的估计真值有明显不同，其范围从 0.39746 到 0.58083，最大相对误差为 20.51%，最小相对误差为 10.62%。

表 5-19　基于小样本的均匀分布的估计真值($N=5$)

序号 l	方法	估计真值 X_{0l}	相对误差 E_{R}/%	备注
1	滚动平均法	0.56836	13.67	
2	隶属函数法	0.58083	16.17	
3	最大隶属度法	0.39746	20.51	均匀分布的约定真值 U 为 0.5
4	滚动自助法	0.55312	10.62	
5	算术平均法	0.57018	14.04	

表 5-20　均匀分布估计真值的融合序列

序号 j	融合序列 $X_{0Fusionj}$	融合真值 X_{0Fj}					范围 δ_j
		X_{01Fj} 滚动平均法	X_{02Fj} 隶属函数法	X_{03Fj} 最大隶属度法	X_{04Fj} 滚动自助法	X_{05Fj} 算术平均法	
0	$X_{0Fusion0}$	0.56836	0.58083	0.39746	0.55312	0.57018	0.183
1	$X_{0Fusion1}$	0.54123	0.56822	0.56927	0.51237	0.53399	0.057
2	$X_{0Fusion2}$	0.54553	0.55146	0.56874	0.55031	0.54501	0.024
3	$X_{0Fusion3}$	0.55149	0.54812	0.54527	0.55596	0.55221	0.011
4	$X_{0Fusion4}$	0.55062	0.55059	0.55185	0.54978	0.55061	0.002
5	$X_{0Fusion5}$	0.55067	0.55054	0.55061	0.55082	0.55069	0.0003

取 $\varepsilon=0.0005$，如表 5-20 所示，根据极差准则，最终估计真值为

$$X_{0\text{True}} = \frac{1}{5}\sum_{l=1}^{5} X_{0lF5} = 0.55066$$

相对误差为

$$E_{\text{R}} = \left| \frac{0.55066 - 0.5}{0.5} \right| \times 100\% = 10.13\%$$

5.4　真值融合案例的归纳分析

为叙述方便，将上述 6 个测试序列最后的结果总结在表 5-21 中，所提出的各种方法的最大相对误差如表 5-22 所示。

从表 5-21 很容易看出，在小样本条件下传统估计真值和最终估计真值的相对误差范围从 3.19% 到 12.06%。由表 5-22 可知，采用融合方法进行多次融合，得到的最大相对误差为 12.06%，而采用其他 5 种方法的最大相对误差分别为：20.91%，

表 5-21　基于小样本融合的最终结果($N=5$)

序号	测试序列 X_{Test}	约定真值 X_{True}	最终估计真值 $X_{0\text{True}}$	相对误差 $E_{\text{R}}/\%$
1	滚道圆度 $R/\mu\text{m}$	1.181	1.300	10.08
2	挡边表面粗糙度 $S/\mu\text{m}$	0.2719	0.2391	12.06
3	低频振动速度 $L/(\mu\text{m/s})$	197.7	204.0	3.19
4	中频振动速度 $M/(\mu\text{m/s})$	169.7	162.5	4.24
5	高频振动速度 $H/(\mu\text{m/s})$	84.9	92.7	9.19
6	均匀分布 U	0.5	0.55066	10.13

表 5-22　基于小样本的最大误差($N=5$)

序号 i	方法	最大相对误差 E_{Rmax}/%	备注
1	滚动平均法	20.91	表 5-9 序号 1
2	隶属函数法	16.17	表 5-19 序号 2
3	最大隶属度法	20.51	表 5-19 序号 3
4	滚动自助法	33.62	表 5-9 序号 4
5	算术平均法	28.70	表 5-9 序号 4
6	融合方法	12.06	表 5-21 序号 2

16.17%，20.51%，33.62%，28.70%，显然，采用融合方法比其他 5 种方法的误差更小。

如上所述，所提出的融合方法，包含三个步骤。首先，对于不同的系统输出的原始数据序列，具有不同的数据特性，采用不同的方法得到不同估计真值；然后，将不同的估计真值进行多次融合形成融合序列；最后，根据规则的接受范围，得到最终的估计真值。这是系统真值适当的估计。采用此方法，估计的相对误差非常小。例如，在对圆锥滚子轴承 30204 质量参数的实验研究中，最大相对误差仅有 12.06%。因此，所提出的融合方法得出的最终估计真值是乏信息系统真值最合适的代表。

实验研究发现，统计学中的算术平均法并不是最佳的方法，有时，它的评估误差很大。例如，对滚道圆度进行评估时，采用算术平均法的相对误差达到 28.70%，表明小样本条件下，采用统计方法评估是不合适的。

轴承圆度、表面粗糙度和振动的数据序列具有不同的概率分布。因此，所提出的融合方法能够评估符合不同概率分布的轴承质量参数的真值。

由表 5-5～表 5-8 可知，在大样本条件下，与采用 5 种方法获得的结果很接近。而在表 5-9、表 5-11、表 5-13、表 5-15、表 5-17 和表 5-19 中，在小样本条件下，采用 5.1 节中的 5 种方法获得的结果差异很大。这意味着 5.1 节中的 5 种方法在大样本条件下是可行的和有效的，在小样本条件下可能是无效的。然而，在小样本条件下，如果采用所提出的融合方法，就可以得到有效的结果，如表 5-22 所示，最终估计真值和约定真值的最大相对误差仅有 12.06%。估计真值的融合方法成为统计方法和数据融合方法的有效补充。

根据实验研究和蒙特卡罗仿真结果，所提出的融合方法在本质上是一种结果融合方法(以均匀分布为例的蒙特卡罗仿真)，过程如下：

(1) 为了处理的原始数据序列，分别采用 5.1 节中的 5 种方法得到 5 种不同的估计真值，如表 5-19 所示。

(2) 将这 5 个估计真值作为融合序列 $X_{0\text{Fusion}0}$(表 5-20 序号 0)，这个融合序列包括更多原始数据序列 X 的真值信息。

(3) 为了验证真值信息，采用 5 种方法再次研究融合序列 $X_{0\text{Fusion}0}$，分别得到 5 个新的估计真值，这就是融合序列 $X_{0\text{Fusion}1}$(表 5-20 序号 1)。这是 5 种方法的第 1 次融合，结果是 $X_{0\text{Fusion}1}$，它包含了原始数据序列 X 真值的细化信息。

(4) 为了进一步验证真值的细化信息，采用 5 种方法再次研究融合序列 $X_{0\text{Fusion}1}$，分别得到 5 个新的估计真值，这就是融合序列 $X_{0\text{Fusion}2}$(表 5-20 序号 2)。这是 5 种方法的第 2 次融合，其结果是 $X_{0\text{Fusion}2}$，它包含了原始数据序列 X 真值的精炼信息。以同样的方式，在特定的规则下，继续进行融合。显然，在这个例子中，将这 5 种方法进行 5 次融合(表 5-20 序号 1～5)，$X_{0\text{Fusion}5}$ 是 5 种方法的最终融合序列。

(5) 在极差准则下，采用 5 种方法进行多次融合得到最终的估计真值 $x_{0\text{True}}$。

此外，在小样本和概率分布未知的条件下进行估计真值，采用真值融合方法得到的最大相对误差通常比较小(表 5-22 序号 6)，而采用单一的方法，得到的最大相对误差通常比较大(表 5-22 序号 1～5)。

因此，所提出的真值融合方法对于解决小样本和概率分布未知的问题，具有可靠的估计结果。

5.5　滚动轴承质量时间序列的模糊假设检验

以模糊系统的基本原理为依据，提出改进的模糊关系，建立模糊假设检验模型，提出系统属性模糊假设检验的准则、否定域与模糊置信水平[5,20,21]。

5.5.1　模糊假设检验模型

1. 基本原理

滚动轴承质量参数的时间序列为

$$X = (x(1), x(2), \cdots, x(t), \cdots, x(T)), \quad T > 5, X \subset \boldsymbol{R} \tag{5-30}$$

式中，t 为时间单位序号；$x(t)$ 为时间单位序号为 t 时的数据；T 为数据个数；$\boldsymbol{R}$ 为模糊集。

为评估滚动轴承质量的历史演变，从 X 中任意取 X_i 和 X_j，得

$$\begin{aligned} &X_i = (x_i(1), x_i(2), \cdots, x_i(k), \cdots, x_i(K)) \\ &X_i \subset \boldsymbol{U}_i; i = 1, 2, \cdots; k = 1, 2, \cdots, K; 2 < K \leqslant T/2 \end{aligned} \tag{5-31}$$

$$X_j = (x_j(1), x_j(2), \cdots, x_j(k), \cdots, x_j(K)), \quad X_j \subset U_j; j = 1, 2, \cdots \tag{5-32}$$

式中，k 为新数据序列的个数；U_i 为 X_i 的属性集；U_j 为 X_j 的属性集。

由于 X_i 和 X_j 是关于下标 i 和 j 的时间序列，能够从小到大形成连续的有序对 $(X_1, X_2), (X_2, X_3), (X_3, X_4), \cdots$。因此，可以通过识别这些有序对的多样性，实现对滚动轴承质量的演变进行有效评价。为叙述方便，i 和 j 统一用 h 表示，则式(5-31)和式(5-32)表示为

$$X_h = (x_h(1), x_h(2), \cdots, x_h(k), \cdots, x_h(K)), \quad X_h \subset U_h; h = i, j \tag{5-33}$$

式中，k 为整数；X_h 为 K 个小样本；U_h 为符合一个未知的概率分布；$x_h(k)$ 为 k 时刻的数据。在概率分布及趋势规律未知的情况下，研究 x_i 和 x_j 是否具有相同的属性。

属性是一种定律，一个规律，一种趋势、特征和统计。例如，一个种群属性可以表示为一个单调递减趋势，周期函数，脉冲函数，或一个正态分布。因此，属性可用于描述和推断种群的平稳或非平稳过程的演变过程。

时间序列是一个随机过程，时间序列中的每个元素都是一个随时间变化的不确定函数。在时间周期内，时间序列中的元素是一个不确定的变量，这就是一种属性。

量变是属性的一个微小的变化，这意味着 X 并没有发生显著的突变。在初始属性下，如果 x 从 X_i 变到 X_j，当前的属性仍然与初始属性一致(这意味着属性并没有改变)，则表达为

$$(X_i, X_j) \subset U \tag{5-34}$$

和

$$U = U_i \bigcap U_j \tag{5-35}$$

质变是属性的一个重大的变化，这意味着 X 发生了显著的突变。在初始属性下，如果 x 从 X_i 变到 X_j，当前的属性与初始属性不一致(这意味着属性改变)，则表达为

$$(X_i, X_j) \not\subset U \tag{5-36}$$

由于在乏信息条件下，无法获得大样本数据且概率分布未知，从而无法得到统计假设检验的否定域，然而根据属性的变化，可以确定模糊假设检验的否定域。

2. 改进的模糊关系

在模糊集理论中，隶属函数用来研究模糊实体从真到假或从假到真的转变规律。该变化过程经历了一个真与假的转折点，该转折点可以用隶属函数来确定。

很明显，转折点可以用来揭示时间序列的属性变化，这一点非常有用。基于乏信息的模糊假设检验，其否定域可以通过对数据信息转折点来确立。

考虑到先验知识的缺乏，隶属函数的形成应尽可能简单，因为越简单，所需的信息越少。

设定参考序列为

$$X_0 = (x_0(1), x_0(2), \cdots, x_0(k), \cdots, x_0(K)) \tag{5-37}$$

式中

$$x_0(k) = x_i(1) \tag{5-38}$$

序列 X_i 中第 1 个数据 $x_i(1)$ 作为参考点或演化的起点。

根据灰色系统理论，定义的隶属函数为

$$\gamma_{0h}(k, \xi) = \frac{\min_k |x_h(k) - x_0(k)| + \xi \max_k |x_h(k) - x_0(k)|}{|x_h(k) - x_0(k)| + \xi \max_k |x_h(k) - x_0(k)|} \tag{5-39}$$

式中，$\xi \in [0,1]$ 为分辨系数，$0 < \gamma_{0h}(k, \xi) \leqslant 1$。

隶属度为

$$\gamma_{0h}(\xi) = \frac{1}{K} \sum_{k=1}^{K} \gamma_{0h}(k, \xi) \tag{5-40}$$

式中，$\gamma_{0h}(\xi) \in (0,1]$ 为 X_h 到 X_0 的隶属度。

为评价一个时间序列的属性变化，隶属度之间的绝对差被定义为(隶属度差)

$$d_{ij}(\xi) = |\gamma_{0i}(\xi) - \gamma_{0j}(\xi)| \tag{5-41}$$

$d_{ij}(\xi)$ 越大，发生的属性变化越显著，这表明时间序列从 X_i 到 X_j 发生了质变，则 $(X_i, X_j) \not\subset U$；反之，时间序列发生了量变，则 $(X_i, X_j) \subset U$。然而，$d_{ij}(\xi)$ 是关于 ξ 的函数且 $d_{ij}(\xi) \in [0,1]$，这就是说，很难区分时间序列属性的量变和质变，并且量变和质变的转折点也是不确定的。因此，必须给定一个重要的参数，如下：

$$d_{ij\max} = \max_{\xi \to \xi^*} d_{ij}(\xi) \tag{5-42}$$

式中，ξ^* 为最优分辨系数；$d_{ij\max}$ 为最优隶属度的绝对差。

在式(5-42)中，$d_{ij} = d_{ij\max}$ 时，时间序列 X_i 和 X_j 的差异最大，在这种情况下，仍然存在 $(X_i, X_j) \subset U$，则拒绝 I 型错误。

为了深入研究 X_i 和 X_j 之间的属性变化，根据模糊集合理论，模糊关系被定义为

$$\boldsymbol{R} = \begin{bmatrix} 1 & r_{ij} \\ r_{ji} & 1 \end{bmatrix} \tag{5-43}$$

式中，$r_{ij} \in [0,1]$ 为等价系数(或 X_i 和 X_j 的隶属度关系)，其表达式为

$$r_{ij} = r_{ij}(\eta, d_{ij\max}) = \begin{cases} 1 - \dfrac{d_{ij\max}}{\eta}, & d_{ij\max} \in [0, \eta] \\ 0, & d_{ij\max} \in [\eta, 1] \end{cases} \tag{5-44}$$

式中，η 为权重系数。

由式(5-41)～式(5-44)可知，对于 $i=j$，有 $r_{ij}=1$。这表明 $\boldsymbol{R}$ 具有自反性。此外，$\boldsymbol{R}$ 具有对称性，因为 $r_{ij}=r_{ji}$。而且，事实上，每次仅仅考虑两个时间序列，这样 $\boldsymbol{R}$ 具有传递性，因为 $\boldsymbol{R}=\boldsymbol{R} \circ \boldsymbol{R}$("$\circ$"表示 max-min 合成算子)。所以，$\boldsymbol{R}$ 是一个等价关系。

使用权重 η 的理由是为了合适地构建一个等价关系 $\boldsymbol{R}$。很明显 $\boldsymbol{U} \subset \boldsymbol{R}$，若给定 η，则两个时间序列的关系可以被唯一确定。更重要的是，权重 η 可以被用来建立模糊理论的等价关系与统计理论的置信水之间的联系。所提出的等价关系 $\boldsymbol{R}$ 是对模糊关系的改进，被称为改进模糊等价关系(或改进的模糊等价空间)。

3. 经验置信水平

根据模糊集理论的分解定理，属性识别是基于等价关系和 λ 的关系集的实现，对两个数据序列之间的关联进行评估。虽然 λ 取值范围为[0,1]，但是很难在该范围确定一个合适的值，特别地，在模糊集理论中，λ 被称为水平，但是与统计理论中的置信水平不同，它是模糊的。置信水平表示当 $(X_i, X_j) \subset \boldsymbol{U}$ 时，事件的可能性，如置信水平为 95% 表示 $(X_i, X_j) \subset \boldsymbol{U}$ 的可能性是 95%，$(X_i, X_j) \not\subset \boldsymbol{U}$ 的可能性是 5%。显然，模糊集理论中水平 λ 和统计理论中置信水平没有关系。众所周知，在任何工程应用中没有置信水平的决策无任何价值，值得注意的是，在统计理论中置信水平的计算必须基于已知的概率密度函数或大样本数据。在小样本数据和概率分布未知的条件下，统计理论的置信水平不再有用。

为解决模糊集理论的问题，采用权重来定义经验置信水平。

考虑到 $d_{ij\max} \in [0, \eta]$，由式(5-44)得

$$d_{ij\max} = (1 - r_{ij})\eta \tag{5-45}$$

令 $r_{ij} = \lambda$，定义经验置信水平为

$$P = P(\eta) = (1 - \lambda\eta) \times 100\% \tag{5-46}$$

P 即为经验置信水平，也叫理论概率。在概率分布未知条件下，很容易得出 P 和 λ 的关系。

经验置信水平 P 用来描述两个数据序列之间属性的可信度，并且和置信水平有密切关系。根据式(5-46)，若给定 P，则

$$\eta = \eta(P) = \frac{1}{\lambda}\left(1 - \frac{P}{100}\right) \tag{5-47}$$

4. 模糊假设检验准则

若

$$r_{ij} \geqslant \lambda \tag{5-48}$$

则 X_i 和 X_j 属性相同，即 $(X_i, X_j) \subset U$；若

$$r_{ij} < \lambda \tag{5-49}$$

则 X_i 和 X_j 属性不同，即 $(X_i, X_j) \not\subset U$。

这称为基于乏信息的时间序列模糊假设检验准则，其中式(5-49)为否定域。

关于集合 U 的特征函数为

$$G_U = \begin{cases} 1(\text{true}), & \lambda \geqslant \lambda^* \\ 0(\text{false}), & \lambda < \lambda^* \end{cases} \tag{5-50}$$

式中，λ^* 为最优水平。

由式(5-50)，在经验置信水平 P 下，X_i 和 X_j 的关系若密切，则用 1 表示(关系为真)；若不密切，则用 0 表示(关系为假)。

给定最优水平为

$$\lambda^* = 0.5 \tag{5-51}$$

λ^* 是真和假的边界。因为具有模糊性，当 $\lambda^* = 0.5$ 时，模糊性达到最大，$\lambda^* \geqslant 0.5$ 意味着 U_i 和 U_j 中大多数元素位于 U 中，因此确定 λ^* 为 0.5，同时也是上面提到的转折点。

在转折点，$r_{ij} = 0.5$，则由式(5-45)得 $d_{ij\max} = 0.5\eta$，该点即为 $d_{ij\max}$ 的临界点。

由式(5-42)～式(5-51)明显看出，经验置信水平被引入到了分解定理中。

5. 否定域

原假设和备择假设分别为

$$H_0: \quad (X_i, X_j) \subset U \tag{5-52}$$

$$H_1: \quad (X_i, X_j) \not\subset U \tag{5-53}$$

式中，H_0 为原假设；H_1 为备择假设。

遵循时间序列的模糊假设检验准则，如果满足条件(5-49)，H_0 被拒绝，表明时间序列 X 随时间发生的显著变化(这是质变)；否则，H_0 被接受，表明时间序列 X 随时间没有发生的显著变化(这是量变)。也就是说，条件(5-49)是模糊假设

检验的否定域。

设显著水平 $\alpha \in [0,1]$，有置信水平：

$$P = (1-\alpha) \times 100\% \tag{5-54}$$

最常用的显著水平为 0.05。

否定域与参数 P 和 $d_{ij\max}$ 有密切关系，如图 5-2 所示。

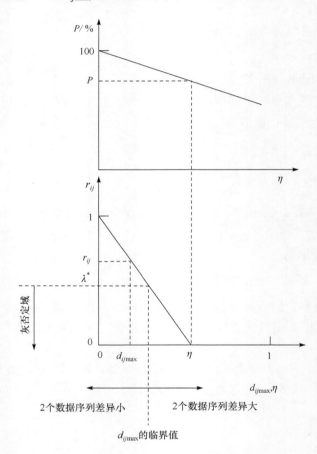

图 5-2　模糊假设检验的否定域

由图 5-2 可知，给定 P，由函数 $P_E(\eta)$ 可得到 η，那么二元函数 $r_{ij}(\eta, d_{ij\max})$ 变成了一元函数 $r_{ij}(d_{ij\max})$。选择时间序列 X_i 和 X_j，由式(5-42)可计算出 $d_{ij\max}$，因此如图 5-2 所示，可得 r_{ij} 的值。如果 $d_{ij\max}$ 位于临界点 0.5η 横坐标轴的左边，r_{ij} 的值大于 λ^* 的值，即 r_{ij} 位于否定域之外；反之，r_{ij} 位于否定域之内。

5.5.2　计算步骤

模型的计算步骤总结如下：

(1) 根据式(5-30)，确定轴承质量的时间序列样本；

(2) 根据式(5-31)和式(5-32)，获得 X_i 和 X_j；

(3) 根据式(5-37)式(5-38)，获得 X_0；

(4) 根据式(5-39)计算出 $\gamma_{0i}(k,\xi)$ 和 $\gamma_{0j}(k,\xi)$ 后，由式(5-40)计算出 $\gamma_{0i}(\xi)$ 和 $\gamma_{0j}(\xi)$；

(5) 先由式(5-41)计算出 $d_{ij}(\xi)$，然后根据式(5-42)计算 $d_{ij\max}$；

(6) 给定 α 的值，由式(5-54)获得 P；

(7) 取 $\lambda=\lambda^*=0.5$，由式(5-47)计算 η；

(8) 由式(5-43)和式(5-44)得出 r_{ij}(即 $\boldsymbol{R}$)；

(9) 根据模糊假设检验准则，由条件(5-49)和假设(5-52)和(5-53)进行假设检验。

5.5.3　经验置信水平的蒙特卡罗仿真

如上所述，经验置信水平是两个数据序列关系的可信度估计。为了用经验置信水平来检验结果的可信度，采用蒙特卡罗仿真法来进行实验研究。

取时间 T=500，借助于计算机仿真系统，生成符合正态分布的 10 个数据序列(其中数学期望 E=0、标准差 σ=0.01)，即获得 X_i 和 $X_j(i=1,2,\cdots,m;j=1,2,\cdots,m;m=10;K=50)$。那么，可以计算出最大差值，计算结果如表 5-23 所示。

表 5-23　正态分布的最大差值(T=500)

X_h	X_1	X_2	X_3	X_4	X_5	X_6	X_7	X_8	X_9	X_{10}	X_{11}
X_1	0	0.010	0.025	0.041	0.050	0.019	0.030	0.025	0.022	0.027	0.018
X_2		0	0.011	0.035	0.019	0.022	0.018	0.006	0.013	0.023	0.018
X_3			0	0.018	0.025	0.013	0.065	0.014	0.017	0.007	0.024
X_4				0	0.047	0.012	0.014	0.012	0.027	0.023	0.048
X_5					0	0.030	0.080	0.023	0.033	0.026	0.058
X_6						0	0.051	0.012	0.003	0.006	0.026
X_7							0	0.031	0.039	0.032	0.042
X_8		对称						0	0.041	0.011	0.038
X_9									0	0.022	0.030
X_{10}										0	0.026
X_{11}											0

在表 5-23 中，有 55 个数据(不包括主对角线的元素)，即 N=55。通过 0.01 的间隔宽度，将这些数据分为 8 组，则可以得到每组数据的数量 w_l，l=1,2,$\cdots$,q,$\cdots$,L，其中 L 为数据组的个数，如表 5-24 所示。

表 5-24　正态分布的相关结果(T=500)

l	区间	δ_l	w_l	p_l/%	q	P_T/%
1	(0.00, 0.01]	0.005	5	9.1	1	9.1
2	(0.01, 0.02]	0.015	16	29.1	2	38.2
3	(0.02, 0.03]	0.025	18	32.7	3	70.9
4	(0.03, 0.04]	0.035	6	10.9	4	81.8
5	(0.04, 0.05]	0.045	6	10.9	5	92.7
6	(0.05, 0.06]	0.055	2	3.6	6	96.4
7	(0.06, 0.07]	0.065	1	1.8	7	98.2
8	(0.07, 0.08]	0.075	1	1.8	8	100

设频率为

$$p_l = \frac{w_l}{N} \tag{5-55}$$

从而定义经验概率 P_T 为

$$P_T = \sum_{l=1}^{q} p_l \tag{5-56}$$

当经验概率为 95%时，这个仿真实验研究的效果是非常显著的。在表 5-24 中，第 6 组数据的中位数是 $\delta_6 = \delta = 0.055$，$P_T$=96.4%>95%。由式(5-44)和式(5-46)，得到 $d_{ij\max} = \delta = 0.055$，$P$=94.5%，相应地，通过式(5-46)可以得到 η=0.11。各种形式的数据和结果如表 5-25 所示。

表 5-25　各种形式的数据和结果

分布和参数			相关结果				
分布	s	区间	δ	P_T/%	$d_{ij\max}$	P_E/%	η
正态分布	0.01	—	0.055	96.4	0.055	94.5	0.11
瑞利分布	0.01	—	0.065	96.4	0.065	93.5	0.13
三角形分布	—	[0,1]	0.040	96.4	0.040	96.0	0.08
均匀分布	—	[0,1]	0.025	96.4	0.025	97.5	0.05

采用同样的方法，进行瑞利分布、三角形分布和均匀分布的蒙特卡罗仿真，结果如表 5-25 所示。显然，对于这 4 种分布，当 P_T=96.4%时，P 的值在 93.5%和 97.5%之间变动，P 的平均值为 95.4%，可以看出 P 和 P_T 很接近，没有超过 1%的差异。因此，基于蒙特卡罗仿真法获得的 P 值很一致，表明式(5-46)是正确的。

另外，一般地，置信水平 $P=95\%$，相应地，$\eta=0.1$。

很明显，通过赋予水平 λ 新的意义，应用所定义的经验置信水平可以解决置信水平的计算问题，而采用模糊集合理论和统计理论都难以解决置信水平的计算问题。

5.6　滚动轴承质量时间序列假设检验的实验研究

5.6.1　实验统计量

研究涉及滚动轴承的两个质量参数即噪声和摩擦力矩。为了验证所提出模型的正确性，给定两个实验统计量如下：

$$X_{\mathrm{m}} = \frac{1}{K} \sum_{k=1}^{K} x_h(k) \tag{5-57}$$

$$s = \sqrt{\frac{\sum\limits_{k=1}^{K}(x_h(k) - X_{\mathrm{m}})^2}{K - 1}} \tag{5-58}$$

式中，X_{m} 为平均值；s 为标准差。这两个实验统计量的变化可以被认为是估计时间序列的演化。变化越大，演化越严重，反之亦然。

5.6.2　滚动轴承噪声的演化评估

1. 测量仪器及原理

实验轴承为圆锥滚子轴承 30204。本实验在 1800r/min 的转速下，加载 60N 的轴向载荷，随机抽取 100 套轴承采用传声器 4165 测量轴承的噪声时间序列，测得 100 个时间序列，测量仪器如表 5-26 所示。

表 5-26　滚动轴承噪声测量仪器

设备仪器名称	型号
声压计	2209
传声器	4165
测速器	HT446

2. 噪声实验时间序列

为评估圆锥滚子轴承 30204 的噪声，通过实验获得噪声的时间序列为 X，其中 $T=100$，如图 5-3 所示。

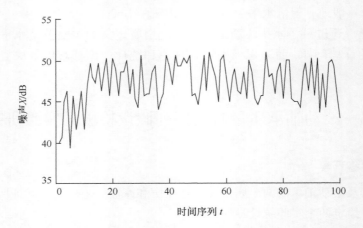

图 5-3　圆锥滚子轴承的噪声时间序列

1) 事实陈述 1

在图 5-3 中，从表面上看，对于时间序列 X，当 $1 \leqslant t \leqslant 10$ 时，噪声是一个低且平稳的过程；当 t 从 10 变化到 11 时，噪声是一个上升且非平稳的过程；当 $11 \leqslant t \leqslant 20$ 时，噪声处于逐渐平稳的过程；当 $21 \leqslant t \leqslant 100$ 时，噪声处于平稳过程。因此，噪声时间序列 X 经历了复杂的时间演变。

采用所提出的模糊假设检验模型来评估上面的演化历史，为了研究方便，将时间序列 X 分成子序列如下：

$$X_1 = (x_1(1), x_1(2), \cdots, x_1(k), \cdots, x_1(10)), \quad 1 \leqslant t \leqslant 10$$
$$X_2 = (x_2(1), x_2(2), \cdots, x_2(k), \cdots, x_2(10)), \quad 11 \leqslant t \leqslant 20$$
$$X_3 = (x_3(1), x_3(2), \cdots, x_3(k), \cdots, x_3(40)), \quad 21 \leqslant t \leqslant 60$$
$$X_4 = (x_4(1), x_4(2), \cdots, x_4(k), \cdots, x_4(40)), \quad 61 \leqslant t \leqslant 100$$

取 $\alpha = 0.05$，得到 $P = 95\%$ 和 $\eta = 0.1$。

2) 假设检验 1

假设检验 1 为

$$H_0: (X_1, X_2) \subset U$$
$$H_1: (X_1, X_2) \not\subset U$$

考虑 X_1 和 X_2 的关系，采用模糊假设检验模型获得的结果如下：

$$x_0(k) = 40\text{dB}, \ \xi^* = 0.2501, \ \gamma_{01}(\xi^*) = 0.5473, \ \gamma_{02}(\xi^*) = 0.2422,$$
$$d_{12\max} = 0.3051, \ r_{12} = r_{21} = 0$$

显然，$r_{12} = 0 < 0.5$ 满足条件(5-49)，因此 H_0 被拒绝，表明在 $P = 95\%$ 下，时间序列从 X_1 到 X_2 发生了显著变化(当 $1 \leqslant t \leqslant 20$ 时)，这是非平稳的噪声过程，意味着 X 发生了显著变化。这和事实陈述 1 是一致的。

3) 假设检验 2

假设检验 2 为

$$H_0 : (X_3, X_4) \subset U$$
$$H_1 : (X_3, X_4) \not\subset U$$

考虑 X_3 和 X_4 的关系，采用模糊假设检验模型获得的结果如下：

$$x_0(k)=49\text{dB}, \xi^*=0.1001, \gamma_{03}(\xi^*)=0.3482, \gamma_{04}(\xi^*)=0.3129,$$
$$d_{34\text{max}}=0.0353, r_{34}=r_{43}=0.647$$

显然，$r_{43}=0.647>0.5$ 不满足条件(5-49)，因此 H_0 被接受，表明在 $P=95\%$ 下，时间序列从 X_3 到 X_4 没有发生显著变化(当 $21 \leqslant t \leqslant 100$ 时)，这是平稳的噪声过程，意味着 X 没有发生显著变化。这和事实陈述 1 是一致的。

从假设检验 1 和假设检验 2 可以看出，在 95% 的置信水平下，所提出的模型是正确的，与事实相符，这也可以通过下面的证据链 1 进一步进行证明。

4) 证据链 1

用两个实验统计量即均值和标准差进行证明。

根据式(5-57)和式(5-58)，子序列 X_1, X_2, X_3 和 X_4 的均值和标准差如图 5-4 和图 5-5 所示。

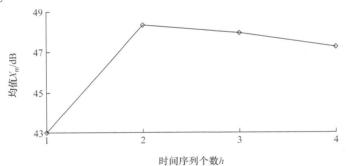

图 5-4　圆锥滚子轴承噪声子序列 X_h 的均值

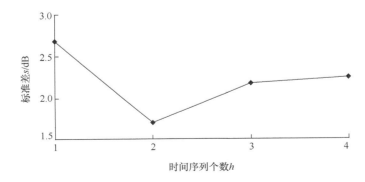

图 5-5　圆锥滚子轴承噪声子序列 X_h 的标准差

当 $1 \leqslant t \leqslant 10$(即 $h=1$)时，$X_m=43$dB，$s=2.684$dB；当 $11 \leqslant t \leqslant 20$(即 $h=2$)时，$X_m=48.333$dB，$s=1.699$dB。X_1 的均值和 X_2 的均值相差很大，并不相等；其标准差情况也是如此。这表明时间序列从 X_1 到 X_2 发生了显著变化。

当 $21 \leqslant t \leqslant 60$(即 $h=3$)时，$X_m=47.942$dB，$s=2.175$dB；当 $61 \leqslant t \leqslant 100$(即 $h=4$)时，$X_m=47.258$dB，$s=2.25$dB。X_3 的均值和 X_4 的均值相差很小，几乎相等；其标准差情况也是如此。这表明时间序列从 X_3 到 X_4 没有发生显著变化。

显然，模糊假设检验模型被证据链 1 所证明。

5.6.3 滚动轴承摩擦力矩的演化评估

1) 实验装置及原理

实验所用滚动轴承为 7000 型角接触航天轴承，其动态摩擦力矩的实验装置主要包括 SS1798B 直流稳压电源、反作用飞轮控制箱和真空实验装置等。

工作原理如图 5-6 所示。实验要求在温度为 $20 \sim 25{}^\circ\text{C}$、相对湿度为 55%以上的受控清洁且无振动的条件下进行。飞轮轴承组件安装在真空罩内，以模拟轴承实际工况。通过记录反馈电信号的变化来记录轴承摩擦力矩的变化。

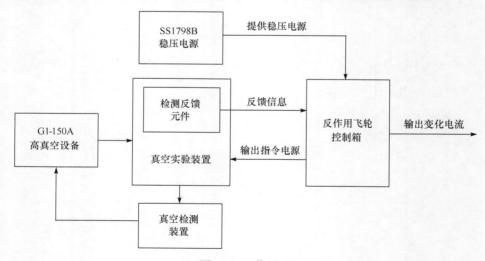

图 5-6　工作原理

2) 实验数据

实验轴承型号为 7000。按设定单位输出电信号，并按设定的时间单位间隔均匀地采集 $T=200$ 个数据，实验获得摩擦力矩的时间序列为 X，如图 5-7 所示。

3) 事实陈述 2

在图 5-7 中，从表面上看，对于时间序列 X，当 $1 \leqslant t \leqslant 50$ 时，摩擦力矩

是逐渐增大的过程，当 $51 \leqslant t \leqslant 100$ 时，摩擦力矩是逐渐降低的过程，当 $101 \leqslant t \leqslant 200$ 时，摩擦力矩是平稳的过程，因此，摩擦力矩时间序列 X 经历了复杂的时间演变。

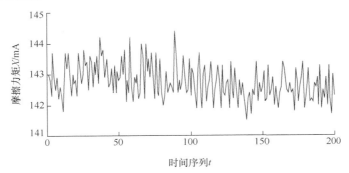

图 5-7　滚动轴承摩擦力矩时间序列

采用所提出的模糊假设检验模型来评估上面的演化历史，为了研究方便，将时间序列 X 分成子序列如下：

$$X_1 = (x_1(1), x_1(2), \cdots, x_1(k), \cdots, x_1(50)), \quad 1 \leqslant t \leqslant 50$$
$$X_2 = (x_2(1), x_2(2), \cdots, x_2(k), \cdots, x_2(50)), \quad 51 \leqslant t \leqslant 100$$
$$X_3 = (x_3(1), x_3(2), \cdots, x_3(k), \cdots, x_3(50)), \quad 101 \leqslant t \leqslant 150$$
$$X_4 = (x_4(1), x_4(2), \cdots, x_4(k), \cdots, x_4(50)), \quad 151 \leqslant t \leqslant 200$$

取 $\alpha = 0.05$，得到 $P = 95\%$ 和 $\eta = 0.1$。

4）假设检验 3

假设检验 3 为

$$H_0 : (X_1, X_2) \subset \boldsymbol{U}$$
$$H_1 : (X_1, X_2) \not\subset \boldsymbol{U}$$

考虑 X_1 和 X_2 的关系，采用模糊假设检验模型获得的结果如下：

$$x_0(k) = 143\text{mA}, \ \xi^* = 0.2501, \ \gamma_{01}(\xi^*) = 0.5208, \ \gamma_{02}(\xi^*) = 0.4617,$$
$$d_{12\max} = 0.0591, \ r_{12} = r_{21} = 0.409$$

显然，$r_{12} = 0.409 < 0.5$ 满足条件(5-49)，因此 H_0 被拒绝，表明在 $P = 95\%$ 下，时间序列从 X_1 到 X_2 发生了显著变化(当 $1 \leqslant t \leqslant 100$ 时)，这是非平稳的摩擦力矩过程，意味着 X 发生了显著变化。这和事实陈述 2 是一致的。

5）假设检验 4

假设检验 4 为

$$H_0 : (X_2, X_3) \subset \boldsymbol{U}$$
$$H_1 : (X_2, X_3) \not\subset \boldsymbol{U}$$

考虑 X_2 和 X_3 的关系，采用模糊假设检验模型获得的结果如下：

$$x_0(k)=142.9\text{mA},\ \xi^*=0.0001,\ \gamma_{02}(\xi^*)=0.0805,\ \gamma_{03}(\xi^*)=0.0006,$$
$$d_{23\max}=0.0799,\ r_{23}=r_{32}=0.201$$

显然，$r_{32}=0.201<0.5$ 满足条件(5-49)，因此 H_0 被拒绝，表明在 P=95%下，时间序列从 X_2 到 X_3 发生了显著变化(当 $51 \leqslant t \leqslant 150$ 时)，这是非平稳的摩擦力矩过程，意味着 X 发生了显著变化。这和事实陈述 2 是一致的。

6) 假设检验 5

假设检验 5 为

$$\mathrm{H}_0 : (X_3, X_4) \subset \boldsymbol{U}$$

$$\mathrm{H}_1 : (X_3, X_4) \not\subset \boldsymbol{U}$$

考虑 X_3 和 X_4 的关系，采用模糊假设检验模型获得的结果如下：

$$x_0(k)=143.2\text{mA},\ \xi^*=0.2001,\ \gamma_{03}(\xi^*)=0.4168,\ \gamma_{04}(\xi^*)=0.4111,$$
$$d_{34\max}=0.0057,\ r_{34}=r_{43}=0.942$$

显然，$r_{34}=0.942>0.5$ 不满足条件(5-49)，因此 H_0 被接受，表明在 P=95%下，时间序列从 X_3 到 X_4 没有发生显著变化(当 $101 \leqslant t \leqslant 200$ 时)，这是平稳的摩擦力矩过程，意味着 X 没有发生显著变化。这和事实陈述 2 是一致的。

从假设检验 3～假设检验 5 可以看出，在 95%的置信水平下，所提出的模型是正确的，和事实相符，这也可以通过下面的证据链 2 进一步进行证明。

7) 证据链 2

用两个实验统计量即均值和标准差进行证明。

根据式(5-57)和式(5-58)，子序列 X_1,X_2,X_3 和 X_4 的均值和标准差如图 5-8 和图 5-9 所示。

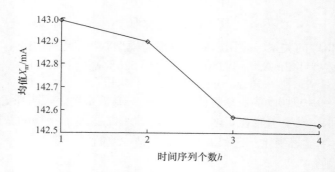

图 5-8　滚动轴承摩擦力矩子序列 X_h 的均值

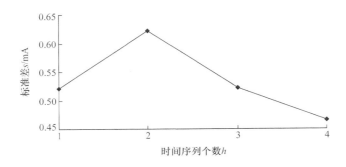

图 5-9　滚动轴承摩擦力矩子序列 X_h 的标准差

当 $1 \leqslant t \leqslant 50$(即 $h=1$)时，$X_m=142.992$mA，$s=0.521$mA；当 $51 \leqslant t \leqslant 100$(即 $h=2$)时，$X_m=142.898$mA，$s=0.622$mA。X_1 的均值和 X_2 的均值相差很小，几乎相等；但是标准差相差很大，并不相等。这表明时间序列从 X_1 到 X_2 发生了重大变化。

当 $101 \leqslant t \leqslant 150$(即 $h=3$)时，$X_m=142.568$mA，$s=0.523$mA。X_2 的均值和 X_3 的均值相差很大，并不相等；标准差也是如此。这表明时间序列从 X_1 到 X_2 发生了重大变化。

当 $151 \leqslant t \leqslant 200$(即 $h=4$)时，$X_m=142.536$mA，$s=0.466$mA。X_3 的均值和 X_4 的均值相差很小，几乎相等；标准差也是如此。这表明时间序列从 X_3 到 X_4 没有发生重大变化。

显然，模糊假设检验模型被证据链 2 所证明。

5.7　关于模糊假设检验的讨论

通过在模糊假设检验否定域中引入权重 η，确定了改进的等价关系 $\boldsymbol{R}$ 和经验置信水平 P 的关系，如式(5-43)、式(5-44)、式(5-47)、式(5-52)和式(5-53)所示。由式(5-46)和式(5-49)~式(5-51)可知，水平 λ 的值可以合理地确定，同时将经验置信水平 P 引入到了模糊集合理论的分解定理中。这为乏信息系统的模糊决策奠定了新的基础。

经验置信水平的蒙特卡罗仿真如表 5-3 所示，在 95% 的经验置信水平下，所提出的模糊假设检验模型能够应用于正态分布、瑞利分布、三角形分布和均匀分布四种典型概率分布。而且，滚动轴承质量时间序列演化的实验研究表明，样本的数量可以很少，如仅有几个样本。应用该模型可以在较高的置信水平下评估概率分布未知、样本个数很少的时间序列的历史演化。

如图 5-8 和图 5-9 所示，滚动轴承质量(噪声和摩擦力矩)时间序列是一个随机过程，它比典型概率分布(正态分布、瑞利分布、三角形分布和均匀分布)要复杂得多。此外，这一趋势是复杂多变的，具有跳跃、增加和降低的趋势。但即便如此，该模型仍可以正确地评估滚动轴承质量的历史演化。因此，在没有任何先验知识的情况下，该模型能够很好地评估模型的历史演化平稳和非平稳的过程。

在乏信息条件下，用统计理论无法评估时间序列的历史演化问题。假设给定均值和标准差，在缺少置信水平的条件下，统计理论无法得出估计结果的可信赖程度。假如应用统计假设检验，在概率分布未知的情况下，无法确定否定域。然而，所提出的基于改进的等价关系 R，很容易解决了上述问题，蒙特卡罗仿真和实验研究就是很好的证明。

5.8　本　章　小　结

本章结合数理统计理论和乏信息系统理论，提出乏信息条件下的轴承质量时间序列的真值融合方法。针对小样本和概率分布未知的乏信息问题，提出真值融合方法。真值融合方法将数理统计理论和乏信息系统理论进行有机结合，对滚动平均法、隶属函数法、最大隶属度法、滚动自助方法和算术平均法等五种方法的估计真值进行融合，进而获得最终估计真值。为证明融合方法的有效性，首先获得大样本条件下的约定真值，然后采用真值融合方法进行多次融合，在一定的准则下，获得小样本条件下的最终估计真值。通过对圆锥滚子轴承的质量参数进行蒙特卡罗仿真和实验研究，证明所提出的融合方法的适应性及有效性。

提出将数理统计理论中的假设检验和乏信息系统理论中的模糊集合理论相结合的方法，并用于滚动轴承质量时间序列的研究中。

结合模糊集合理论和假设检验，建立乏信息条件下的滚动轴承质量时间序列的模糊假设检验模型。为解决乏信息条件下的时间序列评估问题，建立了基于改进的模糊关系的模糊假设检验模型。该模型在小样本、概率分布和趋势规律均未知的条件下，能够应用经验置信水平来评估时间序列的演化。用蒙特卡罗仿真和实验研究证明了所建立的模型可以有效地评估平稳系统和非平稳系统的时间序列的历史演化。

第6章 滚动轴承质量的自助与灰自助实验评估

本章以圆锥滚子轴承为具体研究对象，分别用自助法与灰自助法研究轴承产品的质量参数即振动速度和振动加速度，以及轴承零件的质量参数即滚子凸度、内滚道波纹度及外滚道粗糙度，并将自助法与灰自助法的研究结果进行对比分析。

6.1 滚动轴承质量的自助评估

6.1.1 数学模型

当获得的滚动轴承质量参数数据个数较少时，运用自助法原理模拟大量的数据，然后建立该参数的概率密度函数，从而得到概率分布，最终在一定的置信水平下进行参数估计[22]。本节根据此方法对圆锥滚子轴承的质量参数进行真值估计和区间估计。

1. 轴承质量参数的自助模型

设获得圆锥滚子轴承质量参数的数据序列为

$$X = (x_1, x_2, \cdots, x_k \cdots, x_m) \tag{6-1}$$

式中，x_k 为第 k 个数据，$k=1, 2, \cdots, m$；m 为振动参数的数据个数。

从 X 中等概率可放回地抽样，抽取 m 个数据，得到一个样本 X_b，共抽取 B 次，得到 B 个自助样本为

$$X_b = (x_b(1), x_b(2), \cdots, x_b(k), \cdots, x_b(m)) \tag{6-2}$$

式中，X_b 为第 b 个自助样本；$x_b(k)$ 为第 b 个样本的第 k 个数据，$k=1,2,\cdots,m$；m 为第 b 个自助样本数据序列的数据个数。

自助样本 X_b 的均值为

$$X_b = \frac{1}{m} \sum_{k=1}^{m} x_b(k), \quad b = 1, 2, \cdots, B \tag{6-3}$$

从而得到一个样本含量为 B 的自助样本，用向量表示为

$$\boldsymbol{X}_{\text{Bootstrap}} = (X_1, X_2, \cdots, X_b, \cdots, X_B) \tag{6-4}$$

2. 轴承质量参数的真值估计

由于 B 可以是很大的数，所以将式(6-4)中的自助样本从小到大排序，并分为 Q 组，得到各组的组中值 X_{mq} 和自助分布，即概率密度函数 $f(x)$，$q=1,2,\cdots,Q$。

以概率为权重，定义加权均值为估计真值 X_0，即

$$X_0 = \int_R f(x)x\mathrm{d}x \tag{6-5}$$

式中，R 为定积分区间。

根据经典统计理论，有

$$\int_R f(x)\mathrm{d}x = 1 \tag{6-6}$$

3. 轴承质量参数的估计区间

若设显著性水平为 α，则置信水平表示为

$$P = (1-\alpha)\times 100\% \tag{6-7}$$

此时，在置信水平 P 下，可以得到轴承质量参数的估计区间为

$$[X_\mathrm{L}, X_\mathrm{U}] = [X_{\frac{\alpha}{2}}, X_{1-\frac{\alpha}{2}}] \tag{6-8}$$

定义扩展不确定度为

$$U = X_\mathrm{U} - X_\mathrm{L} \tag{6-9}$$

式中，U 为扩展不确定度。

6.1.2　评估方法

设按顺序获得圆锥滚子轴承质量参数的有效数据序列为

$$X_1 = (x_{11}, x_{12}, \cdots, x_{1m}, \cdots, x_{1n}) \tag{6-10}$$

式中，x_{1m} 为第 m 个数据，$m=1,2,\cdots,n$；n 为振动参数的数据个数，$n>m$。

在实际评估圆锥滚子轴承质量参数时，首先，选择前 m 个数据作为数据序列 X，即式(6-1)，将有效数据序列 X_1 中剩余的 $x_{1(m+1)}\sim x_{1n}$ 个数据进行分组，以每 m 个数据为一组，并分别对每组数据求均值 d。然后，根据获得的数据序列 X，用自助法建立概率密度函数 $f(x)$，即概率分布，得到圆锥滚子轴承质量的估计区间为 $[X_\mathrm{L}, X_\mathrm{U}]$。通过检验每组数据的均值 d 是否落入该估计区间内，实现对圆锥滚子轴承质量的评估。

6.1.3　滚动轴承振动的实验研究

1. 轴承振动速度实验研究

轴承振动用径向振动速度有效值表示，单位为 μm/s，本实验轴承为圆锥

滚子轴承 30204。实验中所选取的参数为：轴承内圈转速为 2000r/min；轴向载荷为 80N，施加于轴承外圈端面；速度传感器于轴承径向方向提取振动速度信号。

在实验研究中，依次测得 $n=26$ 套轴承，分别在低频段(50～300Hz)、中频段(300～1800Hz)和高频段(1800～10000Hz)三个频段评估轴承的低频振动速度 L、中频振动速度 M 和高频振动速度 H(单位：μm/s)。其中，依次测得低频振动速度数据 L 为

  180,202,195,225,202,158,225,188,165,158,188,165,202
  225,225,195,202,165,232,150,188,188,225,188,195,225

依次测得中频振动速度数据 M 为

  202,150,128,172,165,165,150,135,128,150,112,135,150
  202,225,202,188,172,202,188,165,135,218,150,135,165

依次测得高频振动速度数据 H 为

  90,98,75,90,98,105,68,75,60,98,89,100,81
  105,75,75,68,68,90,98,82,98,90,105,90,75

设置信水平 $P=99\%$。用自助法评估预报时，分别取低、中、高三段频率振动中的前 $m=5$ 个数据，$B=50000$，预报结果如图 6-1～图 6-3 所示。预报圆锥滚子轴承 30204 振动速度的估计区间，并建立相应的概率密度函数如图 6-4～图 6-6 所示。

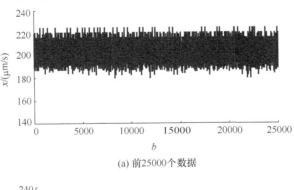

(a) 前25000个数据

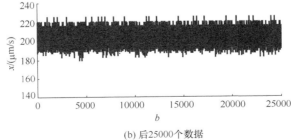

(b) 后25000个数据

图 6-1　低频段振动速度模拟数据

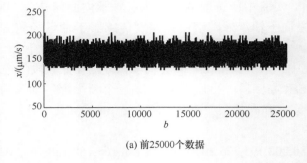

(a) 前25000个数据

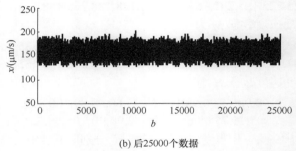

(b) 后25000个数据

图 6-2　中频段振动速度模拟数据

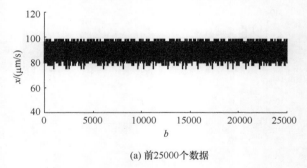

(a) 前25000个数据

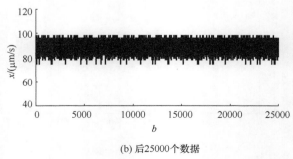

(b) 后25000个数据

图 6-3　高频段振动速度模拟数据

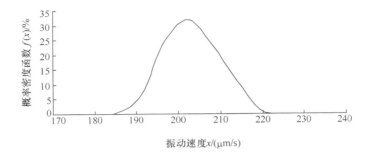

图 6-4　低频段振动速度的概率密度函数

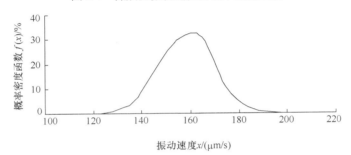

图 6-5　中频段振动速度的概率密度函数

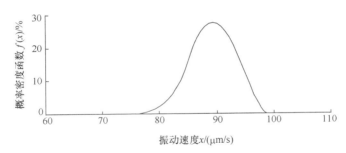

图 6-6　高频段振动速度的概率密度函数

　　分别将剩余的 21 个数据每 5 个数据进行分组,分为 4 组,并分别求其均值 d,分析每个均值是否落入该估计区间,以检验运用自助法评估轴承振动速度的准确性。其评估结果如表 6-1～表 6-3 所示。

表 6-1　低频段振动速度评估结果

编号	均值 d/(μm/s)	估计真值 X_0/(μm/s)	估计区间 $[X_L, X_U]$/(μm/s)	扩展不确定度 U/(μm/s)	预报误差/%
第 1 组	178.8	203.13315	[184.88434, 217.90693]	33.02259	13.6
第 2 组	201.0	203.13315	[184.88434, 217.90693]	33.02259	1.1

编号	均值 d/(μm/s)	估计真值 X_0/(μm/s)	估计区间 $[X_L, X_U]$/(μm/s)	扩展不确定度 U/(μm/s)	预报误差/%
第 3 组	188.8	203.13315	[184.88434, 217.90693]	33.02259	7.6
第 4 组	201.5	203.13315	[184.88434, 217.90693]	33.02259	0.8

表 6-2　中频段振动速度评估结果

编号	均值 d/(μm/s)	估计真值 X_0/(μm/s)	估计区间 $[X_L, X_U]$/(μm/s)	扩展不确定度 U/(μm/s)	预报误差/%
第 1 组	145.6	158.50224	[124.39024,182.76973]	58.37949	8.9
第 2 组	164.8	158.50224	[124.39024,182.76973]	58.37949	3.8
第 3 组	196.4	158.50224	[124.39024,182.76973]	58.37949	19.3
第 4 组	161.3	158.50224	[124.39024,182.76973]	58.37949	1.7

表 6-3　高频段振动速度评估结果

编号	均值 d/(μm/s)	估计真值 X_0/(μm/s)	估计区间 $[X_L, X_U]$/(μm/s)	扩展不确定度 U/(μm/s)	预报误差/%
第 1 组	81.2	89.20692	[77.11333,96.24695]	19.13362	9.9
第 2 组	90.0	89.20692	[77.11333,96.24695]	19.13362	0.9
第 3 组	79.8	89.20692	[77.11333,96.24695]	19.13362	11.8
第 4 组	90.0	89.20692	[77.11333,96.24695]	19.13362	0.9

　　从图 6-4～图 6-6 可以看出，当评估轴承振动参数的分布未知时，可以用自助法建立该参数的概率密度函数，从而得到该参数的估计真值和估计区间。

　　从表 6-1～表 6-3 可以看出，低频段中第 1 组和中频段中第 3 组的振动速度均值没有落在相应的估计区间内，且均值数据偏离估计真值较大，从而导致预报误差分别为 13.6% 和 19.3%；其余均值数据都落在相应的估计区间内，且均值数据偏离估计真值较小，预报误差在 0.8%～11.8%，预报比较准确。

2. 轴承振动加速度实验研究

　　为了全面评估轴承振动，本次实验对象为圆锥滚子轴承 30204，评估其振动加速度。实验依次测得 31 套轴承振动加速度值(单位：dB)为

46.0,47.7,44.0,47.0,48.0,47.7,48.0,47.7,47.7,46.7,47.7,46.0,46.7,48.0,47.7,45.0
　47.0,45.3,45.7,45.3,47.3,48.3,48.0,47.0,47.3,47.3,47.0,47.3,46.7,44.6,47.3

　　设置信水平 P=99%。用自助法评估预报时，取振动加速度数据中的前 m=5 个数据，B=50000，预报结果如图 6-7 所示。预报圆锥滚子轴承 30204 振动加速度的估计区间，并建立相应的概率密度函数，如图 6-8 所示。

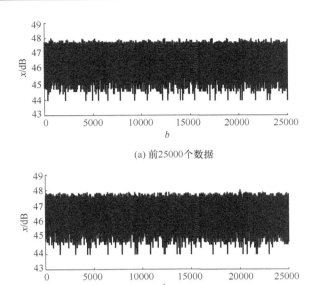

(a) 前25000个数据

(b) 后25000个数据

图 6-7　振动加速度模拟数据

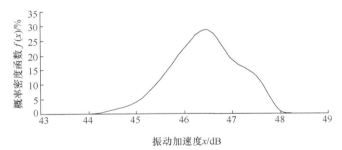

图 6-8　振动加速度的概率密度函数

　　用剩余 26 个数据检验预报效果。对剩余 26 个数据每 5 个数据进行分组，共分为 5 组，并分别求其均值 d，分析每个均值是否落入该估计区间内，以验证运用自助法评估轴承振动加速度的准确性。评估结果如表 6-4 所示。

表 6-4　振动加速度评估结果

编号	均值 d/dB	估计真值 X_0/dB	估计区间 $[X_L, X_U]$/dB	扩展不确定度 U/dB	预报误差/%
第 1 组	47.56	46.41747	[44.16612,47.69211]	3.52599	2.4
第 2 组	47.22	46.41747	[44.16612,47.69211]	3.52599	1.7
第 3 组	45.66	46.41747	[44.16612,47.69211]	3.52599	1.7
第 4 组	47.58	46.41747	[44.16612,47.69211]	3.52599	2.4
第 5 组	46.70	46.41747	[44.16612,47.69211]	3.52599	0.6

从图 6-8 可以看出，在评估轴承振动参数分布未知的情况下，用自助法可以建立该参数的概率密度函数，从而得到估计真值和估计区间。

由表 6-4 得出，5 组数据的轴承振动加速度均值都落在估计区间内，并且振动加速度值的预报误差都比较小，在 0.6%～2.4%范围内。与前述研究的振动速度相比，振动加速度预报更为准确，其原因是加速度数据较为稳定，波动不大，即自助法抽取的前 5 个数据都和剩余 26 个数据相近。

6.1.4　滚动轴承零件加工质量实验研究

轴承零件的加工质量对轴承产品质量的影响至关重要。轴承零件的加工质量包括加工精度和加工表面质量两大方面。基于乏信息理论，针对圆锥滚子轴承 30204 的滚子凸度、内滚道波纹度及外滚道粗糙度进行研究，以验证运用自助法评估滚动轴承零件加工质量的准确性。

1. 滚子凸度实验研究

在研究 30204 圆锥滚子轴承零件质量时，测量了 30 套轴承的滚子凸度误差，其数据依次为(单位：μm)

4.6000,4.4334,4.1666,4.4334,3.7934,3.9466,3.2466,3.8066,4.0066,3.7400

4.2866,4.3534,4.0734,4.1400,4.1266,4.2466,4.2334,4.1934,4.3466,4.1800

4.2066,3.7734,5.4000,4.3800,4.6734,4.1134,4.5200,4.6800,4.1466,4.1934

设置信水平 P=99%。用自助法评估预报时，依次取滚子凸度误差数据中的前 m=5 个数据，B=50000，预报结果如图 6-9 所示。预报圆锥滚子轴承 30204 滚子凸度误差的估计区间，并建立相应的概率密度函数，如图 6-10 所示。

用剩余 25 个数据检验预报效果。对剩余 25 个数据每 5 个数据进行分组，共分为 5 组，并分别求其均值 d，分析每个均值是否落入该估计区间内，以验证运用自助法评估轴承滚子凸度误差的准确性。评估结果如表 6-5 所示。

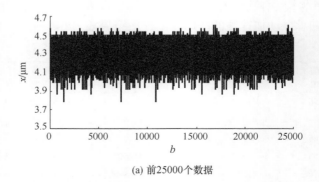

(a) 前25000个数据

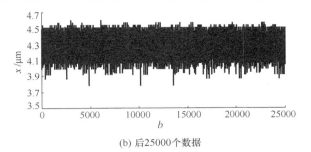

(b) 后25000个数据

图 6-9　滚子凸度误差模拟数据

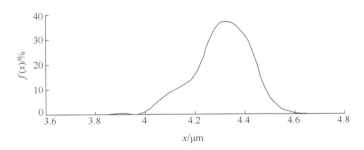

图 6-10　滚子凸度误差的概率密度函数

表 6-5　滚子凸度误差评估结果

编号	均值 $d/\mu m$	估计真值 $X_0/\mu m$	估计区间 $[X_L, X_U]/\mu m$	扩展不确定度 $U/\mu m$	预报误差/%
第 1 组	**3.74928**	4.30668	[3.92767, 4.49294]	0.56527	**14.9**
第 2 组	4.19600	4.30668	[3.92767, 4.49294]	0.56527	2.6
第 3 组	4.24000	4.30668	[3.92767, 4.49294]	0.56527	1.6
第 4 组	4.31468	4.30668	[3.92767, 4.49294]	0.56527	0.2
第 5 组	4.33068	4.30668	[3.92767, 4.49294]	0.56527	0.6

　　由表 6-5 得出，5 组数据的轴承滚子凸度误差均值都落在估计区间内。但第 1 组凸度误差的预报误差为 14.9%，而第 2～5 组的预报误差都比较小，在 0.6%～2.6% 内。分析其原因，是第 1 组的 5 个数据明显小于剩余其他数据。

2. 内滚道波纹度实验研究

　　在研究圆锥滚子轴承 30204 零件质量时，测量了 30 套轴承的内滚道波纹度误差，其数据依次为(单位：μm)

0.26,0.29,0.69,**1.57**,0.59,0.58,0.83,0.66,0.74,0.74

0.33,0.28,0.58,0.31,0.23,0.22,0.24,0.21,0.18,0.19

0.26,0.23,0.26,0.62,0.57,0.34,0.34,0.45,0.27,0.28

设置信水平 $P=99\%$。用自助法评估预报时，依次取内滚道波纹度误差数据中的前 $m=5$ 个数据，$B=50000$，预报结果如图 6-11 所示。预报圆锥滚子轴承 30204 内滚道波纹度误差的估计区间，并建立相应的概率密度函数，如图 6-12 所示。

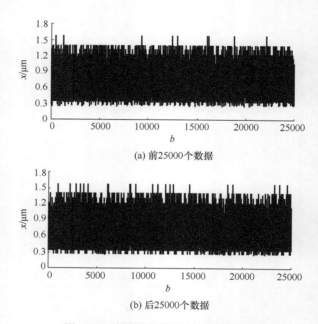

(a) 前25000个数据

(b) 后25000个数据

图 6-11　内滚道波纹度误差模拟数据

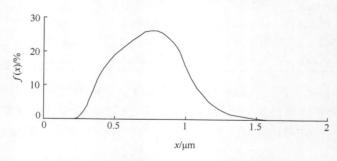

图 6-12　内滚道波纹度误差的概率密度函数

用剩余 25 个数据检验预报效果。对剩余 25 个数据每 5 个数据进行分组，共分为 5 组，并分别求其均值 d，分析每个均值是否落入该估计区间内，以验证运用自助法评估轴承内滚道波纹度误差的准确性。评估结果如表 6-6 所示。

表 6-6　内滚道波纹度误差评估结果

编号	均值 $d/\mu m$	估计真值 $X_0/\mu m$	估计区间 $[X_L, X_U]/\mu m$	扩展不确定度 $U/\mu m$	预报误差/%
第 1 组	0.710	0.74814	[0.16154, 1.3253]	1.16376	5.37
第 2 组	0.346	0.74814	[0.16154, 1.3253]	1.16376	116.23
第 3 组	0.208	0.74814	[0.16154, 1.3253]	1.16376	259.68
第 4 组	0.388	0.74814	[0.16154, 1.3253]	1.16376	92.82
第 5 组	0.336	0.74814	[0.16154, 1.3253]	1.16376	122.66

由表 6-6 可知，5 组数据的轴承内滚道波纹度误差均值都落在估计区间内。第 1 组内滚道波纹度误差的预报误差为 5.37%，而第 2~5 组的预报误差都比较大，在 92.82%~259.68% 内。原因是选定的前 $m=5$ 个数据中有 1.57 这个比较大的数据，该数据可能是野值，造成估计真值 (0.74814μm) 比较大。而第 1 组的 5 个数据均值在 0.7μm 附近波动，所以第 1 组的预报绝对误差较小。剩余 4 组的数据在 0.2~0.6μm 波动，其预报绝对误差较大。虽然验证了运用自助法评估轴承内滚道波纹度误差的准确性，但是所产生的误差较大，从而应分析出现野值的原因。

3. 外滚道粗糙度实验研究

在研究圆锥滚子轴承 30204 零件质量时，测量了 30 套轴承的外滚道粗糙度误差，其数据依次为 (单位：μm)

$$0.086, 0.054, 0.073, 0.056, 0.107, 0.099, 0.142, 0.123, 0.060, 0.112$$
$$0.090, 0.125, 0.072, 0.064, 0.063, 0.104, 0.088, 0.065, 0.117, 0.066$$
$$0.101, 0.061, 0.106, 0.102, 0.101, 0.059, 0.090, 0.065, 0.065, 0.089$$

设置信水平 $P=99\%$。用自助法评估预报时，依次取外滚道粗糙度误差数据中的前 $m=5$ 个数据，$B=50000$，预报结果如图 6-13 所示。预报圆锥滚子轴承 30204 外滚道粗糙度误差的估计区间，并建立相应的概率密度函数，如图 6-14 所示。

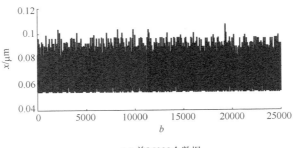

(a) 前25000个数据

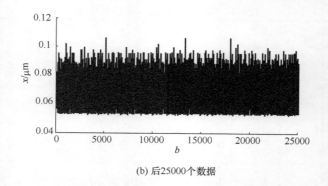

(b) 后25000个数据

图 6-13　外滚道粗糙度误差模拟数据

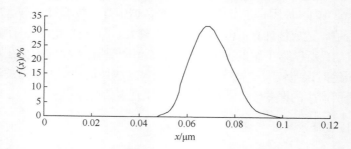

图 6-14　外滚道粗糙度误差的概率密度函数

用剩余 25 个数据检验预报效果。对剩余 25 个数据每 5 个数据进行分组，共分为 5 组，并分别求其均值 d，分析每个均值是否落入该估计区间内，以验证运用自助法评估轴承外滚道粗糙度误差的准确性。评估结果如表 6-7 所示。

表 6-7　外滚道粗糙度误差评估结果

编号	均值 d/μm	估计真值 X_0/μm	估计区间 $[X_L, X_U]$/μm	扩展不确定度 U/μm	预报误差/%
第 1 组	**0.1072**	0.07006	[0.04831,0.09088]	0.04257	**34.6**
第 2 组	**0.0828**	0.07006	[0.04831,0.09088]	0.04257	**15.4**
第 3 组	**0.0880**	0.07006	[0.04831,0.09088]	0.04257	**20.4**
第 4 组	**0.0942**	0.07006	[0.04831,0.09088]	0.04257	**25.6**
第 5 组	0.0738	0.07006	[0.04831,0.09088]	0.04257	5.1

由表 6-7 可知，第 1 组和第 4 组数据的轴承外滚道粗糙度误差均值没有落在该估计区间内，预报误差都大于 25%。而其他 3 组的误差均值都落在该估计区间内。第 4 组和第 2 组的误差均值虽然落在估计区间内，但是相应的预报误差

也较大，在 15%～26%内。这表明用自助法评估轴承外滚道粗糙度误差的准确性比较低。

上述实验研究表明，当数据个数很少时，自助法的稳定性不好，在有些情况下预测效果差，如表 6-7 所示的第 1 组外滚道粗糙度误差的评估。

6.2　滚动轴承质量的灰自助评估

6.2.1　数学模型

在一段连续的时间内，将时间变量 t 离散化，在特定的时间间隔下，按照一个时刻一套轴承，得到圆锥滚子轴承质量参数的数据序列向量 X 为

$$X = \{x(t)\}, \quad t = 1, 2, \cdots \tag{6-11}$$

式中，$x(t)$ 为 t 时刻的圆锥滚子轴承质量参数数据。

从 X 中依次取与 t 时刻紧邻的前 m 个数据，则可以构成时刻 t 的动态评估子序列向量 X_m 为

$$X_m = \{x(u)\}, \quad u = t - m + 1, t - m + 2, \cdots, t; m \leqslant t \tag{6-12}$$

式中，u 表示 u 时刻。

动态评估就是用 t 时刻前的 X_m 评估时刻 t 的轴承质量的状态。在时刻 t，用自助法，从 X_m 中等概率可放回地随机抽取 1 个数据。共抽取 m 次，可以获得第 1 个自助样本，这个自助样本有 m 个数据。连续重复 B 次，得到 B 个自助再抽样样本，用向量表示为

$$Y_{\text{Bootstrap}} = (Y_1, Y_2, \cdots, Y_b, \cdots, Y_B) \tag{6-13}$$

式中，Y_b 为第 b 个自助样本，且有

$$Y_b = \{y_b(u)\} \tag{6-14}$$

式中，$b = 1, 2, \cdots, B$；$y_b(u)$ 为 Y_b 中第 u 个自助再抽样数据。

根据灰预测模型 GM(1,1)，设 Y_b 的一次累加生成序列向量为

$$X_b = \{x_b(t)\} = \{\sum_{j=1}^{u} y_b(j)\} \tag{6-15}$$

灰生成模型可以描述为如下灰微分方程：

$$\frac{\mathrm{d}x_b(t)}{\mathrm{d}t} + c_1 x_b(n) = c_2 \tag{6-16}$$

式中，c_1，c_2 为待定系数。

设均值生成序列向量为

$$Z_b = (z_b(2), z_b(3), \cdots, z_b(u), \cdots, z_b(t)) \tag{6-17}$$

式中

$$z_b(u) = 0.5x_b(u) + 0.5x_b(u-1) \tag{6-18}$$

式中，$u=2,3,\cdots,t$。

利用初始条件 $x_b(1)=y_b(1)$，灰微分方程的最小二乘解为

$$\hat{x}_b(j+1) = \left(y_b(1) - \frac{c_2}{c_1}\right)e^{-c_1 j} + \frac{c_2}{c_1} \tag{6-19}$$

式中，参数 c_1,c_2 为

$$(c_1,c_2)^{\mathrm{T}} = (\boldsymbol{D}^{\mathrm{T}}\boldsymbol{D})^{-1}\boldsymbol{D}^{\mathrm{T}}(\boldsymbol{Y}_b)^{\mathrm{T}} \tag{6-20}$$

$$\boldsymbol{D} = (-\boldsymbol{Z}_b, \boldsymbol{I})^{\mathrm{T}} \tag{6-21}$$

$$\boldsymbol{I} = (1,1,\cdots,1) \tag{6-22}$$

式中，$u=2,3,\cdots,t$。

根据累减生成(IAGO)，$w=t+1$ 时刻的预测值为

$$\hat{y}_b(w) = \hat{x}_b(w) - \hat{x}_b(w-1) \tag{6-23}$$

式中，$w=t+1$。

在 w 时刻，有 B 个数据，因此可以构成的序列向量为

$$\hat{\boldsymbol{X}}_b(w) = \{\hat{y}_b(w)\} \tag{6-24}$$

式中，$b=1,2,\cdots,B$；$w=t+1$。

由于 B 很大，可以用式(6-24)建立 t 时刻关于 x_m 的概率密度函数：

$$F_w = F_w(x_m) \tag{6-25}$$

式中，F_w 为灰自助概率密度函数。

在 t 时刻的估计真值用加权均值表示为

$$X_0 = \sum_{q=1}^{Q} F_{wq} x_{mq} \tag{6-26}$$

式中，X_0 为灰自助法的最终解；Q 表示将式(6-26)分为 Q 组；q 表示第 q 组；x_{mq} 为第 q 组中值。

若设显著性水平为 α，则置信水平为

$$P = (1-\alpha) \times 100\% \tag{6-27}$$

在置信水平 P 下，在 $w=t+1$ 时刻对轴承质量参数真值的估计区间为

$$[X_{\mathrm{L}}, X_{\mathrm{U}}] = [X_{\frac{\alpha}{2}}, X_{1-\frac{\alpha}{2}}] \tag{6-28}$$

扩展不确定度为

$$U = X_{\mathrm{U}} - X_{\mathrm{L}} \tag{6-29}$$

式中，U 为扩展不确定度。

若研究的总时间为 T，如果有 h 个数据在估计区间 $[X_L, X_U]$ 外，则定义预报准确率为

$$P_B = [1 - h/(T - m)] \times 100\% \tag{6-30}$$

式中，h 为在估计区间外的数据个数。

6.2.2　滚动轴承振动的实验研究

1. 圆锥滚子轴承振动速度实验研究

本实验轴承为圆锥滚子轴承 30204，实验条件和实验数据与 6.1 节相同。在特定时间段内，依次抽取 $n=26$ 套轴承，分别在低频段(50～300Hz)、中频段(300～1800Hz)和高频段(1800～10000Hz)三个频段评估轴承的低频振动速度 L、中频振动速度 M 和高频振动速度 H。

设置信水平 $P=99\%$。用灰自助法评估预报时，分别取低、中、高三段频率振动中的前 $m=5$ 个数据，$B=50000$，预报结果如图 6-15～图 6-17 所示。预报圆锥滚子轴承 30204 振动速度的估计区间，并建立相应的概率密度函数，如图 6-18～图 6-20 所示。

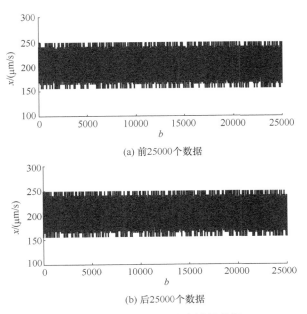

(a) 前25000个数据

(b) 后25000个数据

图 6-15　低频段振动速度模拟数据

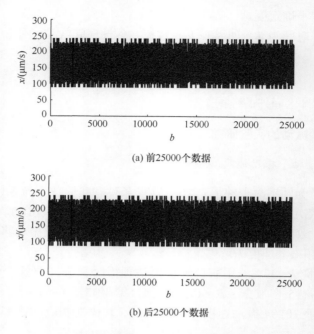

(a) 前25000个数据

(b) 后25000个数据

图 6-16　中频段振动速度模拟数据

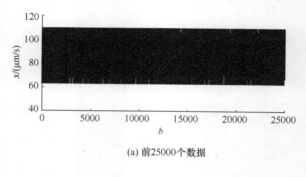

(a) 前25000个数据

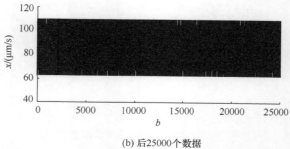

(b) 后25000个数据

图 6-17　高频段振动速度模拟数据

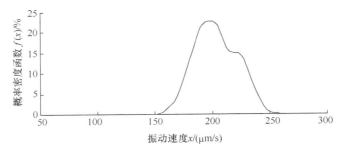

图 6-18　低频段振动速度的概率密度函数

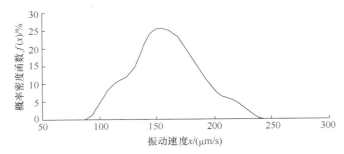

图 6-19　中频段振动速度的概率密度函数

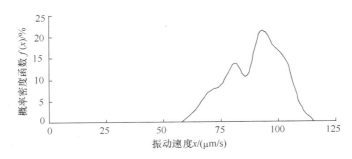

图 6-20　高频段振动速度的概率密度函数

由图 6-18～图 6-20 可以看出，在未知滚动轴承振动参数属性时，可以用灰自助方法建立参数的概率密度函数，并得到相应的估计区间。用剩余 25 个数据分别检验预报效果，以验证运用灰自助法评估轴承振动特性的准确性。预报结果如表 6-8 所示。由表中可以看出，在用剩余 25 个数据分别检验预报结果时，低频段和高频段的振动速度数据全部落在相应的估计区间内，预报的准确率为100%。中频段的预报结果显示，在 25 个数据中，只有一个数据(225)超出预报的估计区间，预报的准确率为 96%。从而检验了预报的准确性，验证了运用灰自助法评估圆锥滚子轴承振动速度特性的准确性，并且效果很好。

表 6-8　振动速度预报结果

频段	估计真值 X_0/(μm/s)	估计区间 $[X_L, X_U]$/(μm/s)	扩展不确定度 U/(μm/s)	在估计区间外的数据个数 h	预报准确率 P_B/%
低频段	202.93264	[156.55248, 241.63015]	85.07767	0	100
中频段	158.21587	[83.40838, 219.86366]	136.45528	**1**	**96**
高频段	89.45261	[58.74973, 108.7652]	50.01547	0	100

2. 圆锥滚子轴承振动加速度实验研究

本节运用灰自助法评估圆锥滚子轴承振动加速度，以检验该方法的正确性。本次实验对象为圆锥滚子轴承 30204，评估振动加速度时，选择的实验条件和实验数据与 6.1 节一样。

设置信水平 $P=99\%$。用灰自助法评估预报时，取圆锥滚子轴承振动加速度中的前 $m=5$ 个数据，$B=50000$，预报结果如图 6-21 所示。预报轴承振动加速度的估计区间，并建立相应的概率密度函数，如图 6-22 所示。

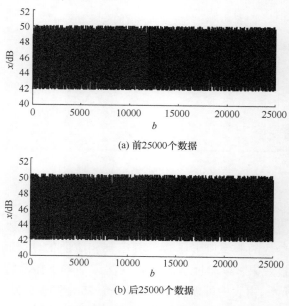

(a) 前25000个数据

(b) 后25000个数据

图 6-21　振动加速度模拟数据

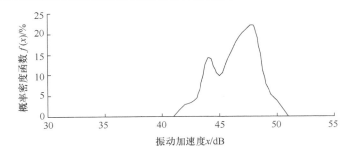

图 6-22　振动加速度的概率密度函数

用剩余 25 个数据分别检验预报效果,用灰自助法预报圆锥滚子轴承振动加速度的结果如表 6-9 所示。

表 6-9　振动加速度预报结果

项目	估计真值 X_0/dB	估计区间 $[X_L,X_U]$/dB	扩展不确定度 U/dB	在估计区间外的数据个数 h	预报准确率 P_B/%
振动加速度	46.39334	[41.17471,49.86893]	8.69422	0	100

由表 6-9 可以看出，在剩余的 25 个数据中，没有一个数据超出估计区间，预报的准确率为 100%。从而验证了运用灰自助法评估圆锥滚子轴承振动加速度的正确性。

6.2.3　滚动轴承零件加工质量实验研究

1. 滚子凸度实验研究

在研究圆锥滚子轴承 30204 零件质量时,动态测量了 30 套轴承的滚子凸度误差,其数据与 6.1 节相同。

设置信水平 P=99%。用灰自助法评估预报时，依次取滚子凸度误差数据中的前 m=5 个数据,B=50000,预报结果如图 6-23 所示。预报圆锥滚子轴承 30204 滚子凸度误差的估计区间，并建立相应的概率密度函数，如图 6-24 所示。

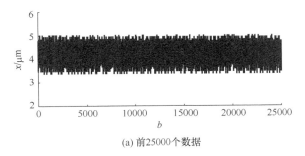

(a) 前25000个数据

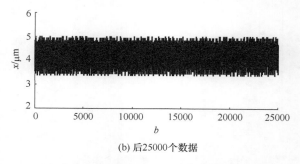

(b) 后25000个数据

图 6-23　滚子凸度误差模拟数据

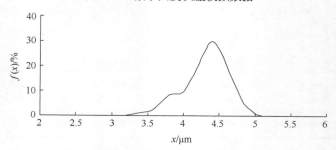

图 6-24　滚子凸度误差的概率密度函数

用剩余 25 个数据检验预报效果,用灰自助法预报圆锥滚子轴承滚子凸度误差的结果如表 6-10 所示。

表 6-10　滚子凸度误差预报结果

项目	估计真值 X_0/μm	估计区间 $[X_L,X_U]$/μm	扩展不确定度 U/μm	在估计区间外的数据个数 h	预报准确率 P_B/%
滚子凸度误差	4.30864	[3.27208,4.89808]	1.626	0	100

由表 6-10 可以看出,在剩余的 25 个数据中,没有一个数据超出估计区间,预报的准确率为 100%。从而验证了运用灰自助法评估圆锥滚子轴承滚子凸度误差的正确性。

2. 内滚道波纹度实验研究

在研究圆锥滚子轴承 30204 零件质量时,测量了 30 套轴承的内滚道波纹度误差,其数据与 6.1 节相同。

设置信水平 P=99%。用灰自助法评估预报时,依次取内滚道波纹度误差数据中的前 m=5 个数据,B=50000,预报结果如图 6-25 所示。预报圆锥滚子轴承 30204 内滚道波纹度误差的估计区间,并建立相应的概率密度函数,如图 6-26 所示。

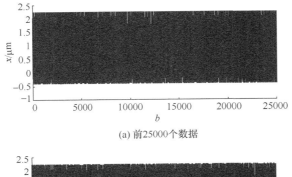

(a) 前25000个数据

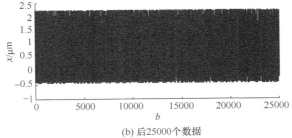

(b) 后25000个数据

图 6-25 内滚道波纹度误差模拟数据

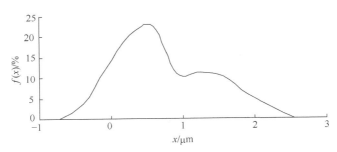

图 6-26 内滚道波纹度误差的概率密度函数

用剩余 25 个数据检验预报效果,用灰自助法预报圆锥滚子轴承内滚道波纹度误差的结果如表 6-11 所示。

表 6-11 内滚道波纹度误差预报结果

项目	估计真值 $X_0/\mu m$	估计区间 $[X_L, X_U]/\mu m$	扩展不确定度 $U/\mu m$	在估计区间外的数据个数 h	预报准确率 $P_B/\%$
内滚道波纹度	0.73523	[−0.67914,2.16436]	2.8435	0	100

由表 6-11 可以看出,在剩余 25 个数据中,没有一个数据超出估计区间,预报的准确率为 100%。从而验证了运用灰自助法评估圆锥滚子轴承内滚道波纹度误差的正确性。

3. 外滚道粗糙度实验研究

在研究 30204 圆锥滚子轴承零件质量时,测量了 30 套轴承的内滚道波纹度误差,其数据与 6.1 节相同。

设置信水平 P=99%。用灰自助法评估预报时,依次取外滚道粗糙度误差数据中的前 m=5 个数据, B=50000,模拟结果如图 6-27 所示。预报圆锥滚子轴承 30204 外滚道粗糙度误差的估计区间,并建立相应的概率密度函数,如图 6-28 所示。

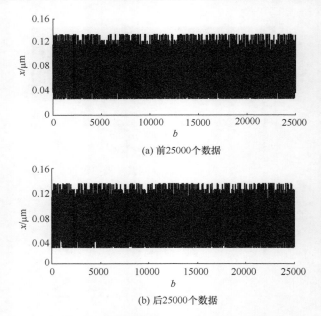

(a) 前25000个数据

(b) 后25000个数据

图 6-27　外滚道粗糙度误差模拟数据

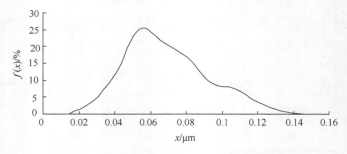

图 6-28　外滚道粗糙度误差的概率密度函数

用剩余 25 个数据检验预报效果,用灰自助法预报圆锥滚子轴承外滚道粗糙度误差的结果如表 6-12 所示。

表 6-12　外滚道粗糙度误差预报结果

项目	估计真值 $X_0/\mu m$	估计区间 $[X_L, X_U]/\mu m$	扩展不确定度 $U/\mu m$	在估计区间外的数据个数 h	预报准确率 $P_B/\%$
外滚道粗糙度	0.06937	[0.01618, 0.12493]	0.10875	0	100

由表 6-12 可以看出，在剩余 25 个数据中，没有一个数据超出估计区间，预报的准确率为 100%。从而验证了运用灰自助法评估圆锥滚子轴承外滚道粗糙度误差的正确性。

6.3　自助评估结果与灰自助评估结果的对比分析

针对圆锥滚子轴承 30204 质量的评估问题，本节基于前两节的理论及实验研究，对用自助法得到的扩展不确定度和用灰自助法得到的扩展不确定度以及相应得到的预报准确率进行结果分析。

用自助法评估圆锥滚子轴承质量参数时，研究的是轴承质量参数的样本均值是否落入该估计区间内，以实现对轴承质量的评估。此时，得到的扩展不确定度 U 为该轴承质量参数样本均值的扩展不确定度，记为 U_1，得到的预报准确率记为 P_{B1}。

用灰自助法评估圆锥滚子轴承质量参数时，研究的是轴承质量参数的测量值是否落入该估计区间内，以实现对轴承质量的评估。此时，得到的扩展不确定度 U 为该轴承质量参数的样本的扩展不确定度，记为 U_2，得到的预报准确率记为 P_{B2}。

针对两种方法获得的圆锥滚子轴承 30204 的扩展不确定度和预报准确率实验结果如表 6-13 所示。

表 6-13　实验结果

评估项目	扩展不确定度 U_1	扩展不确定度 U_2	U_2/U_1	预报准确率 $P_{B1}/\%$	预报准确率 $P_{B2}/\%$
低频段振动速度	33.02259	85.07767	2.576	**80**	100
中频段振动速度	58.37949	136.45528	2.337	**80**	96
高频段振动速度	19.13362	50.01547	2.614	100	100
振动加速度	3.52599	8.69422	2.466	100	100
滚子凸度误差	0.56527	1.62600	2.877	**80**	100
内滚道波纹度误差	1.16376	2.84350	2.443	100	100
外滚道粗糙度误差	0.04257	0.10875	2.555	**20**	100

由前两节的实验研究可以看出，当用两种方法评估圆锥滚子轴承 30204 质量时，选取的是前 $m=5$ 个样本数据。由表 6-13 可以看出，此时用灰自助法得到的

样本扩展不确定度 U_2 与用自助法得到的样本均值扩展不确定度 U_1 的比值，即 U_2/U_1，在 2.3 和 2.9 之间，这个值接近于 $\sqrt{5} \approx 2.236$。

根据经典统计学与测量不确定度原理的基本定理，由均值获得的标准不确定度与由个体值获得的标准不确定度之间的关系为

$$\sqrt{m} = \frac{s}{u} \tag{6-31}$$

式中，s 为由样本个体值获得的标准不确定度；u 为由样本均值获得的标准不确定度；m 为数据个数。

于是，可以近似得到

$$\sqrt{m} = \frac{U_2}{U_1} \tag{6-32}$$

式中，U_2 为样本个体值的扩展不确定度；U_1 为样本均值的扩展不确定度；m 为样本个数。

式(6-32)表明，当概率分布未知且评估的数据个数很少时，如 $m=5$，自助法获得的样本均值扩展不确定度与灰自助法获得的样本个体值扩展不确定度关系近似符合测量不确定度理论与统计理论的基本定理。

由表 6-13 可以看出，用灰自助法预报圆锥滚子轴承 30204 质量参数的准确率在 96%以上，平均准确率为 99.4%，预报准确。用自助法预报圆锥滚子轴承 30204 质量参数的准确率在 20%～100%内，平均准确率为 80%。因此，在实际工程应用中，自助法和灰自助法都可以对圆锥滚子轴承质量进行评估。但是，在某些情况下，自助法的评估效果很差，灰自助法比自助法的效果更好或好得多。另外，用自助法对圆锥滚子轴承质量进行评估时，研究的是轴承质量参数的均值是否落入估计区间内，并不能确认各个数据(个体值)是否落入估计区间内。运用灰自助法对圆锥滚子轴承质量进行评估时，所获得的是各个个体值的估计区间[7]。因此，可以用灰自助法判断各个数据是否落入估计区间内，很好地实现对圆锥滚子轴承质量参数的评估。在本实验研究中，可以看出用灰自助法评估轴承质量参数时，预报的准确率较高，因此灰自助法在实际工程中的应用较为方便可靠。但是，灰自助法不能进行均值参数评估，而自助法可以进行均值参数评估。因此，应根据实际工程的具体情况，选择合适的预报方法。

6.4 本 章 小 结

基于乏信息理论，在概率分布未知与评估的数据个数很少的条件下，运用自助法对圆锥滚子轴承质量进行评估，在参数分布未知的情况下，用自助法建立该

参数的概率密度函数，从而可以得到估计真值和估计区间，弥补了经典统计学的不足。运用自助法，通过判断原始数据的均值是否落在得到的估计区间内，以此评估圆锥滚子轴承质量效果，为评估轴承质量提供了新方法。实验研究表明，运用自助法对滚动轴承 30204 质量进行评估，可以很好地检验质量效果，且预报效果好。但是，自助法的稳定性不好，在有些情况下预测效果差。

基于乏信息理论，在概率分布未知与评估的数据个数很少的条件下，将灰预测模型和自助原理结合，用灰自助法对圆锥滚子轴承质量进行评估。灰自助法可以准确地预报轴承质量参数真值的瞬时变化规律，可以准确地预报其估计区间。当圆锥滚子轴承质量参数的分布未知时，用灰自助法建立该参数的概率密度函数，从而得到该轴承参数的估计真值和估计区间，弥补了经典统计学的不足。通过判断系统输出的真值是否落在该估计区间内，实现对圆锥滚子轴承质量的评估。实验研究表明，运用灰自助法对滚动轴承 30204 质量进行评估，预报的准确率达到 96%以上，为圆锥滚子轴承质量评估提供了新方法。

通过对实验结果的研究，可以看出用灰自助法对圆锥滚子轴承质量参数评估时，所得到的样本均值扩展不确定度 U_2，与用自助法对圆锥滚子轴承质量参数评估时，所得到的样本扩展不确定度 U_1，这二者之间的关系近似符合测量不确定度理论与统计理论的基本定理。另外，对比分析了这两种方法预报的圆锥滚子轴承质量参数的准确率与特点，应根据实际工程的具体情况，选择合适的预报方法。

第 7 章　滚动轴承性能的乏信息过程假设检验

本章研究滚动轴承性能的乏信息过程假设检验问题，利用乏信息系统理论对滚动轴承性能实验数据进行处理分析，提出基于时间序列和基于相空间时间序列的滚动轴承性能特征参数的乏信息假设检验模型，对滚动轴承在时间序列上的运行状况进行分析与判断。

7.1　滚动轴承性能时间序列的假设检验模型

7.1.1　滚动轴承性能实验数据的预处理

假设滚动轴承性能实验进行到了第 r 天，$r=1,2,\cdots,R$，R 表示性能实验的总天数。令 X_r 表示第 r 天所采集到的所有实验数据，选取第 1 天的实验数据为先验信息，而第 2 天、第 3 天至第 R 天的实验数据分别为当天的当前信息[23-26]。当 $r=1$ 时，X_1 表示第 1 天先验信息的所有实验数据，当 $2 \leqslant r \leqslant R$ 时，X_r 表示第 r 天当前信息的所有实验数据。由于每天实验数据较多，不可能考虑所有的数据，所以只选取每天前 S 个数据作为分析研究的对象。用 $X_{r,S}$ 表示第 r 天截取的前 S 个数据，其中 $1 \leqslant r \leqslant R$，观察第 r 天的前 S 个数据：

$$X_{r,S} = \left(x_{r,1}, x_{r,2}, \cdots, x_{r,s}, \cdots, x_{r,S} \right) \tag{7-1}$$

式中，$x_{r,s}$ 为第 r 天当中的第 s 个数据；s 为数据序号，$s=1,2,\cdots,S$；S 表示第 r 天截取的数据个数。

在第 r 天中，每 U 个数据作为 1 个时间序列的分析段，所以第 r 天的前 S 个实验数据就被分成了 D 个分析段 X_{r-S}：

$$X_{r-S} = \left(X_{r-1}, X_{r-2}, X_{r-3}, \cdots, X_{r-d}, \cdots, X_{r-D} \right) \tag{7-2}$$

式(7-2)为基于时间序列第 r 天的 D 个分析段，其中，$d=1,2,\cdots,D$；X_{r-d} 为第 r 天数据分析段当中的第 d 段数据，且有

$$D = \frac{S}{U} \tag{7-3}$$

$$X_{r-d} = \left(x_{r-d}(1), x_{r-d}(2), \cdots, x_{r-d}(u), \cdots, x_{r-d}(U) \right) \tag{7-4}$$

式中，$x_{r-d}(u)$ 为分段数据 X_{r-d} 中的第 u 个数据，$u=1,2,\cdots,U$。

基于时间序列，对每天分段数据 X_{r-d} 进行自助再抽样，具体步骤如下：

从 X_{r-d} 中等概率可放回地抽样，每次抽取 1 个数据，抽取 U 次，得到 U 个数据。这个抽样过程重复 W 步，得到 W 个自助样本，其中，第 w 个自助样本为

$$Y_{(r-d)w} = \left(y_{(r-d)w}(1), y_{(r-d)w}(2), \cdots, y_{(r-d)w}(u), \cdots, y_{(r-d)w}(U) \right) \tag{7-5}$$

式中，$w=1,2,\cdots,W$；$Y_{(r-d)w}$ 为第 r 天当中第 d 段数据自助抽样后的第 w 个自助样本；$y_{(r-d)w}(u)$ 为第 r 天中第 d 段数据自助抽样后第 w 个自助样本中第 u 个数据。

求自助样本 $Y_{(r-d)w}$ 的均值：

$$Y_{0(r-d)w} = \frac{1}{U} \sum_{u=1}^{U} y_{(r-d)w}(u) \tag{7-6}$$

从而得到一个样本含量为 W 的自助样本：

$$Y_{(r-d)\text{Bootstrap}} = \left(Y_{0(r-d)1}, Y_{0(r-d)2}, \cdots, Y_{0(r-d)w}, \cdots, Y_{0(r-d)W} \right) \tag{7-7}$$

当 $1 \leqslant r \leqslant R$ 和 $1 \leqslant d \leqslant D$ 时，最终可以得到每天每段样本自助抽样后的自助样本。

因为 W 是一个很大的数，所以可以得到每段自助样本的第 k 阶原点矩：

$$m_{(r-d)k} = \frac{1}{W} \sum_{w=1}^{W} (Y_{0(r-d)w})^k, \quad k=1,2,\cdots,K \tag{7-8}$$

或

$$m_{(r-d)k} = \sum_{q=1}^{Q} \left[(Y_{(r-d)-q})^k F_{(r-d)-q} \right], \quad k=1,2,\cdots,K \tag{7-9}$$

式中，K 为最高原点矩的阶次；$m_{(r-d)k}$ 为第 r 天当中第 d 段数据的第 k 阶原点矩；Q 表示将 $Y_{(r-d)\text{Bootstrap}}$ 分为 Q 组；q 为组序号；$Y_{(r-d)-q}$ 为第 q 天中第 d 段数据自助抽样后构造直方图的第 q 组组中值；$F_{(r-d)-q}$ 为第 r 天中第 d 段数据自助抽样后构造直方图的第 q 组频率。

7.1.2　最大熵概率密度函数

最大熵概率密度函数的解析形式为

$$p(x) = \exp\left(\lambda_0 + \sum_{k=1}^{K} \lambda_k x^k \right) \tag{7-10}$$

且

$$\int_{\Omega} p(x)\mathrm{d}x = 1 \tag{7-11}$$

式中，Ω 为积分区间；$\lambda_0, \lambda_1, \cdots, \lambda_k, \cdots, \lambda_K$ 为待求解的拉格朗日乘子。

将式(7-10)代入式(7-11)得

$$\int_{\Omega} \exp\left(\lambda_0 + \sum_{k=1}^{K} \lambda_k x^k\right) dx = 1 \tag{7-12}$$

又可得

$$e^{-\lambda_0} = \int_{\Omega} \exp\left(\sum_{k=1}^{K} \lambda_k x^k\right) dx \tag{7-13}$$

即

$$\lambda_0 = -\ln\left[\int_{\Omega} \exp\left(\sum_{k=1}^{K} \lambda_k x^k\right) dx\right] \tag{7-14}$$

将式(7-13)对 λ_k 进行微分得

$$\frac{\partial \lambda_0}{\partial \lambda_k} = -\int_{\Omega} x^k \exp\left(\lambda_0 + \sum_{k=1}^{K} \lambda_k x^k\right) dx = -m_{(r-d)k} \tag{7-15}$$

式中，$m_{(r-d)k}$ 为第 k 阶原点矩。

将式(7-14)对 λ_k 进行微分得

$$\frac{\partial \lambda_0}{\partial \lambda_k} = -\frac{\int_{\Omega} x^k \exp\left(\sum_{k=1}^{K} \lambda_k x^k\right) dx}{\int_{\Omega} \exp\left(\sum_{k=1}^{K} \lambda_k x^k\right) dx} \tag{7-16}$$

将式(7-15)与式(7-16)相比较可得

$$m_{(r-d)k} = \frac{\int_{\Omega} x^k \exp\left(\sum_{i=1}^{K} \lambda_i x^i\right) dx}{\int_{\Omega} \exp\left(\sum_{i=1}^{K} \lambda_i x^i\right) dx} \tag{7-17}$$

通过式(7-17)可建立求解 $\lambda_1, \cdots, \lambda_k, \cdots, \lambda_K$ 的 K 个非线性方程组，求出 $\lambda_1, \cdots, \lambda_k, \cdots, \lambda_K$ 后，可根据式(7-14)求出 λ_0。

用上述的最大熵方法可以求解出 $\lambda_{(r-d)0}, \lambda_{(r-d)1}, \cdots, \lambda_{(r-d)K}$，从而得到每天每段数据自助抽样后构造的最大熵概率密度函数。但是，在求解过程中有一定的困难，所以在实际求解过程当中是利用区间映射的牛顿迭代方法。

由式(7-10)可以得到第 r 天中第 d 段数据的最大熵概率密度函数：

$$f(t)_{(r-d)} = \exp\left(\sum_{k=0}^{K} c_{(r-d)k} t^k\right) \tag{7-18}$$

式中，K 为最高原点矩阶数，一般取 $K=3\sim8$，常用取 $K=5$ 即可满足要求；$c_{(r-d)k}$ 为第 r 天中第 d 段数据构造最大熵概率密度函数中的第 k 个拉格朗日乘子；$k=0,1,\cdots,K$，共有 $K+1$ 个值。

根据式(7-14)可以得到第 1 个拉格朗日乘子为

$$c_{(r-k)0} = -\ln\left[\int_{\Omega} \exp\left(\sum_{k=1}^{K} c_{(r-k)k} t^k\right) dt\right] \tag{7-19}$$

根据式(7-17)可以得到其他 K 个拉格朗日乘子并满足

$$g_{(r-d)k} = g\left(c_{(r-d)k}\right) = 1 - \frac{\int_{\Omega} t^k \exp\left(\sum_{j=1}^{K} c_{(r-d)j} t^j\right) dt}{m_{(r-d)k} \int_{\Omega} \exp\left(\sum_{j=1}^{K} c_{(r-d)j} t^j\right) dt} = 0 \tag{7-20}$$

式中，$k=1,2,\cdots,K$。

将式(7-20)用向量表示为

$$\boldsymbol{G} = \boldsymbol{G}\left(\boldsymbol{C}_{(r-d)}\right) = \left\{g_{(r-d)k}\right\}^{\mathrm{T}} = \boldsymbol{0} \tag{7-21}$$

且有

$$\boldsymbol{C}_{(r-d)} = \left\{c_{(r-d)k}\right\}^{\mathrm{T}} \tag{7-22}$$

式中，$\boldsymbol{C}_{(r-d)}$ 为拉格朗日乘子列向量，$k=1,2,\cdots,K$。

可以用牛顿迭代法求解拉格朗日乘子向量 $\boldsymbol{C}_{(r-d)}$，即

$$\boldsymbol{C}_{(r-d)}^{j+1} = \boldsymbol{C}_{(r-d)}^{j} - \boldsymbol{G}'\left(\boldsymbol{C}_{(r-d)}^{j}\right)^{-1} \boldsymbol{G}\left(\boldsymbol{C}_{(r-d)}^{j}\right) \tag{7-23}$$

式中，$j=0,1,\cdots$；$\boldsymbol{G}'\left(\boldsymbol{C}_{(r-d)}^{j}\right)$ 为迭代到第 j 步的雅可比矩阵。

迭代收敛的范数准则为

$$\left\|\boldsymbol{G}_{(r-d)}^{j+1} - \boldsymbol{G}_{(r-d)}^{j}\right\|_1 \leqslant \varepsilon \tag{7-24}$$

式中，ε 为收敛精度，一般取 $\varepsilon = 10^{-12}$。

在上述的求解过程中，第 k 阶原点矩 $m_{(r-d)k}$ 的值是由自助抽样的实验数据序列确定的。原始数据如式(7-4)，经过自助抽样后为式(7-7)。

根据统计学将 $Y_{0(r-d)w}$ 从小到大排序并分成 $Q-2$ 组，画直方图，得到各组组中值 ε_q 和频率 F_q，$q=2,3,\cdots,Q-1$，然后将直方图扩展成 Q 组，即 $q=1,2,\cdots,Q$，并令 $F_1 = F_Q = 0$，这里对直方图的处理将利用牛顿法求解，为便于牛顿法求解能很好地收敛，将自助抽样后的数据序列无量纲化地映射到区间[-e, e]中。映射过程为

$$t = ax + b \tag{7-25}$$

$$x = t/a - b/a \tag{7-26}$$

$$\mathrm{d}x = \mathrm{d}t/a \tag{7-27}$$

$$a = \frac{2\mathrm{e}}{\varepsilon_Q - \varepsilon_1} \tag{7-28}$$

$$b = \mathrm{e} - a\varepsilon_Q \tag{7-29}$$

式中，$\mathrm{e} = 2.718282$。

第 r 天第 d 段数据的第 k 阶原点矩 $m_{(r-d)k}$ 的值为

$$m_{(r-d)k} = \sum_{q=1}^{Q} t_{(r-d)-q}^{k} F_{(r-d)-q} \tag{7-30}$$

式中，$k = 0,1,\cdots,K$；$m_{(r-d)0} = 1$。

显然，积分区间 R 被映射为 $[-\mathrm{e}, \mathrm{e}]$，积分变量 t 变为 x。

当 $1 \leqslant r \leqslant R$，$1 \leqslant d \leqslant D$ 时，利用区间映射的牛顿迭代方法可以得到每天每段样本的最大熵概率密度函数：

$$f(x)_{(r-d)} = \exp\left[c_{(r-d)0} + \sum_{k=1}^{K} c_{(r-d)k} \left(a_{(r-d)}x + b_{(r-d)} \right)^{k} \right] \tag{7-31}$$

7.1.3　时间序列的先验样本

当 $r=1$ 和 $1 \leqslant d \leqslant D$ 时，可以得到第 1 天先验信息中每段样本的最大熵概率密度函数：

$$f(x)_{(1-d)} = \exp\left[c_{(1-d)0} + \sum_{k=1}^{K} c_{(1-d)k} \left(a_{(1-d)}x + b_{(1-d)} \right)^{k} \right] \tag{7-32}$$

令 $f(x)_{(1-d)}$ 既为先验样本，又为当前样本，结合贝叶斯统计，计算第 1 天当中第 d 个分析段数据的后验概率密度函数：

$$F(x)_{(1-d)} = \frac{f(x)_{(1-d)} f(x)_{(1-d)}}{\int_{\Omega} f(x)_{(1-d)} f(x)_{(1-d)} \mathrm{d}x} \tag{7-33}$$

从而可以得到先验信息中 D 段样本各自的后验概率密度函数，分别为

$$F(x)_{(1-1)}, F(x)_{(1-2)}, \cdots, F(x)_{(1-d)}, \cdots, F(x)_{(1-D)}$$

求每段先验样本的后验概率密度函数的后验期望值：

$$E(x)_{(1-d)} = \int_{-\infty}^{+\infty} x F(x)_{(1-d)} \mathrm{d}x \tag{7-34}$$

求每段先验样本的后验概率密度函数的后验方差值：

$$D(x)_{(1-d)} = E(x^2)_{(1-d)} - \left[E(x)_{(1-d)} \right]^2 \tag{7-35}$$

式中

$$E(x^2)_{(1-d)} = \int_{-\infty}^{+\infty} x^2 F(x)_{(1-d)} \mathrm{d}x \tag{7-36}$$

观察 D 个后验方差值 $D(x)_{(1-1)}, D(x)_{(1-2)}, \cdots, D(x)_{(1-d)}, \cdots, D(x)_{(1-D)}$，选取其中最小的一个，设为

$$D(x)_{(1-z)} = \min\left\{D(x)_{(1-1)}, D(x)_{(1-2)}, \cdots, D(x)_{(1-d)}, \cdots, D(x)_{(1-D)}\right\} \tag{7-37}$$

式中，$1 \leqslant z \leqslant D$。

所以，在时间序列里选取第 1 天当中的第 z 个分析段数据为先验样本。

7.1.4　时间序列假设检验模型

当 $2 \leqslant r \leqslant R$，$1 \leqslant d \leqslant D$ 时，构造每段当前样本的最大熵概率密度函数 $f(x)_{(r-d)}$，以 $f(x)_{(1-z)}$ 为先验样本，$f(x)_{(r-d)}$ 为当前样本，结合贝叶斯统计，构造每段当前样本的后验概率密度函数：

$$F(x)_{(r-d)} = \frac{f(x)_{(1-z)} f(x)_{(r-d)}}{\displaystyle\int_R f(x)_{(1-z)} f(x)_{(r-d)} \mathrm{d}x} \tag{7-38}$$

计算每段当前样本的后验概率密度函数的后验期望值：

$$E(x)_{(r-d)} = \int_{-\infty}^{+\infty} x F(x)_{(r-d)} \mathrm{d}x \tag{7-39}$$

后验方差值为

$$D(x)_{(r-d)} = E(x^2)_{(r-d)} - \left[E(x)_{(r-d)}\right]^2 \tag{7-40}$$

式中

$$E(x^2)_{(r-d)} = \int_{-\infty}^{+\infty} x^2 F(x)_{(r-d)} \mathrm{d}x \tag{7-41}$$

显然，先验样本的后验方差比为

$$\frac{D(x)_{(1-z)}}{D(x)_{(1-z)}} = 1 \tag{7-42}$$

而每段当前样本的后验方差比为

$$\frac{D(x)_{(r-d)}}{D(x)_{(1-z)}} = \frac{E(x^2)_{(r-d)} - \left[E(x)_{(r-d)}\right]^2}{E(x^2)_{(1-z)} - \left[E(X)_{(1-z)}\right]^2} \tag{7-43}$$

先验样本为第 1 天当中第 z 段，其后验概率密度函数为

$$F(x)_{(1-z)} = \frac{f(x)_{(1-z)} f(x)_{(1-z)}}{\displaystyle\int_{\Omega} f(x)_{(1-z)} f(x)_{(1-z)} \mathrm{d}x} \tag{7-44}$$

当前样本的后验概率密度函数如式(7-38)所示。

当 $2 \leqslant r \leqslant R$，$1 \leqslant d \leqslant D$ 时，在同一张图中分别绘制 $F(x)_{(1-z)}$ 与 $F(x)_{(r-d)}$ 的概率密度函数图形，如图 7-1 所示。

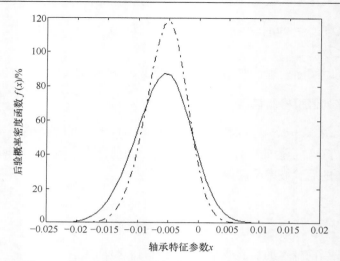

图 7-1　基于时间序列后验概率密度函数后验重合度分析

定义先验样本的后验重合度：

$$C_{H(1-z)} = 1 \tag{7-45}$$

定义当前样本的后验重合度：

$$C_{H(r-d)} = \int_{p_1}^{p_2} F(x)_{(1-z)}\,\mathrm{d}x + \int_{p_2}^{p_3} F(x)_{(r-d)}\,\mathrm{d}x + \int_{p_3}^{p_4} F(x)_{(1-z)}\,\mathrm{d}x \tag{7-46}$$

式中，p_1 为 $F(x)_{(1-z)}$ 与 $F(x)_{(r-d)}$ 定义域区间下限中的偏大值；p_4 为 $F(x)_{(1-z)}$ 与 $F(x)_{(r-d)}$ 定义域区间上限中的偏小值；p_2，p_3 为 $F(x)_{(1-z)}$ 与 $F(x)_{(r-d)}$ 的交点横坐标值且 $p_2 < p_3$。

计算所有当前样本的后验重合度，从而构造时间序列乏信息假设检验模型：

(1) 假设选取先验信息当中第 z 段数据为平稳时间序列，令其自身既为先验样本又为当前样本，结合贝叶斯统计，构造后验概率密度函数 $F(x)_{(1-z)}$，并令其后验重合度为 $C_{H(1-z)} = 1$。

(2) 建立原假设 H_0 与备择假设 H_1：

　　　　H_0：当前时间序列段属于平稳时间序列

　　　　H_1：当前时间序列段属于非平稳时间序列

(3) 根据实际情况选定显著性水平 α，这里取 $\alpha=0.1$。

(4) 依次选取当前信息中的每一段数据 $X_{(r-d)}$ 作为当前样本，分别与先验样本构造当前样本的后验概率密度函数 $F(x)_{(r-d)}$，其中 $2 \leqslant r \leqslant R$，$1 \leqslant d \leqslant D$，计算后验概率密度函数 $F(x)_{(1-z)}$ 和 $F(x)_{(r-d)}$ 的图像重合部分的面积，即后验重合度 $C_{H(r-d)}$。当后验重合度 $C_{H(r-d)}$ 大于 $1-\alpha$ 时，认定当前时间段属于平稳时间序列段，即接受 H_0，否则拒绝 H_0。

在图 7-1 中，点划线为后验概率密度函数 $F(x)_{(1-z)}$，实线为后验概率密度函数 $F(x)_{(r-d)}$。

7.2　滚动轴承性能相空间假设检验模型

7.2.1　滚动轴承性能的相空间重构

在 7.1 节中，X_1 表示第 1 天的所有实验数据，选取其前 S 个数据作为分析研究的对象：

$$X_{1,S} = \left(x_{1,1}, x_{1,2}, \cdots, x_{1,s}, \cdots, x_{1,S} \right) \tag{7-47}$$

式中，$1 \leqslant s \leqslant S$。由于 $X_{1,S}$ 中的数据有正有负，为了提取数据之间的线性相关性，取

$$x_{1\min} = \min \left(x_{1,1}, x_{1,2}, \cdots, x_{1,s}, \cdots, x_{1,S} \right) \tag{7-48}$$

式中，$x_{1\min}$ 为 $X_{1,S}$ 中的最小值，即负方向的最大值。

将第 1 天前 S 个数据构造成一组新的时间序列数据：

$$X'_{1,S} = \left(x_{1,1} - x_{1\min}, x_{1,2} - x_{1\min}, \cdots, x_{1,s} - x_{1\min}, \cdots, x_{1,S} - x_{1\min} \right) \tag{7-49}$$

根据混沌相空间的时延重构定义自相关函数：

$$R_{xx}(\tau) = \frac{1}{S-\tau} \sum_{s=1}^{S-\tau} \left(x_{1,s} - x_{1\min} \right) \left(x_{1,s+\tau} - x_{1\min} \right) \tag{7-50}$$

分别计算 $R_{xx}(1), R_{xx}(2), R_{xx}(3), \cdots$。当自相关函数下降到

$$\left(1 - \frac{1}{e} \right) R_{xx}(1)$$

时，所得到的时间延迟 τ 就是重构相空间的时间延迟 τ。

令

$$m_1 = \frac{U}{\tau}$$

当 m_1 为整数时，嵌入维数 M 为

$$M = m_1 \tag{7-51}$$

当 m_1 为小数时，嵌入维数 M 为

$$M = \left[\frac{U}{\tau} \right] + 1 \tag{7-52}$$

式中，[]为小数取整符号。

当 τ 和 M 得到确定时，相空间重构完成。

当 $1 \leqslant r \leqslant R, 1 \leqslant d \leqslant D$ 时，利用相空间时延重构把时间序列原始数据分析段构

造成相应的基于相空间时间序列数据分析段。

第 r 天第 d 段数据的原始数据段如式(7-4)所示。通过相空间重构，可得

$$X_{(r-n)} = \left(x_{r((d-1)U+1)}, x_{r((d-1)U+1+\tau)}, x_{r((d-1)U+1+2\tau)}, \cdots, x_{r((d-1)U+1+(M-1)\tau)} \right) \tag{7-53}$$

从而可以得到各个时间段基于相空间重构后的抽样数据，每个时间段由原先的 U 个数据变成相应的 M 个数据。

7.2.2 相空间后验概率密度函数

从 $X_{(r-d)}$ 中等概率可放回地抽样，抽取 M 次，每次抽取 1 个数据，共得到 M 个数据。重复这个抽样过程 W 步，得到 W 个样本，其中，第 w 个自助样本为

$$Y_{(r-d)w} = \left(y_{(r-d)w}(1), y_{(r-d)w}(2), \cdots, y_{(r-d)w}(m), \cdots, y_{(r-d)w}(M) \right) \tag{7-54}$$

式中，$w = 1,2,3,\cdots,W$；$Y_{(r-d)w}$ 为基于相空间时间序列第 r 天中第 d 段数据自助抽样后的第 w 个自助样本；$y_{(r-d)w}(m)$ 为基于相空间时间序列第 r 天中第 d 段数据自助抽样后的第 w 个自助样本中第 m 个数据；$m = 1,2,\cdots,M$。

求自助样本 $Y_{(r-d)w}$ 的均值：

$$Y_{0(r-d)w} = \frac{1}{M} \sum_{m=1}^{M} y_{(r-d)w}(m) \tag{7-55}$$

从而得到一个样本含量为 W 的自助样本：

$$Y_{(r-d)\text{Bootstrap}} = \left(Y_{0(r-d)1}, Y_{0(r-d)2}, \cdots, Y_{0(r-d)w}, \cdots, Y_{0(r-d)W} \right) \tag{7-56}$$

最终可以得到基于相空间时间序列每天每段样本自助抽样后的自助样本。

基于相空间时间序列每段自助样本已经获得，当 $1 \leqslant r \leqslant R$，$1 \leqslant d \leqslant D$ 时，利用最大熵概率密度函数法和区间映射的牛顿迭代方法，可以得到基于相空间时间序列每天每段样本的最大熵概率密度函数：

$$f(x)_{(r-d)} = \exp \left[c_{(r-d)0} + \sum_{k=1}^{K} c_{(r-d)k} \left(a_{(r-d)} x + b_{(r-d)} \right)^k \right] \tag{7-57}$$

当 $r = 1$，$1 \leqslant d \leqslant D$ 时，可以得到基于相空间时间序列第 1 天先验信息每段样本的最大熵概率密度函数：

$$f(x)_{(1-d)} = \exp \left[c_{(1-d)0} + \sum_{k=1}^{K} c_{(1-d)k} \left(a_{(1-d)} x + b_{(1-d)} \right)^k \right] \tag{7-58}$$

令 $f(x)_{(1-d)}$ 既为先验样本，又为当前样本，结合贝叶斯统计，计算基于相空间时间序列第 1 天中第 d 个分析段数据的后验概率密度函数：

$$F(x)_{(1-d)} = \frac{f(x)_{(1-d)} f(x)_{(1-d)}}{\int_{\Omega} f(x)_{(1-d)} f(x)_{(1-d)} \mathrm{d}x} \tag{7-59}$$

从而可以得到基于相空间时间序列 D 个先验样本的后验概率密度函数，分别为

$$F(x)_{(1-1)}, F(x)_{(1-2)}, \cdots, F(x)_{(1-d)}, \cdots, F(x)_{(1-D)}$$

在时间序列里，第 1 天中第 z 段数据的后验概率密度函数为 $F(x)_{(1-z)}$，利用后验重合度计算方法计算 $F(x)_{(1-z)}$ 分别与 $F(x)_{(1-1)}, F(x)_{(1-2)}, \cdots, F(x)_{(1-d)}, \cdots, F(x)_{(1-D)}$ 的后验重合度 $C_{H(1-1)}, C_{H(1-2)}, \cdots, C_{H(1-d)}, \cdots, C_{H(1-D)}$。

当 $1 \leqslant d \leqslant D$ 时，最大后验重合度为

$$C_{H(1-y)} = \max(C_{H(1-1)}, C_{H(1-2)}, \cdots, C_{H(1-d)}, \cdots, C_{H(1-D)}) \tag{7-60}$$

所以，在相空间时间序列里，选取第 1 天当中的第 y 段数据作为先验样本。令其自身即为先验样本，又为当前样本，结合贝叶斯统计，计算后验概率密度函数为

$$F(x)_{(1-y)} = \frac{f(x)_{(1-y)} f(x)_{(1-y)}}{\int_{\Omega} f(x)_{(1-y)} f(x)_{(1-y)} \mathrm{d}x} \tag{7-61}$$

7.2.3　相空间假设检验模型

在相空间时间序列里，选取第 1 天当中的第 y 段数据作为先验样本，当 $2 \leqslant r \leqslant R$，$1 \leqslant d \leqslant D$ 时，选取第 r 天中第 d 段数据作为当前样本，其概率密度函数为 $f(x)_{(r-d)}$，结合贝叶斯统计，构造当前样本基于相空间时间序列的后验概率密度函数：

$$F(x)_{(r-d)} = \frac{f(x)_{(1-y)} f(x)_{(r-d)}}{\int_{\Omega} f(x)_{(1-y)} f(x)_{(r-d)} \mathrm{d}x} \tag{7-62}$$

计算基于相空间时间序列每段当前样本的后验概率密度函数的后验期望值：

$$E(x)_{(r-d)} = \int_{-\infty}^{+\infty} x F(x)_{(r-d)} \mathrm{d}x \tag{7-63}$$

后验方差值为

$$D(x)_{(r-d)} = E(x^2)_{(r-d)} - \left[E(x)_{(r-d)} \right]^2 \tag{7-64}$$

每段当前样本的后验方差比为

$$\frac{D(x)_{(r-d)}}{D(x)_{(1-y)}} = \frac{E(x^2)_{(r-d)} - \left[E(x)_{(r-d)} \right]^2}{E(x^2)_{(1-y)} - \left[E(x)_{(1-y)} \right]^2} \tag{7-65}$$

绘制基于相空间时间序列先验样本与各个当前样本的后验期望值与后验方差比变化图。

在相空间时间序列里，先验样本是第 1 天数据中的第 y 段，其后验概率密度函数如式(7-61)所示，当前样本的后验概率密度函数如式(7-62)所示，利用后验重合度计算方法计算所有的当前样本后验重合度，并绘制后验重合度数值变化图形[23-26]。

构建滚动轴承性能基于相空间时间序列的假设检验模型：

(1) 假设选取先验信息当中第 y 段数据为平稳时间序列，对其进行相空间重构后再自助抽样，令其自身既为先验样本又为当前样本，结合贝叶斯统计，构造后验概率密度函数 $F(x)_{(1-y)}$，可知其后验重合度 $C_{H(1-y)}=1$。

(2) 建立原假设 H_0 与备择假设 H_1：

　　H_0：当前时间段基于相空间时间序列属于平稳时间序列

　　H_1：当前时间段基于相空间时间序列属于非平稳时间序列

(3) 根据实际情况选定显著性水平 α，这里取 α =0.1。

(4) 依次选取当前信息中的每 1 段数据 $X_{(r-d)}$ 作为当前样本，分别与先验样本 $X_{(1-y)}$ 构造当前样本的后验概率密度函数 $F(x)_{(r-d)}$，其中 $2 \leqslant r \leqslant R$，$1 \leqslant d \leqslant D$，分别计算两个后验概率密度函数图像重合部分的面积，即后验重合度 $C_{H(r-d)}$。当后验重合度 $C_{H(r-d)}$ 大于 $1-\alpha$ 时，认定当前时间段属于平稳时间序列，即接受 H_0，否则拒绝 H_0。

7.3　基于时间序列的滚动轴承振动实验研究

7.3.1　实验数据

所采用的实验数据来源于兰州某研究所，实验时间为 2010 年 11 月 8 日至 12 月 23 日。4 套同类型轴承分别在 4 种不同的工况条件下连续运行 46 天，工况条件如表 7-1 所示，每天对 4 套轴承采用定点采集数据，每天采集数据约 65000 个。

表 7-1　滚动轴承振动实验工况条件

轴承序号	载荷/(9.8N)	转速/(r/min)
1	2	1500
2	3	1500
3	3	1000
4	5	1000

由于每天实验数据较多以及实验天数较长，考虑全部实验数据是不太可能的，所以对实验数据进行分天及分段处理。选取 11 月 8 日数据，11 月 13 日数据，11 月 18 日数据，…，12 月 13 日数据，12 月 18 日数据，12 月 23 日数据(即每隔 4 天取 1 次数据，共计 10 天数据)，同时选取每天前 4000 个数据作为分析研究的对象，因此每套轴承整个实验过程就有 40000 个原始振动数据。

通过以上方法，第 1 套滚动轴承振动实验的原始数据序列如图 7-2 和图 7-3 所示，第 2 套滚动轴承振动实验的原始数据序列如图 7-4 和图 7-5 所示，第 3 套滚动轴承振动实验的原始数据序列如图 7-6 和图 7-7 所示，第 4 套滚动轴承振动实验的原始数据序列如图 7-8 和图 7-9 所示。

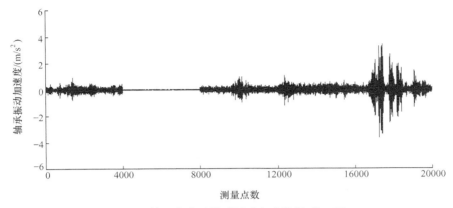

图 7-2　第 1 套滚动轴承振动实验数据(前 5 天)

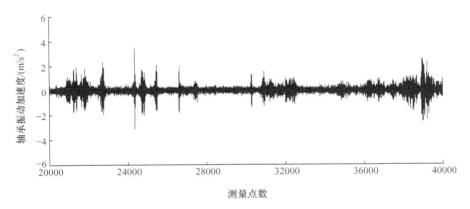

图 7-3　第 1 套滚动轴承振动实验数据(后 5 天)

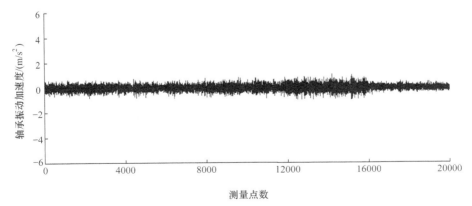

图 7-4　第 2 套滚动轴承振动实验数据(前 5 天)

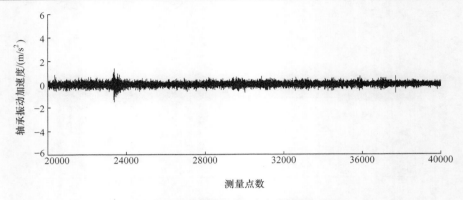

图 7-5　第 2 套滚动轴承振动实验数据(后 5 天)

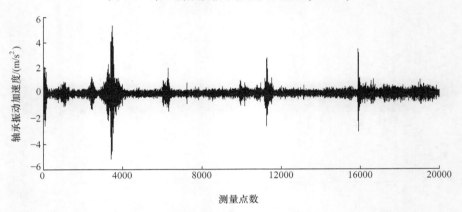

图 7-6　第 3 套滚动轴承振动实验数据(前 5 天)

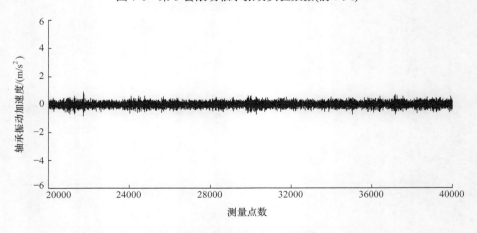

图 7-7　第 3 套滚动轴承振动实验数据(后 5 天)

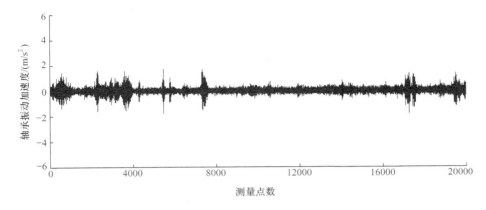

图 7-8　第 4 套滚动轴承振动实验数据(前 5 天)

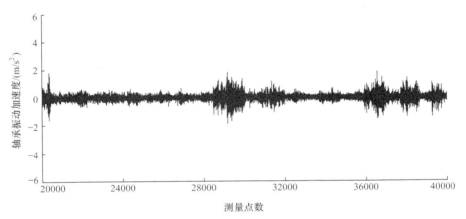

图 7-9　第 4 套滚动轴承振动实验数据(后 5 天)

7.3.2　实验数据的时间序列分析

从以上 4 套轴承截取的实验数据可以发现，在整个动态测量中，同一类型的滚动轴承在不同的工况条件下具有明显不同的强烈波动和趋势变化，从而属于概率分布及趋势规律都未知的乏信息系统。为了实现基于时间序列滚动轴承性能特征参数的假设检验，需要使用乏信息理论对滚动轴承振动数据进行时间序列的研究与分析。

利用所构造的假设检验模型分别对 4 套滚动轴承原始振动数据处理分析，从而建立滚动轴承基于时间序列的假设检验模型，并对滚动轴承振动数据处理结果进行时间段分析。

1. 第 1 套轴承的分析与研究

观察图 7-2 和图 7-3，选取每 400 个振动数据作为一组时间序列分析段，令第

1 天的 4000 个数据作为先验信息。

首先利用自助法对第 1 天的 10 段数据分别自助抽取 500000 次，然后利用最大熵原理对每段数据构造最大熵概率密度函数，令每段数据自身既为先验样本，又为当前样本，结合贝叶斯原理，构造每段样本的后验概率密度函数，从而计算后验概率密度函数的后验期望值及后验方差值，计算结果如表 7-2 所示。

表 7-2　第 1 套轴承先验信息的分析

先验样本与当前样本	后验期望值	后验方差值/10^{-5}
第 1 段	0.0056	1.9251
第 2 段	0.0017	1.7081
第 3 段	0.0040	2.8738
第 4 段	0.0064	3.6168
第 5 段	0.0032	1.7404
第 6 段	0.0020	3.2567
第 7 段	0.0043	3.1995
第 8 段	0.0079	1.0290
第 9 段	0.0086	1.4371
第 10 段	0.0057	1.5404

通过表 7-2 可以得到，后验期望值在一定区间范围内波动，所以根据后验方差值选择先验样本，后验方差值越大，表明振动数据的离散程度越大；后验方差值越小，表明振动数据的离散程度越小。根据后验方差值最小原则，选取第 1 天当中第 8 段数据作为先验样本，即最平稳的振动数据样本。

同理利用自助法分别对后 9 天数据段样本自助抽样 500000 次，结合最大熵原理得到 90 段当前样本的当前概率密度函数。利用贝叶斯原理，分别构造当前样本的后验概率密度函数，从而计算 90 段当前样本的后验概率密度函数的后验期望值，并绘制后验期望值变化图形，如图 7-10 所示。计算后验概率密度函数的后验方差值，并令 90 个后验方差值分别除以 1.0290×10^{-5}，从而绘图得到后验方差比变化图形，如图 7-11 所示。

绘制先验样本的后验概率密度函数图形，令其为第 1 套轴承最平稳振动时间序列图像，其后验重合度为 1。令 90 段当前样本的后验概率密度函数图像分别与最平稳振动时间序列图像进行后验重合度分析，将计算结果按时间序列绘制图形，如图 7-12 所示。

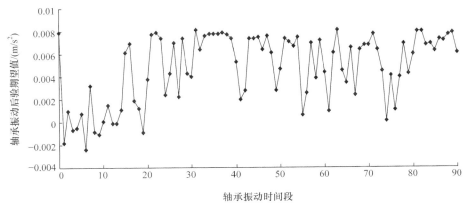

图 7-10 第 1 套轴承基于时间序列后验期望值变化图

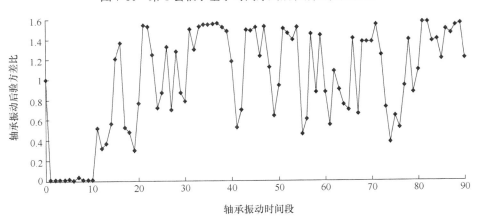

图 7-11 第 1 套轴承基于时间序列后验方差比变化图

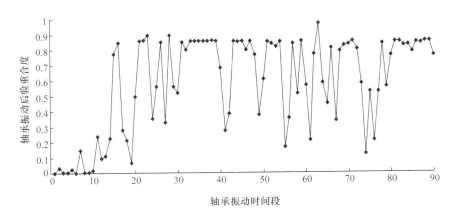

图 7-12 第 1 套轴承基于时间序列后验重合度变化图

2. 第 2 套轴承的分析与研究

观察图 7-4 和图 7-5，选取每 400 个振动数据作为一个时间序列分析段，按照假设检验模型对第 2 套轴承进行数据处理，具体计算结果如表 7-3 所示。

表 7-3　第 2 套轴承先验信息的分析

先验样本与当前样本	后验期望值	后验方差值/10^{-5}
第 1 段	−0.0114	2.7531
第 2 段	−0.0186	5.0721
第 3 段	−0.0166	2.5148
第 4 段	−0.0135	10.0580
第 5 段	−0.0191	1.3405
第 6 段	−0.0143	2.9128
第 7 段	−0.0151	4.9169
第 8 段	−0.0149	2.6343
第 9 段	−0.0103	1.9911
第 10 段	−0.0142	4.5940

通过表 7-3，根据后验方差值最小原则，选取第 5 段数据作为先验样本，即最平稳振动数据样本。构造 90 段当前样本的后验概率密度函数，从而计算后验期望值，并绘制后验期望值变化图形，如图 7-13 所示。计算后验方差值，并令 90 个后验方差值分别除以 1.3405×10^{-5}，从而绘图得到后验方差比变化图形，如图 7-14 所示。

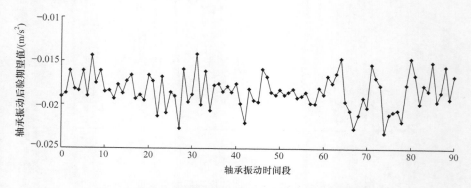

图 7-13　第 2 套轴承基于时间序列后验期望值变化图

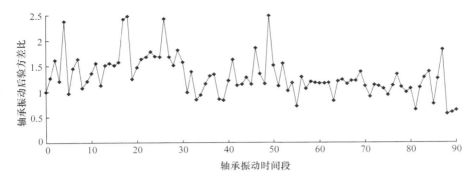

图 7-14　第 2 套轴承基于时间序列后验方差比变化图

　　绘制先验样本的后验概率密度函数图形，令其为第 2 套轴承最平稳振动时间序列图像，其后验重合度为 1。令 90 段当前样本的后验概率密度函数图像分别与最平稳振动时间序列图像进行后验重合度分析，将计算结果按时间序列绘制图形，如图 7-15 所示。

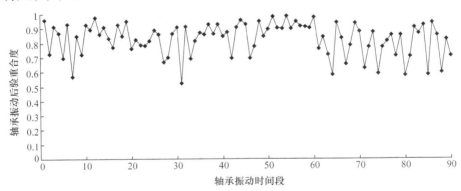

图 7-15　第 2 套轴承基于时间序列后验重合度变化图

3. 第 3 套轴承的分析与研究

　　观察图 7-6 和图 7-7，选取每 400 个振动数据作为一个时间序列分析段，按照假设检验模型对第 3 套轴承进行数据处理，具体计算结果如表 7-4 所示。

表 7-4　第 3 套轴承先验信息的分析

先验样本与当前样本	后验期望值	后验方差值
第 1 段	-0.0062	2.1912×10^{-4}
第 2 段	-0.0092	3.2352×10^{-5}
第 3 段	-0.0074	1.5288×10^{-4}

续表

先验样本与当前样本	后验期望值	后验方差值
第 4 段	−0.0064	$3.1245×10^{-5}$
第 5 段	−0.0092	$9.9948×10^{-6}$
第 6 段	−0.0072	$4.6548×10^{-5}$
第 7 段	−0.0085	$5.7700×10^{-5}$
第 8 段	−0.0047	$1.0378×10^{-4}$
第 9 段	−0.0018	0.0020
第 10 段	−0.0043	$1.6352×10^{-4}$

通过表 7-4，选取第 5 段数据作为先验样本，即最平稳振动数据样本。构造 90 段当前样本的后验概率密度函数，从而计算后验期望值，并绘制后验期望值变化图形，如图 7-16 所示。计算后验方差值，并令 90 个后验方差值分别除以 $9.9948×10^{-6}$，从而绘图得到后验方差比变化图形，如图 7-17 所示。

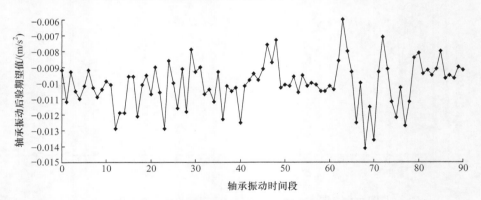

图 7-16　第 3 套轴承基于时间序列后验期望值变化图

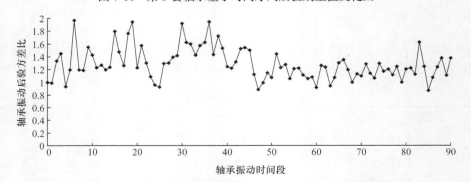

图 7-17　第 3 套轴承基于时间序列后验方差比变化图

绘制先验样本的后验概率密度函数图形，令其为第 3 套轴承最平稳振动时间序列图像，其后验重合度为 1。令 90 段当前样本的后验概率密度函数图像分别与最平稳振动时间序列图像进行重合度分析，将计算结果按时间序列绘制图形，如图 7-18 所示。

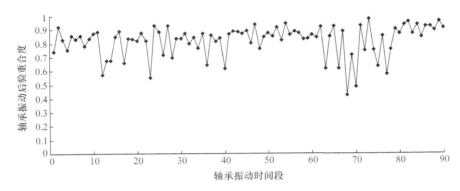

图 7-18　第 3 套轴承基于时间序列后验重合度变化图

4. 第 4 套轴承的分析与研究

观察图 7-8 和图 7-9，选取每 400 个振动数据作为一个时间序列分析段，按照假设检验模型对第 4 套轴承进行数据处理，具体计算结果如表 7-5 所示。

表 7-5　第 4 套轴承先验信息的分析

先验样本与当前样本	后验期望值	后验方差值
第 1 段	−0.003	5.8993×10^{-5}
第 2 段	−0.0045	1.6294×10^{-4}
第 3 段	−0.0056	3.7922×10^{-5}
第 4 段	−0.0054	1.4836×10^{-5}
第 5 段	−0.0048	2.4824×10^{-5}
第 6 段	−0.0012	8.7588×10^{-5}
第 7 段	−0.0070	9.4744×10^{-5}
第 8 段	−0.0024	4.3029×10^{-4}
第 9 段	5.2393×10^{-4}	3.1533×10^{-4}
第 10 段	−0.0035	2.2149×10^{-4}

通过表 7-5，选取第 4 段数据作为先验样本，即最平稳振动数据样本。构造 90 段当前样本的后验概率密度函数，从而计算后验期望值，并绘制后验期望值变化图形，如图 7-19 所示。计算后验方差值，并令 90 个后验方差值分别除以 1.4836×10^{-5}，从而绘图得到后验方差比变化图形，如图 7-20 所示。

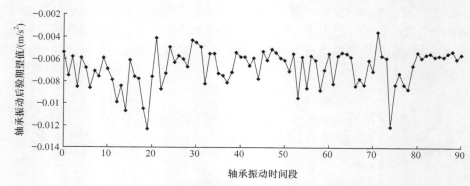

图 7-19　第 4 套轴承基于时间序列后验期望值变化图

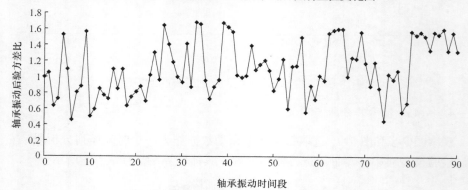

图 7-20　第 4 套轴承基于时间序列后验方差比变化图

　　绘制先验样本的后验概率密度函数图形，令其为第 4 套轴承最平稳振动时间序列图像，其后验重合度为 1。令 90 段当前样本的后验概率密度函数图像分别与最平稳振动时间序列图像进行后验重合度分析，将计算结果按时间序列绘制图形，如图 7-21 所示。

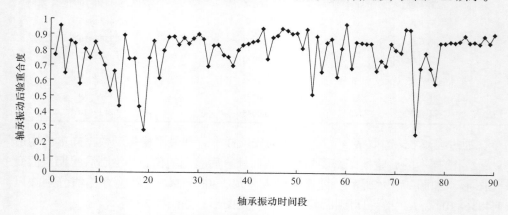

图 7-21　第 4 套轴承基于时间序列后验重合度变化图

7.3.3　时间序列假设检验与平稳性分析

构造第 1 套轴承基于时间序列振动的假设检验模型：

(1) 假设第 1 套轴承第 1 天第 8 段数据为平稳振动时间序列段，令其自身既为先验样本，又为当前样本，构造后验概率密度函数图像，其后验重合度为 1。

(2) 建立原假设 H_0 与备择假设 H_1：

　　　　H_0：振动数据段属于平稳振动时间序列

　　　　H_1：振动数据段属于非平稳振动时间序列

(3) 根据实际情况选定显著性水平 α，这里取 $\alpha = 0.1$。当后验重合度(两个后验概率密度函数图像重合面积的积分值)大于 $1 - \alpha$ 时，认定当前时间段属于平稳振动时间序列，即接受 H_0，否则拒绝 H_0。

同理，可以对第 2 套轴承、第 3 套轴承及第 4 套轴承构造相应的基于时间序列滚动轴承振动假设检验模型，从而可以对轴承振动状况的平稳性进行分析。

1. 第 1 套轴承振动时间段的平稳性分析

截取 2 段平稳振动时间段和 6 段非平稳振动时间段的原始振动数据，以及相应的后验期望值、后验方差比、后验重合度，并绘制基于振动时间段的变化图形，如图 7-22～图 7-25 所示。

在时间序列里，由于工况条件及其他因素的影响，仅有 2 段数据属于平稳振动时间段，此时后验期望值在 $[0.0079, 0.0081]$ 内波动，后验方差比在 $[0.90426, 1]$ 内波动。当后验期望值越接近 0.0079，且后验方差比越接近 1 时，轴承振动的平稳性就越好；当后验期望值越偏离 0.0079，且后验方差比越偏离 1 时，轴承振动的平稳性就越差。

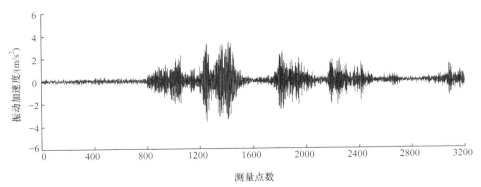

图 7-22　第 1 套轴承时间段分析的原始振动数据

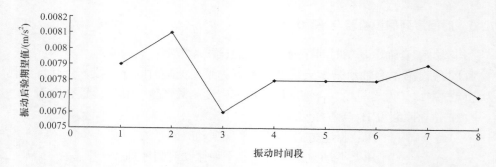

图 7-23　第 1 套轴承时间段分析的后验期望值

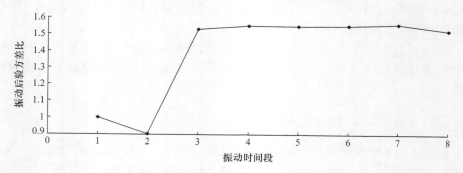

图 7-24　第 1 套轴承时间段分析的后验方差比

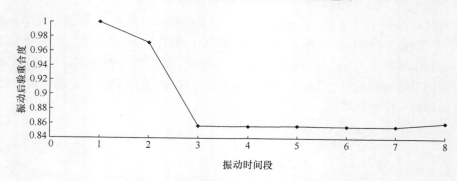

图 7-25　第 1 套轴承时间段分析的后验重合度

2. 第 2 套轴承振动时间段的平稳性分析

截取 32 段平稳振动时间段和 4 段非平稳振动时间段的原始振动数据，以及相应的后验期望值、后验方差比、后验重合度，并绘制基于振动时间段的变化图形，如图 7-26～图 7-29 所示。

在时间序列里，受各方面因素的影响，有 32 段数据属于平稳振动时间段，

此时后验期望值在 [−0.02, −0.0181] 内波动，后验方差比在 [0.7209, 2.4128] 内波动。当后验期望值越接近−0.0191，且后验方差比越接近 1 时，轴承振动的平稳性就越好；当后验期望值越偏离−0.0191，且后验方差比越偏离 1 时，轴承振动的平稳性就越差。

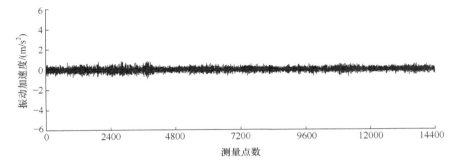

图 7-26　第 2 套轴承时间段分析的原始振动数据

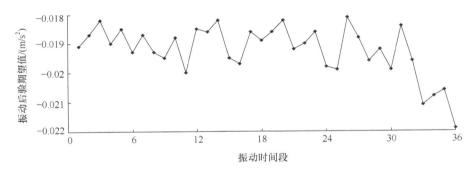

图 7-27　第 2 套轴承时间段分析的后验期望值

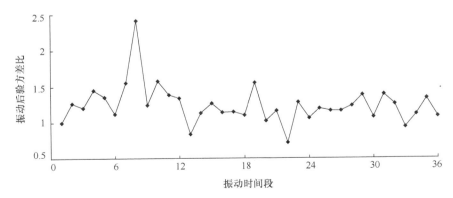

图 7-28　第 2 套轴承时间段分析的后验方差比

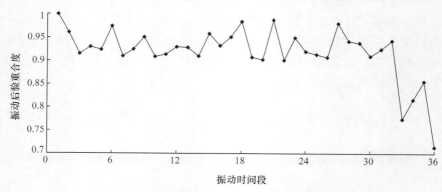

图 7-29　第 2 套轴承时间段分析的后验重合度

3. 第 3 套轴承振动时间段的平稳性分析

截取 19 段平稳振动时间段和 5 段非平稳振动时间段的原始振动数据,以及相应的后验期望值、后验方差比、后验重合度,并绘制基于振动时间段的变化图形,如图 7-30～图 7-33 所示。

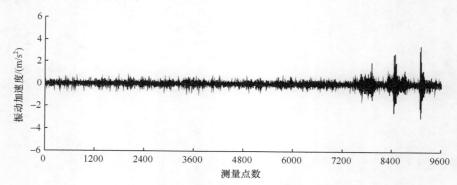

图 7-30　第 3 套轴承时间段分析的原始振动数据

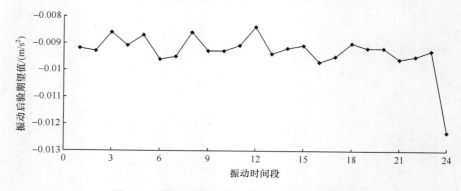

图 7-31　第 3 套轴承时间段分析的后验期望值

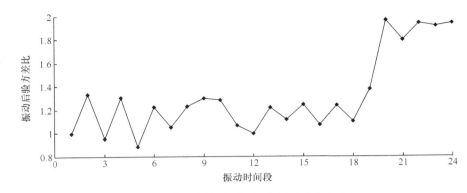

图 7-32　第 3 套轴承时间段分析的后验方差比

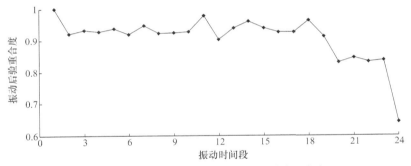

图 7-33　第 3 套轴承时间段分析的后验重合度

在时间序列里，受各方面因素的影响，有 19 段数据属于平稳振动时间段，此时后验期望值在 [−0.0097, −0.0084] 内波动，后验方差比在 [0.88152, 1.37552] 内波动。当后验期望值越接近 −0.0092，且后验方差比越接近 1 时，轴承振动的平稳性就越好；当后验期望值越偏离 −0.0092，且后验方差比越偏离 1 时，轴承振动的平稳性就越差。

4. 第 4 套轴承振动时间段的平稳性分析

截取 13 段平稳振动时间段和 5 段非平稳振动时间段的原始振动数据，以及相应的后验期望值、后验方差比、后验重合度，并绘制基于振动时间段的变化图形，如图 7-34～图 7-37 所示。

在时间序列里，受各方面因素的影响，有 13 段数据属于平稳振动时间段，此时后验期望值在 [−0.0061, −0.0045] 内波动，后验方差比在 [0.63623, 1.32731] 内波动。当后验期望值越接近−0.0054，且后验方差比越接近 1 时，轴承振动的平稳性就越好；当后验期望值越偏离−0.0054，且后验方差比越偏离 1 时，轴承振动的平稳性就越差。

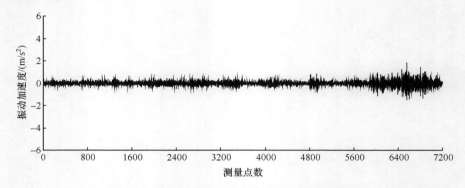

图 7-34　第 4 套轴承时间段分析的原始振动数据

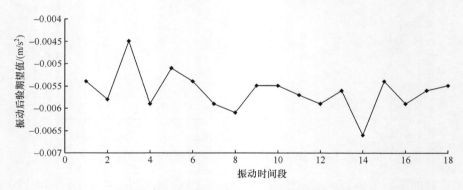

图 7-35　第 4 套轴承时间段分析的后验期望值

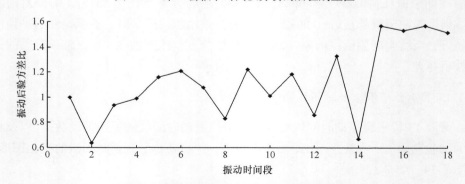

图 7-36　第 4 套轴承时间段分析的后验方差比

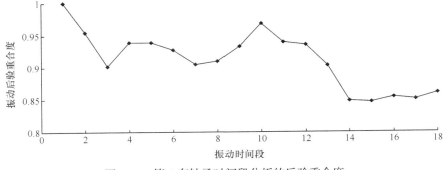

图 7-37　第 4 套轴承时间段分析的后验重合度

7.4　基于相空间时间序列的滚动轴承振动实验研究

7.4.1　实验数据的相空间分析

1. 第 1 套滚动轴承

第 1 套滚动轴承的原始振动数据如图 7-2 和图 7-3 所示。令第 1 天 4000 个数据为先验信息，利用相空间理论中的时延重构，确定第 1 套滚动轴承的时间延迟 $\tau = 5$，嵌入维数 $M = 80$。

分别对 10 段先验样本进行时延重构，并进行基于相空间时间序列的自助抽样，令其自身既为先验样本，又为当前样本，构造滚动轴承基于相空间时间序列的后验概率密度函数。令 10 段后验概率密度函数图像分别与第 1 套轴承基于时间序列先验样本的后验概率密度函数图像进行后验重合度分析，通过计算可以得到，基于相空间时间序列先验信息中的第 8 段数据所构造的后验概率密度函数图像与基于时间序列先验信息中的第 8 段数据构造的后验概率密度函数图像的后验重合度最大，所以选取先验信息中的第 8 段数据作为第 1 套轴承基于相空间时间序列的先验样本，即最平稳振动数据样本。

对 90 段当前样本进行时延重构，利用自助法对 90 段当前样本分别进行自助抽样 500000 次，结合最大熵原理对每段数据构造最大熵概率密度函数，利用贝叶斯原理，分别构造相应的基于相空间时间序列后验概率密度函数，从而计算后验概率密度函数的后验期望值，如图 7-38 所示，同时计算后验概率密度函数的后验方差值，并令 90 个后验方差值分别除以 3.7755×10^{-5}，从而绘图得到第 1 套轴承基于相空间时间序列后验方差比变化图形，如图 7-39 所示。

绘制最平稳振动数据样本的后验概率密度函数图形，其后验重合度为 1。令 90 段当前样本的后验概率密度函数图像分别与最平稳振动图像进行后验重合度分析，将计算结果绘制图形，如图 7-40 所示。

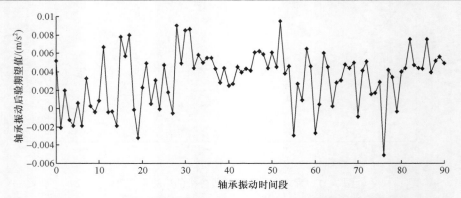

图 7-38　第 1 套轴承基于相空间时间序列方法后验期望值变化图

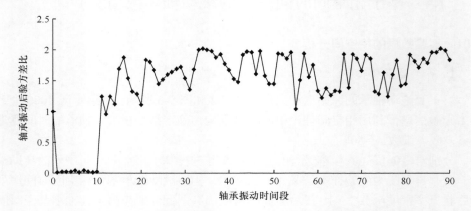

图 7-39　第 1 套轴承基于相空间时间序列方法后验方差比变化图

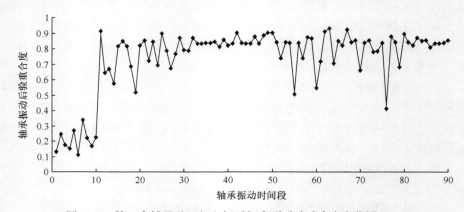

图 7-40　第 1 套轴承基于相空间时间序列后验重合度变化图

2. 第 2 套滚动轴承

第 2 套滚动轴承的原始振动数据如图 7-4 和图 7-5 所示。选取第 1 天 4000 个数据为先验信息，利用相空间理论中的时延重构，确定第 2 套滚动轴承的时间延迟 $\tau=4$，嵌入维数 $M=100$。

分别对 10 段先验样本进行时延重构，并进行基于相空间时间序列的自助抽样，令其自身既为先验样本，又为当前样本，构造滚动轴承基于相空间时间序列的后验概率密度函数。令 10 段后验概率密度函数图像分别与第 2 套轴承基于时间序列先验样本的后验概率密度函数图像进行后验重合度分析，通过计算可以得到，基于相空间时间序列先验信息中的第 2 段数据所构造的后验概率密度函数图像与基于时间序列先验信息中的第 5 段数据构造的后验概率密度函数图像的后验重合度最大，所以选取先验信息中的第 2 段数据作为第 2 套轴承基于相空间时间序列的先验样本，即最平稳振动数据样本。

对 90 段当前样本进行时延重构，利用自助法对 90 段当前样本分别进行自助抽样 500000 次，结合最大熵原理对每段数据构造最大熵概率密度函数，利用贝叶斯原理，分别构造相应的基于相空间时间序列后验概率密度函数，从而计算后验概率密度函数的后验期望值，如图 7-41 所示，同时计算后验概率密度函数的后验方差值，并令 90 个后验方差值分别除以 1.0998×10^{-4}，从而绘图得到第 2 套轴承基于相空间时间序列后验方差比变化图形，如图 7-42 所示。

绘制最平稳振动数据样本的后验概率密度函数图形，其后验重合度为 1。令 90 段当前样本的后验概率密度函数图像，分别与最平稳振动图像进行后验重合度分析，将计算结果绘制图形，如图 7-43 所示。

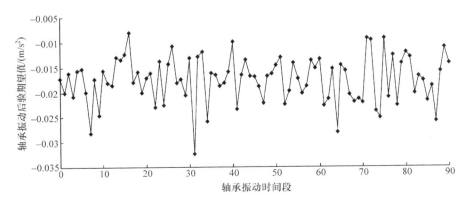

图 7-41　第 2 套轴承基于相空间时间序列方法后验期望值变化图

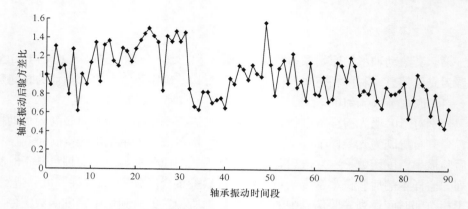

图 7-42　第 2 套轴承基于相空间时间序列方法后验方差比变化图

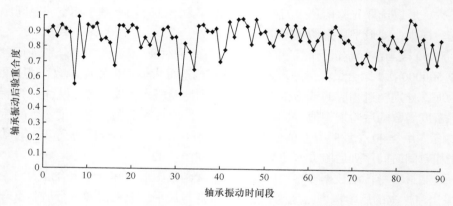

图 7-43　第 2 套轴承基于相空间时间序列后验重合度变化图

3. 第 3 套滚动轴承

第 3 套滚动轴承的原始振动数据如图 7-6 和图 7-7 所示。选取第 1 天 4000 个数据为先验信息，利用相空间理论中的时延重构，确定第 3 套滚动轴承的时间延迟 $\tau = 4$，嵌入维数 $M = 100$。

分别对 10 段先验样本进行时延重构，并进行基于相空间时间序列的自助抽样，令其自身既为先验样本，又为当前样本，构造滚动轴承基于相空间时间序列的后验概率密度函数。令 10 段后验概率密度函数图像分别与第 3 套轴承基于时间序列先验样本的后验概率密度函数图像进行后验重合度分析，通过计算可以得到，基于相空间时间序列先验信息中的第四段数据所构造的后验概率密度函数图像与基于时间序列先验信息中的第 5 段数据构造的后验概率密度函数图像的后验重合度最大，所以选取先验信息中的第 4 段数据作为第 3 套轴承基于相空间时间序列的先验样本，即最平稳振动数据样本。

　　对 90 段当前样本进行时延重构，利用自助法对 90 段当前样本分别进行自助抽样 500000 次，结合最大熵原理对每段数据构造最大熵概率密度函数，利用贝叶斯原理，分别构造相应的基于相空间时间序列后验概率密度函数，从而计算后验概率密度函数的后验期望值，如图 7-44 所示，同时计算后验概率密度函数的后验方差值，并令 90 个后验方差值分别除以 1.0683×10^{-4}，从而绘图得到第 3 套轴承基于相空间时间序列后验方差比变化图形，如图 7-45 所示。

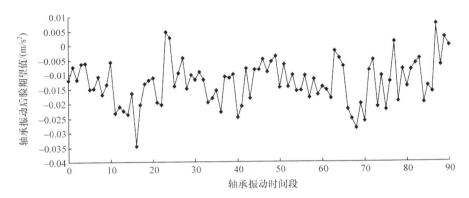

图 7-44　第 3 套轴承基于相空间时间序列方法后验期望值变化图

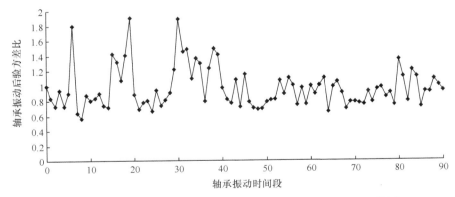

图 7-45　第 3 套轴承基于相空间时间序列方法后验方差比变化图

　　绘制最平稳振动数据样本的后验概率密度函数图形，其后验重合度为 1。令 90 段当前样本的后验概率密度函数图像分别与最平稳振动图像进行后验重合度分析，将计算结果绘制图形，如图 7-46 所示。

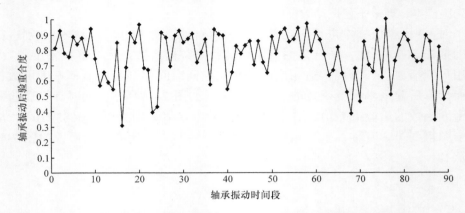

图 7-46　第 3 套轴承基于相空间时间序列后验重合度变化图

4. 第 4 套滚动轴承的分析与研究

第 4 套滚动轴承的原始振动数据如图 7-8 和图 7-9 所示。选取第 1 天 4000 个数据为先验信息，利用相空间理论中的时延重构，确定第 4 套滚动轴承的时间延迟 $\tau=4$，嵌入维数 $M=100$。

分别对 10 段先验样本进行时延重构，并进行基于相空间时间序列的自助抽样，令其自身既为先验样本，又为当前样本，构造滚动轴承基于相空间时间序列的后验概率密度函数。令 10 段后验概率密度函数图像分别与第 4 套轴承基于时间序列先验样本的后验概率密度函数图像进行后验重合度分析，通过计算可以得到，基于相空间时间序列先验信息中的第四段数据所构造的后验概率密度函数图像与基于时间序列先验信息中的第 4 段数据构造的后验概率密度函数图像的后验重合度最大，所以选取先验信息中的第 4 段数据作为第 4 套轴承基于相空间时间序列的先验样本，即最平稳振动数据样本。

对 90 段当前样本进行时延重构，利用自助法对 90 段当前样本分别进行自助抽样 500000 次，结合最大熵原理对每段数据构造最大熵概率密度函数，利用贝叶斯原理，分别构造相应的基于相空间时间序列后验概率密度函数，从而计算后验概率密度函数的后验期望值，如图 7-47 所示，同时计算后验概率密度函数的后验方差值，并令 90 个后验方差值分别除以 7.0140×10^{-5}，从而绘图得到第 4 套轴承基于相空间时间序列后验方差比变化图形，如图 7-48 所示。

绘制最平稳振动数据样本的后验概率密度函数图形，其后验重合度为 1。令 90 段当前样本的后验概率密度函数图像，分别与最平稳振动图像进行后验重合度分析，将计算结果绘制图形，如图 7-49 所示。

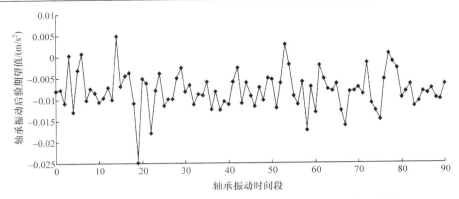

图 7-47　第 4 套轴承基于相空间时间序列方法后验期望值变化图

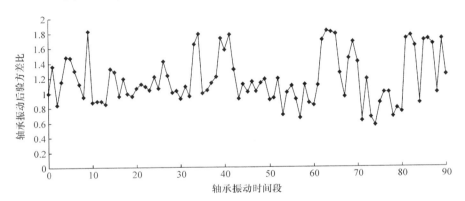

图 7-48　第 4 套轴承基于相空间时间序列方法后验方差比变化图

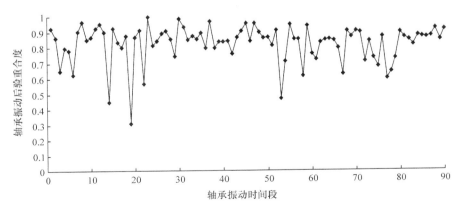

图 7-49　第 4 套轴承基于相空间时间序列后验重合度变化图

7.4.2　相空间假设检验与平稳性分析

构造第 1 套轴承基于相空间时间序列振动的假设检验模型：

(1) 基于相空间时间序列，假设第 1 套轴承第 1 天第 8 段数据为平稳振动时间序列段，令其自身既为先验样本，又为当前样本，构造后验概率密度函数图像，其后验重合度为 1。

(2) 建立原假设 H_0 与备择假设 H_1：

H_0：振动数据段属于平稳振动时间序列

H_1：振动数据段属于非平稳振动时间序列

(3) 根据实际情况选定显著性水平 α，这里取 0.1。当后验重合度(两个后验概率密度函数图像重合面积的积分值)大于 $1-\alpha$ 时，认定当前时间段属于平稳振动时间序列，即接受 H_0，否则拒绝 H_0。

同理，可以对第 2 套轴承、第 3 套轴承及第 4 套轴承构造相应的基于相空间时间序列的滚动轴承振动假设检验模型，通过这个模型可以对轴承基于相空间时间序列平稳振动状况进行分析。

1. 第 1 套轴承振动时间段的平稳性分析

截取 7 段平稳振动时间段和 5 段非平稳振动时间段的原始振动数据，以及相应的后验期望值、后验方差比、后验重合度，并绘制基于振动时间段的变化图形，如图 7-50～图 7-53 所示。

在相空间时间序列里，受各方面因素的影响，仅有 7 段数据属于平稳振动时间段，此时后验期望值在 $[0.0044,0.0061]$ 内波动，后验方差比在 $[1,1.4754]$ 内波动。当后验期望值越接近 0.0052，且后验方差比越接近 1 时，轴承振动的平稳性就越好；当后验期望值越偏离 0.0052，且后验方差比越偏离 1 时，轴承振动的平稳性就越差。

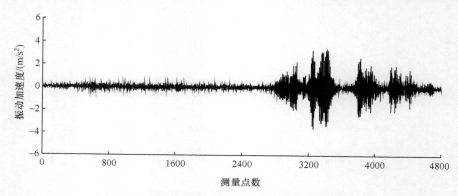

图 7-50　第 1 套轴承时间段分析的原始振动数据

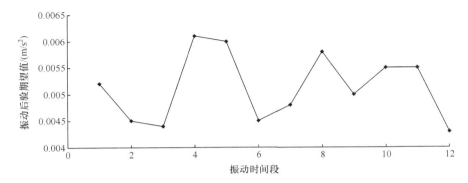

图 7-51　第 1 套轴承时间段分析的后验期望值

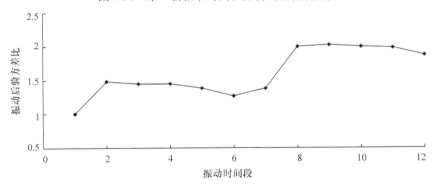

图 7-52　第 1 套轴承时间段分析的后验方差比

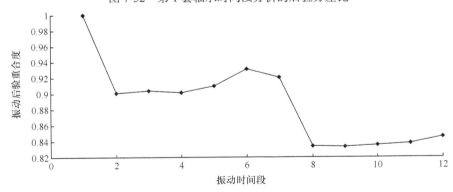

图 7-53　第 1 套轴承时间段分析的后验重合度

2. 第 2 套轴承振动时间段的平稳性分析

截取 32 段平稳振动时间段和 4 段非平稳振动时间段的原始振动数据,以及相应的后验期望值、后验方差比、后验重合度,并绘制基于振动时间段的变化图形,如图 7-54～图 7-57 所示。

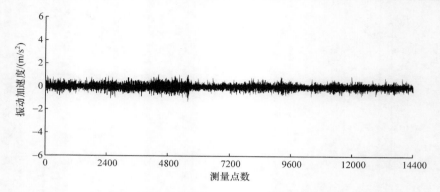

图 7-54 第 2 套轴承时间段分析的原始振动数据

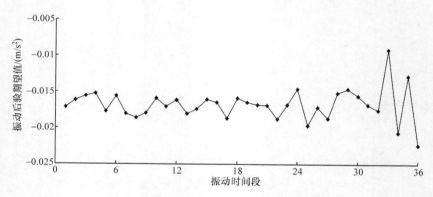

图 7-55 第 2 套轴承时间段分析的后验期望值

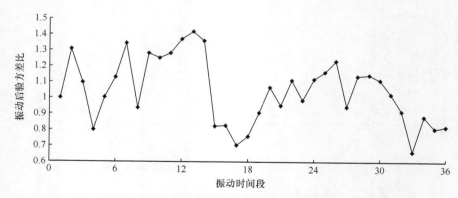

图 7-56 第 2 套轴承时间段分析的后验方差比

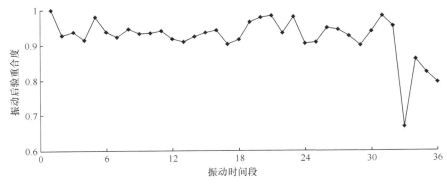

图 7-57　第 2 套轴承时间段分析的后验重合度

在相空间时间序列里，受各方面因素的影响，有 32 段数据属于平稳振动时间段，此时后验期望值在 [-0.0197, -0.0146] 内波动，后验方差比在 [0.7055, 1.4167] 内波动。当后验期望值越接近 -0.0172，且后验方差比越接近 1 时，轴承振动的平稳性就越好；当后验期望值越偏离 -0.0172，且后验方差比越偏离 1 时，轴承振动的平稳性就越差。

3. 第 3 套轴承振动时间段的平稳性分析

截取 18 段平稳振动时间段和 6 段非平稳振动时间段的原始振动数据，以及相应的后验期望值、后验方差比、后验重合度，并绘制基于振动时间段的变化图形，如图 7-58～图 7-61 所示。

在相空间时间序列里，受各方面因素的影响，有 18 段数据属于平稳振动时间段，此时后验期望值在 [-0.0142, -0.0103] 内波动，后验方差比在 [0.729, 1.4932] 内波动。当后验期望值越接近 -0.0121，且后验方差比越接近 1 时，轴承振动的平稳性就越好；当后验期望值越偏离 -0.0121，且后验方差比越偏离 1 时，轴承振动的平稳性就越差。

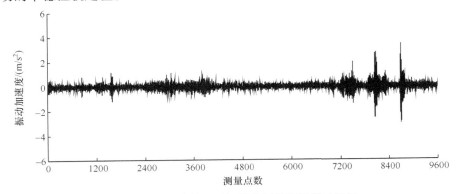

图 7-58　第 3 套轴承时间段分析的原始振动数据

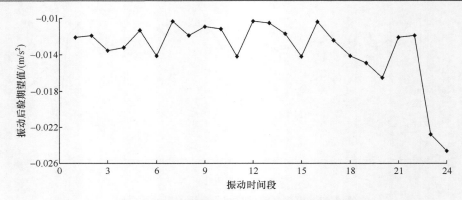

图 7-59 第 3 套轴承时间段分析的后验期望值

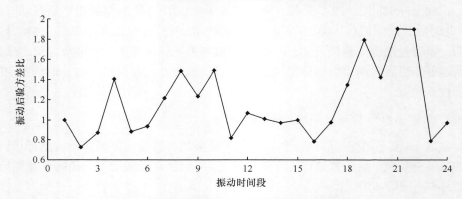

图 7-60 第 3 套轴承时间段分析的后验方差比

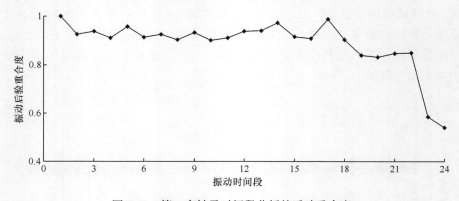

图 7-61 第 3 套轴承时间段分析的后验重合度

4. 第 4 套轴承振动时间段的平稳性分析

截取 23 段平稳振动时间段和 5 段非平稳振动时间段的原始振动数据，以及相应的后验期望值、后验方差比、后验重合度，并绘制基于振动时间段的变化图形，如图 7-62～图 7-65 所示。

在相空间时间序列里，受各方面因素的影响，有 23 段数据属于平稳振动时间段，此时后验期望值在 [−0.0101,−0.006] 内波动，后验方差比在 [0.8672,1.4585] 内波动。当后验期望值越接近−0.008，且后验方差比越接近 1 时，轴承振动的平稳性就越好；当后验期望值越偏离−0.008，且后验方差比越偏离 1 时，轴承振动的平稳性就越差。

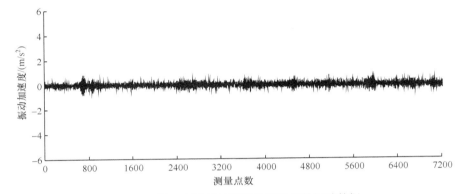

图 7-62　第 4 套轴承时间段分析的原始振动数据

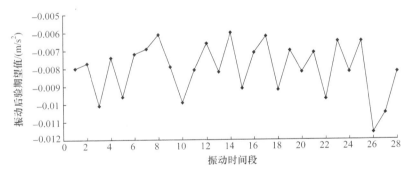

图 7-63　第 4 套轴承时间段分析的后验期望值

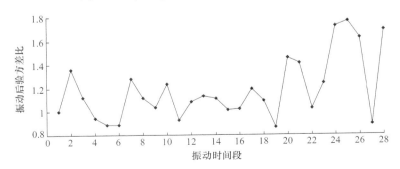

图 7-64　第 4 套轴承时间段分析的后验方差比

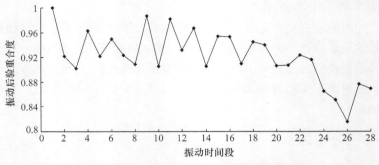

图 7-65　第 4 套轴承时间段分析的后验重合度

7.5　时间序列分析与相空间分析的结果比较

在 4 种工况下同类型轴承在两种时间序列下的后验期望值、后验方差比、后验重合度的对比图形如图 7-66～图 7-77 所示。

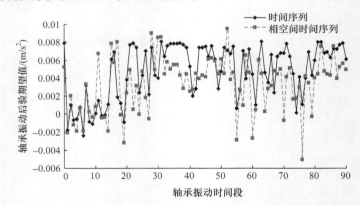

图 7-66　第 1 套轴承基于两种方法的后验期望值比较变化图

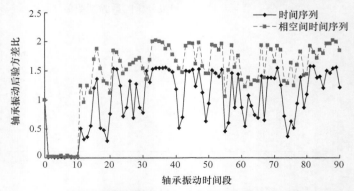

图 7-67　第 1 套轴承基于两种方法的后验方差比比较变化图

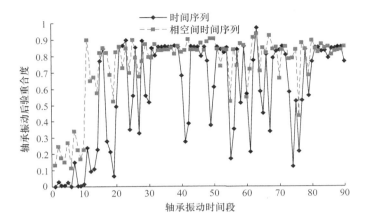

图 7-68 第 1 套轴承基于两种方法的后验重合度比较变化图

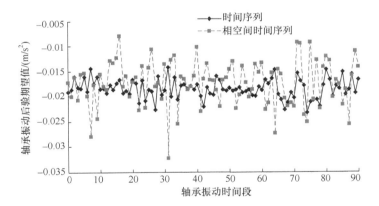

图 7-69 第 2 套轴承基于两种方法的后验期望值比较变化图

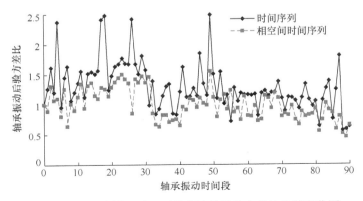

图 7-70 第 2 套轴承基于两种方法的后验方差比比较变化图

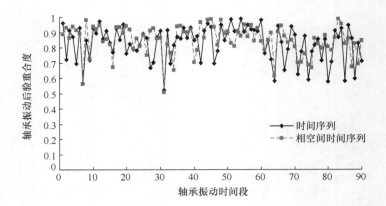

图 7-71　第 2 套轴承基于两种方法的后验重合度比较变化图

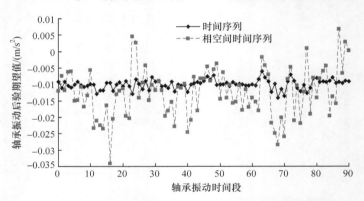

图 7-72　第 3 套轴承基于两种方法的后验期望值比较变化图

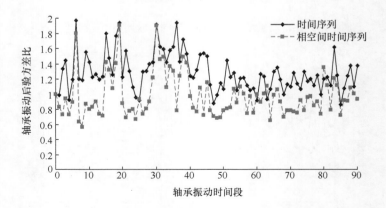

图 7-73　第 3 套轴承基于两种方法的后验方差比比较变化图

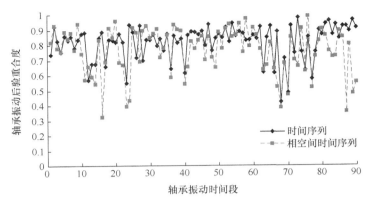

图 7-74　第 3 套轴承基于两种方法的后验重合度比较变化图

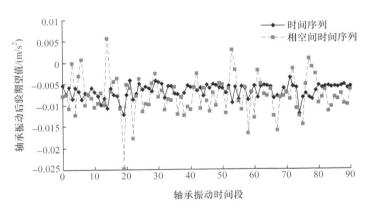

图 7-75　第 4 套轴承基于两种方法的后验期望值比较变化图

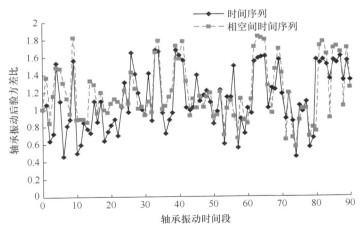

图 7-76　第 4 套轴承基于两种方法的后验方差比比较变化图

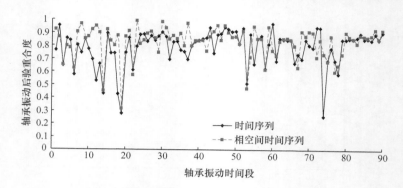

图 7-77　第 4 套轴承基于两种方法的后验重合度比较变化图

可以看出，两种时间序列方法的后验期望值、后验方差比、后验重合度曲线总体来说具有较大的相似性及趋势一致性，表明基于相空间时间序列法能够以较少的数据准确拟合基于时间序列法，使滚动轴承性能基于时间序列的原始动力学特性得到最优恢复。

7.6　基于时间序列的滚动轴承摩擦力矩实验研究

本节研究滚动轴承基于时间序列的摩擦力矩性能。

对型号为 134H 的滚动轴承在转速 11.45r/min 下进行摩擦力矩实验，得到摩擦力矩随时间变化的一组电压信号，然后利用假设检验数学模型对摩擦力矩的性能进行分析与判断。

滚动轴承摩擦力矩在时间序列中呈现出较强的随机性，数值大小随时间而变化。但是在轴承工作当中某一具体时刻的摩擦力矩数值是确定的，一般情况是研究摩擦力矩的最大值或者平均值来对轴承的摩擦力矩性能进行分析。

滚动轴承摩擦力矩实验所使用的轴承型号是 134H，转速为 11.45r/min。每隔 4s，传感器记录 1 次电信号，将采集到的摩擦力矩实验数据绘制成图像，如图 7-78 所示。在采集数据过程当中，随着轴承转动，摩擦力矩在时间序列具有较强的随机波动与明显的趋势变化，由此可见，轴承的摩擦力矩性能是十分复杂的。

观察实验数据可以发现，在动态测量当中，滚动轴承的摩擦力矩具有较强的随机波动与明显的趋势变化，属于概率分布及趋势规律都未知的乏信息系统。为了对滚动轴承的摩擦力矩进行乏信息假设检验，需要使用乏信息理论对滚动轴承摩擦力矩实验数据进行分段处理分析。

观察图 7-78，利用所构造的假设检验模型，选取滚动轴承最初较为平稳的 10

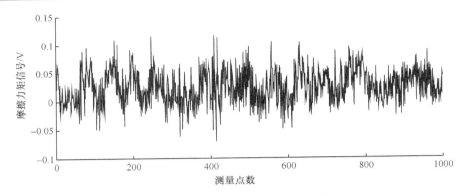

图 7-78 滚动轴承摩擦力矩实验数据

个连续数据作为先验样本。利用自助法对先验样本的 10 个数据自助抽取 10000 次，然后结合最大熵原理构造先验样本的最大熵概率密度函数，令其自身既为先验样本，又为当前样本，结合贝叶斯原理，构造先验样本的后验概率密度函数，从而计算后验期望值及后验方差值。

随机选取 9 段当前样本，每段 10 个原始数据，利用自助法分别对其自助抽样 10000 次，结合最大熵原理得到 9 段当前样本的概率密度函数。利用贝叶斯原理，分别构造当前样本的后验概率密度函数，从而得到 9 段当前样本的后验期望值、后验方差值，并令后验方差值分别除以 1.2657×10^{-5}，从而得到当前样本的后验方差比。

绘制先验样本的后验概率密度函数图形，其为轴承摩擦力矩最平稳时间序列图像，且后验重合度为 1。令 9 段当前样本的后验概率密度函数图像分别与最平稳时间序列图像进行后验重合度分析，从而得到当前样本的后验重合度。

绘制选定的摩擦力矩原始数据、后验期望值、后验方差比、后验重合度随时间段的变化图形，如图 7-79~图 7-82 所示。

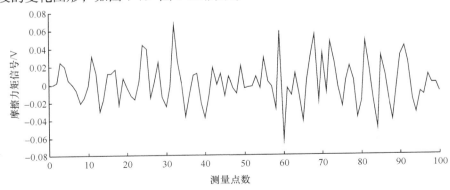

图 7-79 轴承时间段分析的原始数据

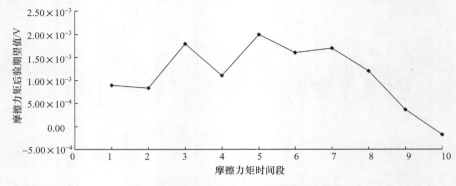

图 7-80　轴承时间段分析的后验期望值

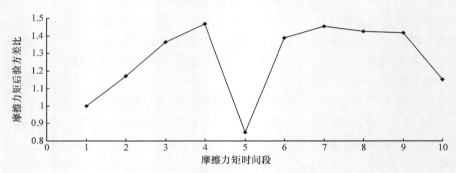

图 7-81　轴承时间段分析的后验方差比

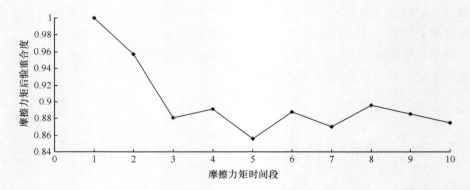

图 7-82　轴承时间段分析的后验重合度

在时间序列里，受各方面因素的影响，仅有两段数据属于平稳时间段，此时后验期望值在 $[8.3882 \times 10^{-4}, 8.9672 \times 10^{-4}]$ 内波动，后验方差比在 $[1, 1.1707]$ 内波动。当后验期望值越接近 8.9672×10^{-4}，且后验方差比越接近 1 时，轴承摩擦力矩的平稳性就越好；当后验期望值越偏离 8.9672×10^{-4}，且后验方差比越偏离 1 时，轴承摩擦力矩的平稳性就越差。

7.7　本　章　小　结

滚动轴承的性能呈现出不确定的波动与趋势变化,具有明显的非线性特性,属于概率分布及趋势规律都未知的乏信息系统。本章首先对滚动轴承性能原始数据分别进行基于时间序列和基于相空间时间序列的分段处理;然后以乏信息理论为基础,利用最大熵自助法分别建立先验样本和当前样本的概率密度函数;再结合贝叶斯统计理论,建立滚动轴承性能特征参数基于时间段的动态贝叶斯后验概率密度函数;最后根据贝叶斯后验概率密度函数计算特征参数的后验期望值、后验方差比及后验重合度等。这样就能有效地对滚动轴承性能特征参数在各个时间段的状况进行分析判断,从而为滚动轴承性能的非线性动力学特性在时间序列的演变奠定新的理论基础。

对滚动轴承性能实验数据进行研究分析并假设检验,结果表明,工况条件不同,滚动轴承性能特征参数的后验期望值在不同的区间范围内波动。后验重合度随着时间序列进行变化,当后验重合度大于 0.9 时,轴承性能在当前时间段处于平稳时间序列;当后验重合度小于 0.9 时,轴承性能在当前时间段处于非平稳时间序列。

后验重合度的定义完美地融合了后验期望值与后验方差比,不仅关心轴承性能数据在当前时间段的离散程度,更考虑到轴承性能数据在当前时间段的总体变化趋势。当后验期望值越接近先验样本的后验期望值,且后验方差比越接近 1 时,轴承在当前时间段的平稳性就越好;当后验期望值越偏离先验样本的后验期望值,且后验方差比越偏离 1 时,轴承在当前时间段的平稳性就越差。

用两种时间序列方法获得的后验期望值、后验方差比、后验重合度曲线总体来说具有较大的相似性及趋势一致性,表明基于相空间时间序列法能够以较少的数据准确拟合基于时间序列法,使滚动轴承性能基于时间序列的原始动力学特性得到最优恢复。

第8章　滚动轴承运行性能时间序列
演化过程的识别方法

本章提出灰识别方法和泊松识别方法，以识别滚动轴承运行性能时间序列演化过程。灰识别方法是基于灰色系统理论中的灰色关联度概念的，通过构建乏信息元函数以及时间序列稳定性准则，来识别滚动轴承运行性能时间序列从原始状态到演化状态的遍历过程。泊松识别方法是基于泊松过程的，在滚动轴承振动性能概率分布和趋势项未知的乏信息情况下，建立累积失效概率函数模型，实现滚动轴承振动性能变异过程的有效识别。

8.1　概　　述

从服役开始到失效，轴承性能连续变异，形成一个时间序列，具有不断变化的性能与累积失效轨迹。例如，从良好的润滑状态到断油状态，然后到贫油状态，最后至失效，轴承性能通常要经历三个不同程度的演化阶段即渐进变化阶段、快速变化阶段与剧烈变化阶段，属于较为严重的非平稳过程。在此期间，轴承性能的趋势、概率分布及数字特征均会发生比较大的、动态的及非线性的未知变化。目前滚动轴承各种性能的研究面临着概率分布未知、特征数据少、变化趋势复杂的困难，即其性能演化过程隶属于乏信息系统范畴[22-30]。

为了解决上述难题，本章提出两种识别滚动轴承运行性能时间序列演化过程的新方法——灰识别方法和泊松识别方法。

所提出的灰识别方法是基于灰色系统理论中的灰色关联度概念的，基本原理是通过构建乏信息元函数以及时间序列稳定性准则，来识别滚动轴承运行性能时间序列从原始状态到演化状态的遍历过程。

所提出的泊松识别方法是基于"振动可能造成轴承损伤，进而引起性能变异"这一事件的。滚动轴承的性能会随着服役条件而不断变化，随着服役时间而不断衰退，最终发生性能失效。由于多种随机因素的干扰，即使不存在任何损伤与磨损的轴承，在良好润滑的服役期间仍然会产生振动。因此，通常容许轴承存在振动，但振动不能超过要求的阈值。事实上，振动加速度超过阈值的频率越高即振动越剧烈，对轴承造成损伤的可能性就越大，因而发生性能失效的可能性就越大。根据随机过程理论，这种"振动可能造成轴承损伤，进而引起性能变异"的事件属于计数过程，可以用泊松过程表示。

本章提出的灰识别方法和泊松识别方法均可以在滚动轴承性能概率分布和趋势项的先验信息未知的情况下，对其运行性能时间序列的演化过程进行实时检测与有效识别。

8.2　滚动轴承运行性能时间序列演化的灰识别方法

基于灰色系统理论，本节提出一种鉴别滚动轴承运行性能时间序列演化的新方法。首先为了辨别时间序列的稳定性，定义了原始状态序列和演化状态序列，并引入灰置信水平和乏信息元函数准则；然后通过仿真测试实验验证方法的有效性。轴承系统初始磨损阶段的仿真测试显示，在没有任何趋势项和函数先验信息下，所提出的方法可以有效地识别和评估时间序列的演化状态，这样就可以及时采取相应的措施避免严重的事故。

8.2.1　灰色置信水平与乏信息元函数

在研究一个事件演化过程中，收集时间序列 X 的 n 个数据如下：

$$X = (x(1), x(2), \cdots, x(i), \cdots, x(n)) \tag{8-1}$$

式中，$x(i)$ 为 X 中第 i 个数据；n 为 X 中数据序号。

时间序列 X 分为 m 个子序列，由下式给出：

$$X_w = (x_w(1), x_w(2), \cdots, x_w(k), \cdots, x_w(K)), \quad w = 0, 1, 2, \cdots, m-1; k = 1, 2, \cdots, K; K = n/m \tag{8-2}$$

式中，$x_w(k)$ 是 X_w 中第 k 个数据；K 为 X_w 中数据序列。

在式(8-1)中第 1 个子序列定义为原始状态序列 X_0，其他的定义为演化状态序列，原始状态 X_0 由下式给出：

$$X_0 = (x_0(1), x_0(2), \cdots, x_0(k), \cdots, x_0(K)) \tag{8-3}$$

演化状态 X_j 由下式给出：

$$X_j = (x_j(1), x_j(2), \cdots, x_j(k), \cdots, x_j(K)), \quad j = 1, 2, \cdots, m-1 \tag{8-4}$$

定义参考序列 X_C 为

$$X_C = (x_C(1), x_C(2), \cdots, x_C(k), \cdots, x_C(K)) = (x_0(1), x_0(1), \cdots, x_0(1), \cdots, x_0(1)) \tag{8-5}$$

原始状态 X_0 和参考序列 X_C 间的灰色关联度如下：

$$\gamma_{0C}(\xi) = \frac{1}{K} \sum_{k=1}^{K} \frac{\min\limits_{k} |x_C(k) - x_0(k)| + \xi \max\limits_{k} |x_C(k) - x_0(k)|}{|x_C(k) - x_0(k)| + \xi \max\limits_{k} |x_C(k) - x_0(k)|} \tag{8-6}$$

演化状态 X_j 和参考序列 X_C 间的灰色关联度为

$$\gamma_{jC}(\xi) = \frac{1}{K}\sum_{k=1}^{K} \frac{\min_{k}|x_C(k)-x_j(k)| + \xi\max_{k}|x_C(k)-x_j(k)|}{|x_C(k)-x_j(k)| + \xi\max_{k}|x_C(k)-x_j(k)|} \tag{8-7}$$

乏信息元函数定义为

$$r_{0j} = \begin{cases} 1 - \dfrac{1}{\eta}\max_{\xi\to\xi^*}|\gamma_{0C}(\xi)-\gamma_{jC}(\xi)|, & \max_{\xi\to\xi^*}|\gamma_{0C}(\xi)-\gamma_{jC}(\xi)|\in[0,\eta] \\ 0, & \max_{\xi\to\xi^*}|\gamma_{0C}(\xi)-\gamma_{jC}(\xi)|\in[\eta,1] \end{cases} \tag{8-8}$$

式中，r_{0j}表示时间序列演化乏信息元函数；η为权重；ξ为分辨系数；ξ^*为最优分辨系数。

灰置信水平为

$$P_{0j} = (1-0.5\eta)\times100\% \tag{8-9}$$

式中，P_{0j}为灰置信水平。

式(8-8)和式(8-9)为灰置信水平下的乏信息元函数，它们可以用来确定时间序列的稳定性。

8.2.2　时间序列稳定性识别准则

令乏信息元函数r_{0j}=0.5，通过灰色系统理论最少信息原则和统计理论与乏信息系统理论中小概率事件原则，在表8-1中定义了时间序列稳定性准则。

表 8-1　时间序列稳定性识别准则

代码等级	灰置信水平条件	时间序列等级和稳定性	潜在安全性的可能性
G1	$P_{0j}\in[99\%,100\%]$	等级 1 和最好稳定性	最小
G2	$P_{0j}\in[95\%,99\%)$	等级 2 和较好稳定性	较小
G3	$P_{0j}\in[90\%,95\%)$	等级 3 和好稳定性	小
G4	$P_{0j}\in[85\%,90\%)$	等级 4 和差稳定性	大
G5	$P_{0j}\in[75\%,85\%)$	等级 5 和较差稳定性	较大
G6	$P_{0j}\in[0\%,75\%)$	等级 6 和最差稳定性	最大

8.2.3　模拟实验

这是一个时间序列的模拟实验。在仿真某轴承系统运行状态监视模拟过程中，借助仿真考虑一个运行参数从最初的磨损阶段到正常磨损阶段运动的时间序列。假定这个运行参数的理论值为 0。收集运行参数 7 个时间段的数据，一个时间段为 5 天，每个时间段获得 400 个数据，模拟实验形成的总共 n=2800 的时间序列 X，如图 8-1 所示。

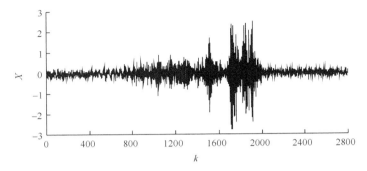

图 8-1　仿真某轴承系统运行参数的时间序列

令 $K=400$ 和 $m=7$，那么可以构建 7 个子序列。在图 8-1 中，横坐标 k 的第 1 个数值间隔[1,400]对应于原始状态序列 X_0，横坐标 k 的其他的数值间隔[401,800]、[801,1200]、[1201,1600]、[1601,2000]、[2001,2400]和[2401,2800]分别对应于演化状态序列 $X_1, X_2, \cdots, X_5$ 和 X_6。

令信息单元函数 $r_{0j}=0.5$，由式(8-8)和式(8-9)可以计算灰置信水平 P_{0j}，并且可以区分轴承系统运行参数的演化过程，结果如表 8-2 所示。

表 8-2　仿真轴承系统运行状态的识别结果

演化状态序列 X_j	灰置信水平 $P_{0j}/\%$	等级	稳定性	仿真轴承系统运行状态
X_1	95.96	G2	较好	初始磨损的开始
X_2	94.05	G3	好	初始磨损的波动
X_3	96.77	G2	较好	初始磨损的发展
X_4	89.65	G4	差	初始磨损的极点
X_5	95.98	G2	较好	初始磨损的中止
X_6	96.65	G2	较好	正常磨损的开始

从表 8-2 可以看出，根据演化状态序列 X_1, X_2, X_3, X_5 和 X_6 可知轴承系统的运行状态是非常稳定的，因为它们的灰置信水平 P_{0j} 取值从 94.05% 到 96.77%，并且这种稳定结果从初始磨损阶段一直到正常磨损阶段；同时由演化状态 X_4 可以知道轴承系统又是非稳定的，因为它的灰置信水平 P_{0j} 取值仅为 89.65%，这种结果起始于非平稳初始磨损阶段。

由仿真实验可知，在没有任何趋势和函数的先验信息下，本节提出的乏信息时间序列演化识别方法可以有效识别和评估时间序列的演化状态。该方法是一种新的时间序列分析方法，并且也可以认为是现有时间序列理论的补充。

8.3 滚动轴承运行性能时间序列演化的泊松识别方法

8.3.1 变异强度的信息向量

定义时间变量为 τ。设定评估周期，从不同的时间 $\tau=\tau_L$ 开始计时，到时间 $\tau=\tau_U$ 结束计时。取时间区间 $\Delta\tau=\tau_U-\tau_L=T$ 为常数，并用下标 r 表示不同时间 τ 下的时间区间，形成一个时间区间序列向量：

$$\Delta\boldsymbol{\Gamma} = (\Delta\tau_1, \Delta\tau_2, \cdots, \Delta\tau_r, \cdots, \Delta\tau_R), \quad r=1,2,\cdots,R \tag{8-10}$$

其中，$\Delta\tau_r$ 为第 r 个时间区间；r 为时间区间序号；R 为时间区间个数；T 为评估周期。

假设在第 r 个时间区间 $\Delta\tau_r$ 内，通过测量系统获得服役期间或实验期间滚动轴承振动信息的一个时间序列向量 $\boldsymbol{X}_r$：

$$\boldsymbol{X}_r = (x_r(1), x_r(2), \cdots, x_r(h), \cdots, x_r(H)), \quad r=1,2,\cdots,R \tag{8-11}$$

式中，$x_r(h)$ 为 $\boldsymbol{X}_r$ 中的第 h 个数据；H 为 $\boldsymbol{X}_r$ 中的数据个数。

根据泊松过程，基于振动信息的时间序列，定义滚动轴承振动性能的变异过程是以变异强度为参数的一个计数过程。变异强度是指振动加速度超过阈值的频率，属于影响轴承振动性能变异过程的重要特征参数。通常，变异强度会随着轴承振动性能在不同的时间区间变异而发生变化。

根据工程实践，轴承振动性能阈值 c 的设定有两种原则。第一种是根据工作主机对轴承振动性能的要求给出一个具体的值；第二种是在给定置信水平下，借助于最大熵原理，由振动表现正常的数据即进入正常磨损阶段的振动数据获得其概率分布密度函数来确定置信区间即阈值，这时的 c 为一个波动范围。

设滚动轴承振动性能的阈值为 c。在第 r 个评估周期 T_r 内，通过对振动信息的时间序列 $\boldsymbol{X}_r$ 计数，计算 $\boldsymbol{X}_r$ 中超出 c(若 c 为给定的值，则为 $\pm c$)的次数 n_r，进而得到第 r 个振动信息时间序列 $\boldsymbol{X}_r$ 变异强度的信息：

$$\lambda_r = \frac{n_r}{T_r} \tag{8-12}$$

对于 R 个振动信息的时间序列，可以构建变异强度的信息向量：

$$\varLambda = \{\lambda_r\} \tag{8-13}$$

向量 $\varLambda$ 为识别滚动轴承振动性能的变异过程奠定了参数基础。

8.3.2 累积失效概率函数

对于第 r 个时间区间，在一个评估周期 T_r 内，设局域时间变量 $t\in[0,\Delta\tau_r]$，基于变异强度 λ_r，轴承振动性能变异过程的失效分布律可以用泊松过程表示为

$$P_r(n_r, t) = \frac{(\lambda_r t)^{n_r}}{n_r!} \exp(-\lambda_r t), \quad n_r = 0, 1, 2, \cdots, N_r \tag{8-14}$$

式中，n_r 为变异因数，表示"振动可能造成轴承损伤，进而引起性能变异"这一事件在第 r 个时间区间内发生次数的离散变量；N_r 为第 r 个时间区间内事件发生的次数。

轴承振动性能变异过程的累积失效概率函数为

$$F_r(t) = \sum_{n_r=1}^{N_r} P_r(n_r, t) \tag{8-15}$$

8.3.3　累积失效概率函数的应用

与传统的轴承寿命可靠性函数不同，式(8-15)中的 t 不是寿命变量，而是基于全局时间变量 τ 的局域时间变量。随着轴承的运行，可以提取出 $\Delta\tau_r$ 内的 $F_r(t)$，于是获得关于 $F_r(t)$ 的函数序列向量：

$$\boldsymbol{F} = \left(F_1(t), F_2(t), \cdots, F_r(t), \cdots, F_R(t)\right) \tag{8-16}$$

式中，$\boldsymbol{F}$ 为累积失效概率函数序列向量，它显示了轴承振动性能随时间 τ 的变异过程；$F_r(t)$ 为第 r 个时间区间内的累积失效概率函数。

在各个评估周期 $T_r = \Delta\tau_r$ 内，令 $t = T_r$，计算 $F_r(t)$ 的取值，于是得到一个评估周期结束时的累积失效概率值序列：

$$f = \left(f_1, f_2, \cdots, f_r, \cdots, f_R\right) \tag{8-17}$$

式中

$$f_r = F_r(T_r) \tag{8-18}$$

式中，f_r 为第 r 个时间区间内轴承振动性能累积失效概率值。

从式(8-15)可以看出，所建立的累积失效概率函数模型不依赖于滚动轴承振动性能的概率分布与趋势项的先验信息。根据式(8-17)中累积失效概率值序列随着全局时间变量 τ 的变化情况，可以实时识别轴承振动性能的变异过程，及时发现性能失效并采取相应措施，从而避免重大事故的发生。

8.3.4　实验研究

1. 实验安排

该实验是在一个专用的滚动轴承性能实验台上进行的，滚动轴承振动加速度的实验数据(单位：m/s²)是由加速度传感器测得的。4 套同类型的轴承分别在 4 种不同的工况条件下连续工作 46 天(2010 年 11 月 8 日至 12 月 23 日)，工况条件如表 8-3 所示。每天对 4 套轴承的振动数据进行定时采集，对于每套轴承，每天约采集 65000 个数据。

表 8-3 滚动轴承振动实验的工况条件

轴承序号 i	实验工况条件	
	轴承载荷/N	轴承转速/(r/min)
1	19.6	1500
2	29.4	1500
3	29.4	1000
4	49	1000

对实验数据按天处理后进行评估。对每套轴承实行相同的选取方法，即从 11 月 8 号开始到 12 月 23 号每隔 4 天取 1 次数据，共计 10 天数据。

同时每天选取前 1000 个数据作为实验研究的对象(H=1000)，从而得到每套轴承整个实验过程的 10000 个原始振动数据，即 10 个振动信息的时间序列 X_r(r 为时间区间序号，r=1,2,…,10)，如图 8-2~图 8-5 所示。

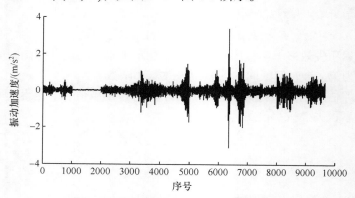

图 8-2 第 1 套滚动轴承振动信息时间序列

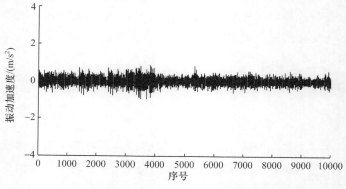

图 8-3 第 2 套滚动轴承振动信息时间序列

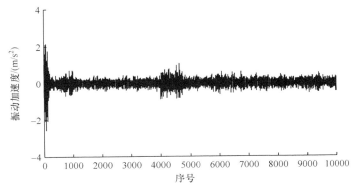

图 8-4 第 3 套滚动轴承振动信息时间序列

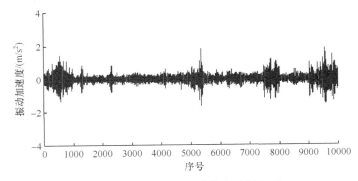

图 8-5 第 4 套滚动轴承振动信息时间序列

在图 8-2～图 8-5 中，评估周期 $T_r=\Delta\tau_r=1$ 天，相邻两个评估周期之间相隔 4 天。图 8-2～图 8-5 中的横坐标 1～1000 对应于第 1 个评估周期 T_1，1001～2000 对应于第 2 个评估周期为 T_2，T_2 与 T_1 之间相隔 4 天，以此类推，即从 1 开始每 1000 个序号依次对应于一个评估周期，相邻两个评估周期之间相隔 4 天，共 10 个评估周期。

2. 给定阈值下的研究

由式(8-10)～式(8-13)可以得到不同工况下 4 套轴承在给定阈值 $c=0.3$ 下的变异强度信息向量 $\Lambda_{ir}(i$ 为轴承序号，$i=1,2,3,4$；r 为时间区间序号，$r=1,2,\cdots,10)$，如表 8-4 所示。在相同的工况下，即使是同一套轴承其振动序列变异强度的信息 λ_{ir} 之间也存在差异，这是由随机噪声引起的。

由式(8-8)可以分别得到相同阈值 $c=0.3$、不同工况下，每套轴承经历 10 个评估周期所得的累积失效概率值序列，如图 8-6～图 8-9 所示。

表 8-4　4 套轴承的变异强度信息

序号 i	变异强度 λ_{ir} (时间区间序号 r=1,2,···,10)									
	λ_{i1}	λ_{i2}	λ_{i3}	λ_{i4}	λ_{i5}	λ_{i6}	λ_{i7}	λ_{i8}	λ_{i9}	λ_{i10}
1	16	0	7	194	201	116	312	23	268	321
2	134	132	183	318	48	107	70	68	67	28
3	245	23	39	32	261	57	74	53	44	65
4	347	59	21	27	64	209	80	285	42	474

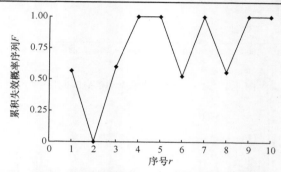

图 8-6　第 1 套轴承振动性能累积失效概率

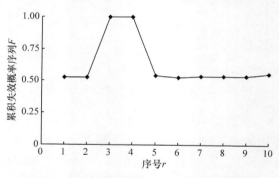

图 8-7　第 2 套轴承振动性能累积失效概率

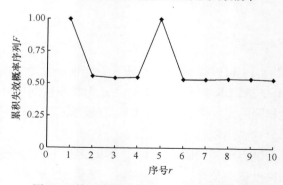

图 8-8　第 3 套轴承振动性能累积失效概率

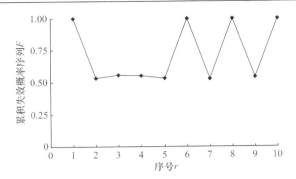

图 8-9　第 4 套轴承振动性能累积失效概率

在一个评估周期(T=1 天)结束时，事件发生次数达到极限，累积失效概率达到最大。因此，可以用累积失效概率来表征轴承振动性能的变异过程。具体来说，就是用一个评估周期结束时的累积失效概率值来表征特定阈值下滚动轴承振动性能当前的变异状态和程度，但这并不表示轴承发生故障了，仅表示其发生故障及失效的可能性。例如，如果高累积失效概率值持续发生，如图 8-6 中的轴承 1，就需要关注该轴承的可靠性和安全性，以便及早发现失效隐患，为避免恶性事故发生提供科学的决策建议；相反地，如果累积失效概率值相对平稳且保持在 0.5 左右，就表明轴承运行良好且性能可靠，如图 8-7 中的轴承 2 和图 8-8 中的轴承 3。另外，如果累积失效概率值波动剧烈，其值忽大忽小，如图 8-9 中的轴承 4，它的振动性能不稳定，这表明轴承可能正处在磨损的初级阶段，且极有可能发生早期失效，应当引起注意。

通过对图 8-2 和图 8-6、图 8-3 和图 8-7、图 8-4 和图 8-8、图 8-5 和图 8-9 的对比分析，可以得到以下结论：

同类轴承在相同阈值不同工况条件下，其性能累积失效概率各不相同。第 1 套轴承振动状态最不好，性能变异最为显著；第 4 套轴承次之，性能变异较为显著；第 2 套和第 3 套轴承运转一定时间后，振动状态相对比较平稳，性能变异也相对稳定。

轴承 1：前两个评估周期性能变异不显著，从第 3 个评估周期开始到第 10 个评估周期，性能变异依次由不显著到显著交替变换。这表明第 1 套轴承在第 3 个评估周期前已结束了一个变异过程，并开始进入了一个新的变异过程。

轴承 2 和轴承 3：两套轴承的整体状态基本一致，除偶尔一次变异显著之外，随后的振动均比较平稳，变异均不显著。这表明这两套轴承刚进入一个性能变异过程。

轴承 4：第 1 个评估周期累积失效概率值达到最大，变异显著；从第 2 个评估周期开始到第 5 个评估周期，累积失效概率值波动幅度不大，变异不显著；从第 6 个评估周期开始到第 10 个评估周期，性能变异依次由显著到不显著交替变换。这表明第 4 套轴承在第 2 个评估周期和第 6 个评估周期开始前已分别结束一个变异过程，从第 6 个评估周期开始，又进入一个新的变异过程。

同时可以看出，滚动轴承的振动性能变化极其复杂，具有动态的和非线性的特征。另外，由于阈值 c 的取值对变异强度的影响，依次改变阈值 c 的取值即 c 的取值绝对值由大到小变化(如 c=1，0.3，0.1 或−1，−0.3，−0.1)，超出 $\pm c$ 的值越多，变异强度就越大，对应的累积失效概率就越大。

3. 给定置信水平下的研究

这里仅以第 2 套轴承为例，进行实验分析。

由上述 4 套轴承的对比分析可知，第 2 套轴承的振动加速度整体比较平稳，因此可以取该套轴承在第 1 个评估周期的振动加速度作为研究的基准对象，通过最大熵原理建立概率分布密度函数，从而确定出不同置信水平下阈值 c 的取值范围，然后对其他 9 个周期进行评估，获得累积失效概率值，从而可以有效识别轴承振动性能的变异过程。

表 8-5 是不同置信水平下阈值 c=[X_L, X_U]的取值。可以看到，置信水平 P 越高，阈值 c 波动范围越大。

表 8-5　不同置信水平下阈值 c 的取值范围

阈值 c	置信水平 P		
	80%	87.5%	99%
X_L	−0.27097	−0.32251	−0.58025
X_U	0.24949	0.30269	0.51719

图 8-10 是不同置信水平下振动性能的累积失效概率值序列。总体而言，置信水平 P 越高，阈值 c 的取值范围越大，累积失效概率值越小。而且可以看到，在 P=87.5%时，阈值 c 的波动范围最为接近 c=[−0.3,0.3]，所以其累积失效概率值与 c=0.3 时的值基本完全重合。在 P=99%时，阈值 c 的波动范围最大，所以在各个评估周期内的累积失效概率值普遍都较小。

在工程实践中，应根据具体系统对轴承振动性能的要求，通过阈值 c 的设定原则，事先设计出阈值，对轴承振动信息进行实时检测并获取累积失效概率，以便及时发现失效隐患，避免恶性事故发生。

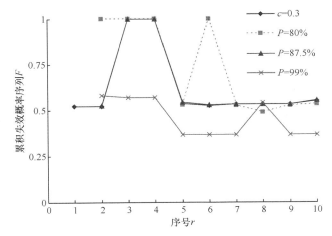

图 8-10　不同置信水平下第 2 套轴承振动性能的累积失效概率

8.4　本　章　小　结

通过灰色系统理论,本章提出了滚动轴承运行性能时间序列演化识别新方法。在没有任何趋势和函数先验信息下，该方法可以有效识别和评估时间序列的演化状态，这样可以及时采取相应的措施而避免严重事故的发生。

所提出的泊松识别方法，在滚动轴承各种性能概率分布和趋势项未知的前提下，通过实时检测滚动轴承振动的当前时间序列，计算出各时间区间相应的变异强度；借助于泊松方法得到当前时间区间内轴承振动性能的累积失效概率信息，进而揭示轴承振动性能当前的变异状态与程度，通过连续评估就能实现轴承振动性能变异过程的有效识别，为避免恶性事故发生提供科学的决策建议。

对滚动轴承运行性能时间序列变异过程的研究，只是所提出方法应用的例子，所提出的方法是对现代滚动轴承性能研究理论的一种有益补充。

第9章　缺陷圆锥滚子轴承应力与
振动的有限元分析

本章以卡车用的双列圆锥滚子轴承为研究对象，基于 ANSYS 对其进行静力学和动力学有限元分析。首先，根据卡车的受力特点计算轴承的载荷分布，利用有限元模拟仿真分析圆锥滚子的最佳凸度、对数曲线滚子母线与内圈滚道母线的最佳凸度匹配方案、圆锥滚子的凸度偏移范围以及凸度圆锥滚子的偏斜角范围。其次，以 ANSYS/LS-DYNA 为工作平台，建立凸度圆锥滚子轴承的动力学有限元模型，提取仿真计算的数据，并结合自助法进行数据分析，研究滚子的凸度量及凸度偏移值对圆锥滚子轴承振动波动性的影响。

9.1　卡车轮毂轴承载荷计算与滚子凸度设计

本节针对卡车中使用的双列圆锥滚子轴承 353112，结合具体工况求得轴承的外载荷及其内部载荷分布情况。用有限元分析软件，通过分析滚子与滚道之间的接触应力随对数滚子凸度的变化情况，确定滚子合理的凸型及凸度量，最后给出滚子的最佳凸度控制方程。

9.1.1　卡车轮毂轴承的计算

双列圆锥滚子轴承由于能承受较大的径向力和轴向力，在卡车轮轴上被广泛应用。轴承寿命的提高一直是备受关注的问题，这不仅涉及材料、制造水平，而且还涉及轴承受载情况、设计方案，特别是滚子母线凸型的选择及其凸度量的大小[31-35]。国内外关于滚子凸型对轴承寿命的影响已早有研究，本节就卡车轮毂轴承所处具体工况条件，首先求得轴承的外载荷及滚子受载情况，然后根据轮毂轴承的技术参数，通过有限元分析软件建模，结合工况条件，分析得出滚子的最佳凸型及凸度量。

1. 计算轴承外载荷

外载荷经过卡车轮胎传递到轮毂轴承单元上，即作用于轮毂轴承上的载荷均来自于路面对轮胎的支撑载荷，所以轮毂轴承的外载荷与轮胎所受载荷的大小可认为是相同的。

选取卡车轮毂轴承中受力较大的一端为研究对象，其轴向力与径向力的计算公式为

$$F_r = f_w \left(\frac{1}{2} Wg + \frac{h}{L_h} Wa \right) \tag{9-1}$$

$$F_a = -F_r \frac{a}{g} \tag{9-2}$$

式中，F_r 为径向载荷；F_a 为轴向载荷；W 为卡车满载时后桥质量；g 为重力加速度；h 为卡车质心高度；L_h 为后轴轮距；a 为侧向加速度，一般取最大值为 $0.55g$；f_w 为路况影响系数；"—"表示侧向加速度与轴向力方向相反。

2. 计算滚子负荷理论分布

此卡车中用的轴承为双列圆锥滚子轴承 353112。为简化计算使用工程上常用的计算方法，不考虑大挡边的接触力，轮毂轴承受径向和轴向联合负荷作用后，两列滚动体受载不均匀。对于滚子轴承，当

$$F_a \geqslant 1.909 F_r \tan \alpha$$

时，其中 α 是轴承外接触角，只有一列滚动体受载，可按单列滚子计算负荷分布。此轴承满足这个条件，可按单列滚子计算负荷分布。

滚动轴承在实际应用中所承受的载荷是通过滚动体从一个轴承套圈传递到另外一个套圈上，每个滚动体所受的载荷决定于施加在轴承上的载荷种类及滚动轴承内部的几何结构尺寸，为进一步确定轴承载荷在滚子之间是如何分布的，必须建立滚动体与滚道接触时的载荷-位移关系。大多数滚动轴承应用中，都是内圈或外圈，或者二者同时稳定运转。但通常都是中低速运转，所以滚子产生的陀螺力矩和离心力都比较小，不会显著影响滚动体的载荷分布。此外，滚动体所受的力矩和摩擦力也不会对载荷分布有明显的影响，所以分析滚动体的实际载荷分布时可以不考虑这些影响。

对于滚子轴承，载荷-位移关系为

$$Q = K\delta^n \tag{9-3}$$

式中，$n=1.11$；$K=7.86\times10^4 l^{8/9}$。

圆锥滚子轴承受径向和轴向载荷后，轴承内外圈在径向和轴向的相对位移分别为 δ_r 和 δ_a，规定受载最大的滚动体位置为 $\theta = 0$，内外圈与各个角位置 θ 处的滚动体的总接触变形为

$$\delta_\theta = \delta_a \sin \alpha + \delta_r \cos \theta \cos \alpha \tag{9-4}$$

$\theta=0$ 时最大变形为

$$\delta_{\max} = \delta_a \sin \alpha + \delta_r \cos \alpha \tag{9-5}$$

由式(9-4)和式(9-5)可得

$$\delta_\theta = \delta_{\max} \left[1 - \frac{1}{2\varepsilon}(1 - \cos \theta) \right] \tag{9-6}$$

式中

$$\varepsilon = \frac{1}{2} \left(1 + \frac{\delta_a}{\delta_r} \tan \alpha \right) \tag{9-7}$$

负荷分布范围角为

$$\theta_1 = \arccos(1 - 2\varepsilon) \tag{9-8}$$

由式(9-3)得任意位置滚动体负荷为

$$Q_\theta = Q_{\max} \left[1 - \frac{1}{2\varepsilon}(1 - \cos \theta) \right]^n \tag{9-9}$$

引入负荷分布径向积分 $J_r(\varepsilon)$ 和 $J_a(\varepsilon)$，轴承套圈的平衡方程表示为

$$F_r = Q_{\max} Z J_r(\varepsilon) \cos \alpha \tag{9-10}$$

$$F_a = Q_{\max} Z J_a(\varepsilon) \sin \alpha \tag{9-11}$$

式中

$$J_r(\varepsilon) = \frac{1}{2\pi} \int_{-\theta_1}^{\theta_1} \left[1 - \frac{1}{2\varepsilon}(1 - \cos \theta) \right]^n \cos \theta \, \mathrm{d}\theta \tag{9-12}$$

$$J_a(\varepsilon) = \frac{1}{2\pi} \int_{-\theta_1}^{\theta_1} \left[1 - \frac{1}{2\varepsilon}(1 - \cos \theta) \right]^n \mathrm{d}\theta \tag{9-13}$$

由式(9-10)与式(9-11)得最大滚动体负荷为

$$Q_{\max} = \frac{F_r}{z J_r(\varepsilon) \cos \alpha} = \frac{F_a}{z J_a(\varepsilon) \sin \alpha} \tag{9-14}$$

计算负荷分布时，根据 $\dfrac{F_r \tan \alpha}{F_a}$，查有关表格可求出 $\varepsilon, J_r(\varepsilon), J_a(\varepsilon)$，然后根据上述有关公式就可以计算出 $Q_{\max}, \theta_1, Q_\theta$。

3. 卡车圆锥滚子轴承 353112 实例计算

卡车的局部结构参数如表 9-1 所示，由此根据上述理论可求得卡车中的轮毂圆锥滚子轴承所承受的载荷。

表 9-1　卡车主要结构参数

结构参数	数值
满载后桥质量/t	4.5
后轮距/mm	1590
满载质心高度/mm	898
f_w	1

通过式(9-1)和式(9-2)，计算求得圆锥滚子轴承所承受的载荷如下：

$$F_r = 35749\text{N}$$

$$F_a = -19662\text{N}$$

现已知 F_r，F_a 和 α，可求得

$$\varepsilon = 1.067$$

$$J_r(\varepsilon) = 0.2405$$

最大滚动体负荷可为

$$Q_{max} = \frac{F_r}{ZJ_r(\varepsilon)\cos\alpha} = \frac{35749}{22 \times 0.2405 \times \cos(14.8)} = 6988.4\text{N}$$

卡车中的双列圆锥滚子轴承 353112 的技术参数如表 9-2 所示。

表 9-2　双列圆锥滚子轴承的技术参数

技术参数	数值
轴承外圈滚道接触角 α/(°)	14.8
轴承内圈滚道接触角 β/(°)	11.7
挡边接触角 γ/(°)	77.95
滚子小端直径 d_1/mm	9.061
滚子大端直径 d_2/mm	10.258
滚子数 z	22×2
滚子有效长度 l_w/mm	20.65
滚子长度 l/mm	21.65
宽度 B/mm	90
内圈内径 d/mm	60
外圈外径 D/mm	102

用 MATLAB 计算出滚子的受载区及其所承受载荷的大小,结果如图 9-1 所示。所要研究的就是受载最大的圆锥滚子与轴承内外圈滚道之间的应力分布情况。

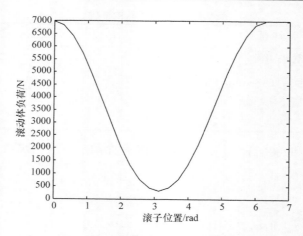

图 9-1　不同位置角滚子的受力图

9.1.2　滚子轴承的边缘效应与修形方法

因为滚子轴承中滚动体与内外圈滚道的接触面积大，所以和同等大小的球轴承相比，它们可承受较大的载荷，但与此同时滚子轴承对于组件轴线偏斜和边缘受载非常敏感。如何有效地改善这些问题就是努力的方向。

1. 轴承边缘效应的产生

现有研究表明，如果轴承的滚子母线与滚道母线都是直线，或者它们都采用曲率相等的曲线，那么在无负荷状态下，滚子与滚道的接触就会是一条直线，轴承受载后，二者的接触线就会扩展为一近似的梯形面(圆锥滚子轴承)或者矩形面，而且在接触线的两端处会伴随着严重的边缘应力集中即"边缘效应"。图 9-2 为直母线滚子接触情况，应力集中的长度为总接触长度的 7%～16%，并且滚子端部的应力集中值近似为中部应力值的 3～7 倍。边缘应力集中可能会导致轴承组件的早期失效，也会显著地降低轴承的使用寿命。

轴承实际应用中的轴线偏斜和套圈与直母线滚子接触时的边缘效应是引起边缘应力集中的主要因素。赫兹的线接触理论假设等长度并且相当长的两个平行圆柱体接触时的接触区表面压力分布呈半椭圆柱形，实际应用的滚子轴承的接触长度和滚子直径及滚道直径相比并不是相当长的，并且滚道母线长度一般都比滚子长度要长些。因此，赫兹理论假设并不完全适合滚子轴承的接触条件，因为接触区的表面压力分布与理想的半椭圆柱形有差别，并且在接触区的两端存在应力集中现象。对于"边缘效应"可对照图 9-2 解释如下：滚子受挤压后，与之接触的滚道材料因受挤压而发生形变，而与滚子接触区以外的滚道材料没有受压形变，这会使滚子两端的滚道材料时刻呈现拉伸状态，使其抵抗压缩形变的能力增加，出现很小的压缩形变。所以，当轴承套圈的滚道与滚子接触区域产生趋近量 δ 时，滚子两端的变形量一定会较大。

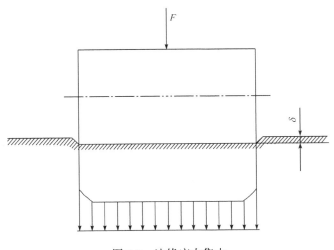

图 9-2　边缘应力集中

2. 滚子修形方法及凸度计算

对滚子轴承一定要从应用和设计两个方面进行改进，以期达到减小或消除边缘应力集中的目的，提高滚子轴承的有效承载能力及疲劳使用寿命。设计方面常用的方法是改善滚子型面，减小滚子两端圆弧的直径，采用带凸度的滚子；也可以在滚子两端面挖深穴，以增加滚子端部的变形能力；还可根据情况采用凸度滚道。圆锥滚子与圆柱滚子修形方法类同，下面以圆柱滚子为例，介绍几种实用的滚子母线修形方法。

1) 圆弧修形

(1) 圆弧修形的圆心在滚子中心线上。

圆弧修形简图如图 9-3 所示，使滚子的单面凸度和滚子与单个滚道之间的弹性趋近量相同，就是取

$$c=\delta \tag{9-15}$$

式中，δ 为滚子与单个滚道之间的弹性趋近量，对于滚动轴承材料是轴承钢，δ 的取值为

$$\delta = 3.83 \times 10^{-5} \frac{Q^{0.9}}{l^{0.8}} \tag{9-16}$$

母线修形长度取

$$a=0.15l \tag{9-17}$$

圆弧半径可近似取

$$R_c = \frac{l^2 - m^2}{8c}$$

(9-18)

式中，l 为滚子的有效长度，$l=L-2r$；m 为滚子中部直母线部分的长度，$m=l-2a$。

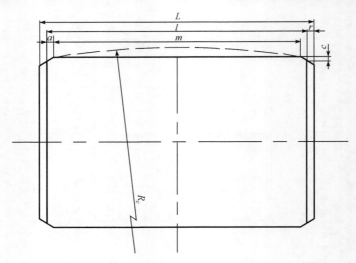

图 9-3　圆心在中心线上的圆弧修形

(2) 圆弧修形的圆心在两侧。

圆心在两侧的圆弧修形如图 9-4 所示，取

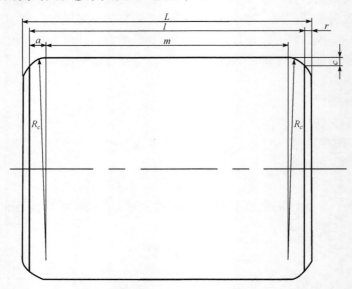

图 9-4　圆心在滚子两侧的圆弧修形

$$c=\delta \qquad (9\text{-}19)$$

$$a=0.15l \qquad (9\text{-}20)$$

$$R_c = \frac{l^2}{88c} \qquad (9\text{-}21)$$

这种修形方法，滚子中间的直线部分与两端的圆弧相切，理想情况是光滑连接的。

2）全凸修形

这种滚子修形与对称球面滚子非常相似，只是圆弧半径很大，如图 9-5 所示。该修形方法除了可以减小或消除边缘应力集中，对于减小或消除轴线偏斜引起的端部应力集中也很有帮助。但是，全凸修形滚子的缺点是实际负荷小于计算负荷时，实际接触长度减小，中部应力变大，从而会降低轴承的使用寿命。

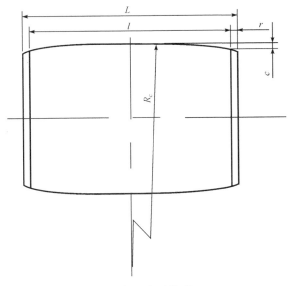

图 9-5　全凸滚子修形

对于全凸修形滚子取

$$c=\delta \qquad (9\text{-}22)$$

$$R_c = \frac{l^2}{8c} \qquad (9\text{-}23)$$

对于全凸修形滚子，受载后接触椭圆长轴大于滚子有效长度而小于 1.5 倍的有效长度时是较合适的修形接触情况。

3) 对数曲线母线滚子修形

相较于以上几种修形方法，越来越多的设计者采用对数曲线母线滚子修形。因为对数曲线滚子轴承在受载时，轴承内部压力分布沿接触长度分布比较均匀，特别是受偏载和重载时，它的压力分布比其他修形滚子都要理想。对数曲线修形滚子母线是由两条关于 y 轴对称的对数曲线构成，图 9-6 显示出右端对数曲线的情形。

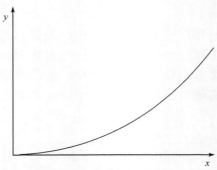

图 9-6　对数曲线修形母线示意图

对数曲线母线滚子有以下优点：

(1) 对数曲线母线修形的滚子中部接近直线，所以滚子滚道之间的有效接触会比较充分，即使是轻载条件，也可进行有效接触，充分利用滚子长度。

(2) 对数曲线母线修形的滚子与滚道接触区域可消除或减弱应力集中和边缘效应，接触压力分布均匀，可相对提高轴承的使用寿命。

(3) 当设计载荷相同时，尤其是在重载或偏载条件，对数曲线滚子或滚道母线的斜率变化较大，因此不会造成严重的应力集中而降低轴承的使用寿命，这相较于其他修形滚子而言也是一个优势。

对数凸型轮廓经过改善和发展，由理论对数凸型到 Lundberg 对数凸型。凸型是理论对数方程时，可表示为

$$T(x) = \frac{bp_{\mathrm{m}}}{\pi E_0} \int_{-1}^{1} s(t) \ln \left\{ \frac{\left(\sqrt{1 + \dfrac{b^2 t^2}{a^2}} + 1\right)^2}{\left[\sqrt{\left(\dfrac{x}{a} + 1\right)^2 + \dfrac{b^2}{a^2} t^2} + 1 + \dfrac{x}{a}\right] \cdot \left[\sqrt{\left(\dfrac{x}{a} - 1\right)^2 + \dfrac{b^2}{a^2} t^2} + 1 - \dfrac{x}{a}\right]} \right\} \mathrm{d}t,$$

$$|x| \leqslant a \tag{9-24}$$

$$E_0 = \frac{1}{\dfrac{1 - \nu_1^{\,2}}{E_1} + \dfrac{1 - \nu_2^{\,2}}{E_2}} \tag{9-25}$$

式中，$s(t)(-1 \leqslant t \leqslant 1)$ 为接触压力在接触宽度方向上的分布情况，$t = y / b$，$s(0)=1$，$s(\pm 1)=0$；a 和 b 为接触区域的半长和半宽；E_1，E_2 为两个接触物体材料的弹性模量；v_1，v_2 为两个材料的泊松比；E_0 为两个物体的综合弹性常数；p_m 为最大接触压力；x 和 y 为接触长度和接触宽度方向的坐标。

Lundberg 结合赫兹理论，得到 Lundberg 对数凸型方程，可表示为

$$T(x) = \begin{cases} \dfrac{Q}{E_0 a\pi} \ln \dfrac{1}{1-(x/a)^2}, & |x| < a \\ \dfrac{Q}{E_0 a\pi} \left(1.1932 + \ln \dfrac{a}{b} \right), & |x| = a \end{cases} \tag{9-26}$$

式中，Q 为滚子所承受的载荷。

式(9-26)对应的凸型方程在靠近端点部位的修形量接近无限大，且端点部的修形量为一有限值。

9.1.3　圆锥滚子轴承有限元模型的建立

应用有限元软件 ANSYS 对圆锥滚子轴承的应力进行分析研究，首先要建立圆锥滚子轴承有限元模型，包括确定单元类型、设置材料、划分网格、建立接触、设置边界条件及求解选项问题。只有建立一个精确合理的有限元模型，才能保证随后分析结果的正确性[30-32]。

1. 单元类型的选择

ANSYS 单元库有 100 多种的单元类型，选择单元类型的任务就是要减小可用单元的范围。第一，调出某种物理场的使用菜单，减少单元类型到该物理场的可用范围；第二，根据要分析模型的几何结构和空间维数分别选定单元的大类及单元的类别，如线性结构就选用 Shell、Plane 这种单元类型去模拟；第三，选出可用的单元范围之后，根据单元的形状和阶次分出更精确的单元类型，假设选择 Solid-Quad，就有 4 种单元类型大致符合条件，Quad 4node 42 和 Quad 4node 183 两种低阶单元，以及 Quad 8node 82 和 Quad 8node 183 两种高阶单元。如果是三维实体，可根据单元形状确定是 Brick 还是 Tet 单元类型。所选的单元类型直接关系到模拟求解的收敛性及后续的计算速度。

对于要分析的圆锥滚子轴承三维固体结构，根据上述确定单元类型的方法，选择三维 8 节点 Solid 185 固体结构单元来模拟，它的每个节点有 3 个沿 *xyz* 轴方向的平移自由度，并且具备应力钢化、大变形和超弹性、大应变能力等特点。

Solid 185 均质实体结构如图 9-7 所示。

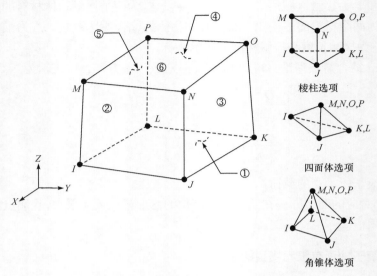

图 9-7　Solid 185 单元立体结构图

2. 设置材料特性

所分析的圆锥滚子轴承中的组件除保持架以外，所用材料均为 GCr15 轴承钢，所以选择线弹性各向同性材料模型模拟分析，弹性模量为 2.07×10^5MPa，泊松比为 0.3。

3. 划分单元网格

ANSYS 中的单元网格划分是数值模拟分析过程的重要一步，它与后续计算分析的精确性有紧密联系。网格划分牵连单元的拓扑类型及其形状、网格的密度以及几何体的结构等因素。在求解有限元问题时，系统的刚度矩阵、单元的等效节点力及质量矩阵等都是用数值积分构造的。因为刚度矩阵由单元类型决定，所以它们用的求解数值积分的方式也各异，在模拟仿真过程中，选择合理的单元类型来模拟求解是至关重要的。

ANSYS 有许多种划分网格的方法，包括映射网格划分、自由网格划分、混合网格划分及扫略、拖拉网格划分方法。网格划分的质量也直接影响分析求解精度和计算速度。要选择合理的单元类型并设置网格尺寸大小进行模型分网。自由网格划分不要求实体模型的具体几何结构，自动化程度较高，这种分网方法省时省力，但是单元的数量一般较大，计算效率和精度低。映射网格划分建立起来的网格都是比较规则的，可避免生成某些畸形单元，提高后期计算速度，计算结果与实际问题比较接近，但要求模型形状规则。扫略网格划分技术划分出来的单元几乎都是 6 面体，它比映射网格划分方法的灵活性好，但对于复杂的几何实体，通常要进行一些切分运算处理。混合网格划分就是依据模型各部分的结构特点，联合采用扫略、自由、映射等网格划分技术，它要求综合考虑建模工作量、计算时间和精度等方面。

4. 设置接触对

接触行为是一种非线性问题，大体可分成两种接触类型，即柔体与柔体接触和刚体与柔体的接触。ANSYS 中包含三种接触方式，即面-面、点-点、点-面。所分析的圆锥滚子轴承可选择刚体与柔体之间的面-面接触行为。

程序采用 20 个实常数和数个单元关键选项，来控制面与面接触单元的接触问题。就大部分接触问题而言，默认的关键选项和接触算法是比较合适的。接触刚度决定两个表面之间穿透量的多少，较大的接触刚度也许会造成病态的总刚矩阵，使计算收敛困难。通常选较大的接触刚度以使接触穿透小到能够接受的范围，与此同时还应使接触刚度小到不能引起病态的总刚矩阵而确保求解收敛。目的是使穿透量达到最小值，而又避免过多的迭代次数，减少计算时间。调整初始接触条件也是建立接触分析时的重要方面之一，因为在静力学分析中，对目标物体要有足够的约束，否则它会发生刚体的运动，可能导致计算错误。即使模型初始状态是接触的，在网格划分之后由于数值舍入误差，也可能会使接触单元的积分点和目标单元之间产生小缝隙。

基于圆锥滚子轴承的结构及受力特点，选取刚性面(滚子表面)为目标面，目标面接触单元选为 Targe 170，选取柔性面(内外圈滚道表面)为接触面，接触面单元选为 Conta 170，接触摩擦因数设置为 0.1。穿透容差和接触刚度也是两个非常关键的接触参数，一般对于轴承的接触问题，其缺省值能起到很好的模拟效果，初始接触状态调整为闭合间隙模拟。

9.1.4　最大承载圆锥滚子与内外圈滚道接触问题的有限元分析

1. 圆锥滚子轴承有限元模型的建立

在轮毂轴承中，滚子与内外圈滚道的接触特性完全相同。因此，用二分之一滚子与内外圈滚道接触的部分结构模型就可以进行整个轴承的滚子凸度分析。构建凸度圆锥滚子模型时，先将其对数曲线母线在 CAD 软件中以参数方程的形式生成，再导入 ANSYS 中以生成轴承模型；然后按照上述过程选择单元类型、设置材料属性、划分网格、建立接触对、施加约束条件及载荷，即可进行运算。因为计算机资源空间有限，所以单元网格数不能过多，否则将无法完成运算。本节对轴承内部滚子与滚道的接触部位网格进行了细划分，而对其他地方的网格粗划分。研究表明，滚动轴承接触位置的网格尺寸小于接触半宽的一半时，得出的仿真计算结果更接近于实际工况，所以最小网格单元尺寸划分为 0.025mm，最后获得的最大承载圆锥滚子与内外圈滚道接触有限元模型如图 9-8 所示。

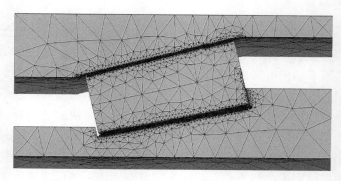

图 9-8　有限元模型

2. 模型约束和加载

对圆锥滚子及内外圈滚道的各截面进行对称约束，轴承外圈与轴承座属于过盈配合，故对外圈的外表面约束全部自由度，对内圈约束其轴向自由度。加载时取内圈内表面对称中心的节点作为主节点，选择其相邻的节点作为从节点；然后选取内圈内表面上的所有节点，并耦合其 y 向(径向)自由度；最后在主节点上施加滚子所受的最大载荷。

3. 分析结果及讨论

采用相同的模型处理方法，分别对直母线滚子与对数曲线母线滚子的力学行为进行分析。此时分析研究的对数滚子凸度值分别为：0.005mm，0.01mm，0.015mm，0.02mm。查看滚子与内外圈滚道之间的接触应力极值及接触应力沿滚子母线方向的分布情况。

图 9-9 和图 9-10 分别为不同凸度滚子与轴承内外圈滚道的接触应力极值的变化规律，滚子与内圈滚道之间的接触应力大于与外圈滚道之间的接触应力，所以下面只分析滚子与内滚道之间的接触应力分布。

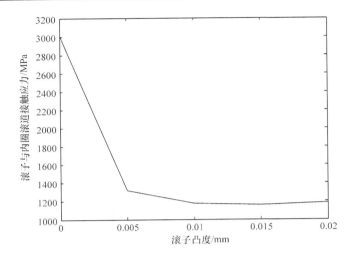

图 9-9　滚子与内圈滚道接触应力极值随凸度值的变化情况

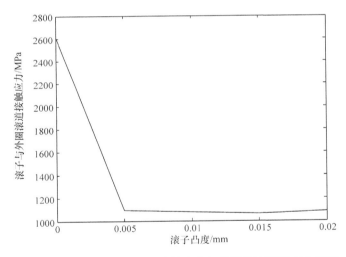

图 9-10　滚子与外圈滚道的接触应力极值随凸度值的变化情况

　　图 9-11 是不同凸度的滚子与内圈大挡边之间的接触应力极值变化情况。由此可以看出，滚子凸度为零时，接触应力值最大，滚子与内圈大挡边之间的应力随凸度值也在不规律地变化，但是其值较小。在凸度小于 0.005mm 之前，应力极值随凸度的增大迅速减小；凸度从 0.005mm 到 0.01mm 期间，接触应力因滚子与内圈大挡边的接触区域的变化而略有减小。这是由于随着滚子凸度的出现，轴承中的边缘应力集中现象逐渐减弱，应力分布逐渐均匀化。当凸度大于 0.015mm 之后，应力极值开始上升，但上升速度明显小于下降速度，此时滚子与内外圈滚道接触区域的面积随滚子凸度值的增大而逐渐减小，并且中间应力值开始增大。

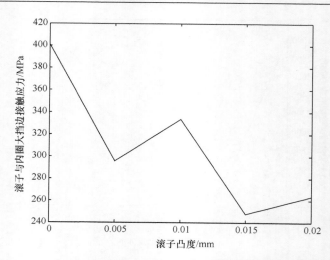

图 9-11　滚子与大挡边的接触应力极值随凸度值的变化情况

　　图 9-12～图 9-16 分别为直母线、0.005mm、0.01mm、0.015mm、0.02mm 对数凸度的滚子，在沿滚子母线方向与内圈滚道的接触应力变化情况。从图 9-12 可知，直母线滚子有较大的边缘应力；图 9-13 表明滚子凸度为 0.005mm 时，滚子两端出现较大的应力值突变；图 9-14 和图 9-15 表明滚子凸度为 0.01～0.015mm时，接触应力沿滚子母线方向保持均匀，只在两端开始逐渐减小。图 9-16 说明滚子凸度为 0.02mm 时，轴承接触应力变化曲线逐渐变陡峭，并且滚子与滚道的接触区域逐渐变窄，接触应力极值增大，应力曲线分布不均匀不对称，滚子长度得不到有效利用。

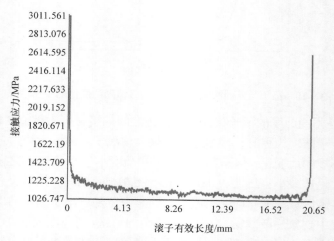

图 9-12　直母线滚子与内圈滚道之间的接触应力

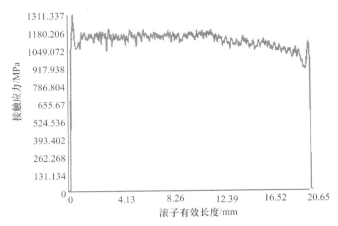

图 9-13　凸度为 0.005mm 的滚子与内圈滚道之间的接触应力

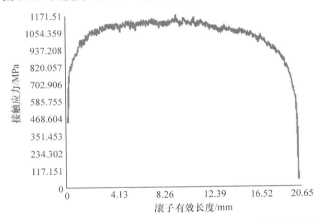

图 9-14　凸度为 0.01mm 的滚子与内圈滚道之间的接触应力

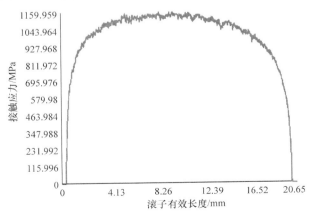

图 9-15　凸度为 0.015mm 的滚子与内圈滚道之间的接触应力

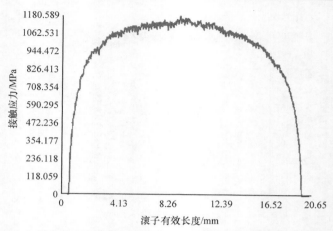

图 9-16　凸度为 0.02mm 的滚子与内圈滚道之间的接触应力

　　所以，在此工况条件下，由滚子与滚道的应力曲线分析可知，滚子的最佳凸度值为 0.01mm 和 0.015mm 之间，靠近 0.015mm 最佳。

　　将圆锥滚子轴承 353112 的各个结构参数代入 Lundberg 对数凸型方程中，通过相应的数据拟合，可得出凸度为 0.01mm 和 0.015mm 时的对数曲线滚子母线方程如下：

　　凸度为 0.01mm 时

$$y = -9.906 \times 10^{-4} \ln(1 - 0.00938x^2) \tag{9-27}$$

　　凸度为 0.015mm 时

$$y = -14.8594 \times 10^{-4} \ln(1 - 0.00938x^2) \tag{9-28}$$

以上两式中，y 为凸度值大小(单位：mm)；x 轴方向与滚子母线凸度值最大点的切线方向相同，x 的取值范围是 $|x| < 10.325$mm。

　　对受载最大的滚子进行凸度设计之后，与轴承内外圈滚道之间没有再出现应力集中现象，并且当滚子凸度值设计合理时，其接触应力曲线也相对均匀、对称分布；凸度轴承也对其内部的润滑提供了有利条件，提高了滚动轴承的使用寿命。上述滚子凸度方程只适合于卡车轮毂圆锥滚子轴承 353112，对其他型号的滚动轴承不具有普遍适用性。

9.2　圆锥滚子轴承的凸度匹配与制造以及
装配缺陷的有限元分析

　　目前，许多研究都致力于开发轴承凸度技术，包括只有滚子带凸度、滚子与内圈滚道都带凸度、滚子与内外圈滚道三凸的情况，并取得了许多进展，但关于凸度量的计算及凸度匹配方法的研究仍需要进一步探索。本节拟对滚子与内圈滚道都带凸度的情况进行分析，外圈滚道不带凸度一定程度上可以防止滚子偏斜。本节采用正交匹配方法分析接触应力极值与米泽斯(von Mises)等效应力极值随凸度值的变化情况，从而得出轴承的最佳凸度匹配方案。凸度技术是圆锥滚子轴承设计中重要的部分之一，它对滚动轴承的使用寿命和可靠性有重要影响。

9.2.1　圆锥滚子轴承的有限元分析

卡车轮毂轴承要求能够承受复杂的路面工况，确保卡车可靠运行。本节分析双列圆锥滚子轴承 353112，其材料及主要技术参数如前所述。

1. 圆锥滚子轴承凸度匹配的模型建立

本节分析的凸度匹配方案如下：滚子母线凸度值分别为 0.005mm，0.01mm，0.015mm，0.02mm，内圈滚道母线凸度值分别为 0，0.005mm，0.01mm，0.015mm，0.02mm，二者的凸度值采用正交匹配方法，总共有 20 种方案，共需要建立 20 个有限元分析模型。对有限元模型的分网、约束及加载内容如前所述。接下来分析所得结果的接触应力极值及其沿滚子母线方向的分布情况，力求在接触应力极值最小的条件下，使应力沿滚子母线方向均匀分布，滚子有效长度能充分利用，并且米泽斯等效应力极值也较小。

2. 凸度匹配结果分析

图 9-17 是滚子凸度为 0.005mm 时，滚子与内圈滚道之间的接触应力极值和米

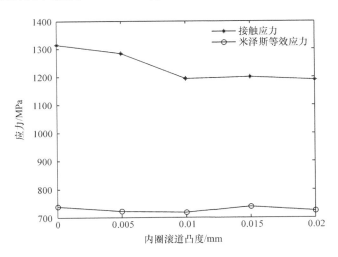

图 9-17　滚子凸度为 0.005mm 时滚子与内圈滚道之间的应力

泽斯等效应力极值随内圈滚道凸度增大的变化情况。可以看出，应力极值均随内圈滚道凸度的增大先减小后增大，变化幅度不是很大。图 9-18～图 9-20 分别是滚子凸度为 0.01mm，0.015mm 和 0.02mm 时，随着内圈滚道凸度的增大，滚子与内圈滚道之间的接触应力极值和米泽斯等效应力极值的变化趋势。可以得出，接触应力均先增大再减小最后增大，而米泽斯等效应力基本上是呈增大的趋势。产生这种结果的原因是随着凸度值增大，滚子与滚道之间的接触区域减小，从而使应力增大。

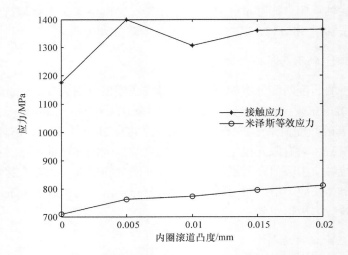

图 9-18　滚子凸度为 0.01mm 时滚子与内圈滚道之间的应力

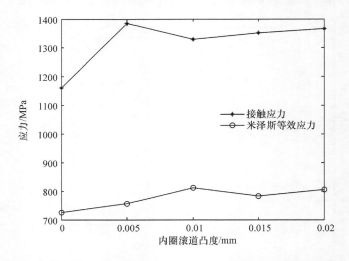

图 9-19　滚子凸度为 0.015mm 时滚子与内圈滚道之间的应力

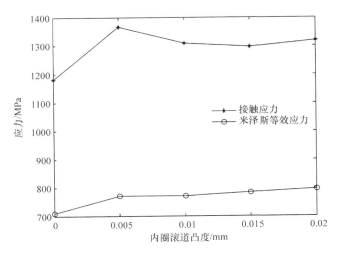

图 9-20　滚子凸度为 0.02mm 时滚子与内圈滚道之间的应力

　　图 9-21 是上述 20 匹配方案的综合结果。初步比较可知，当滚子母线凸度为 0.01mm，0.015mm 和 0.02mm 与内圈滚道母线凸度为 0 匹配时，接触应力及米泽斯等效应力均较小。还有一种情况是，滚子母线凸度为 0.005mm 与内圈滚道母线凸度为 0.01mm 匹配时，滚子与滚道的应力极值也较小。下面具体分析这 4 种情况。

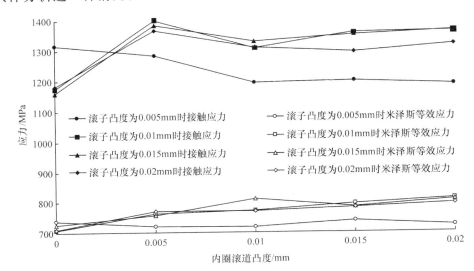

图 9-21　凸度匹配的综合结果

　　图 9-22 是滚子母线凸度为 0.01mm 与内圈滚道母线凸度为 0 匹配得出的结果。由图可以看出，沿滚子母线方向应力分布均匀，无应力集中现象，并且滚子与内

圈滚道的应力分布比滚子与外圈滚道的应力分布更加均匀，但其应力值更大。最大接触应力为 1171.18MPa，滚子与内圈滚道的有效接触长度为 99%，与外圈滚道的有效接触长度为 98%。

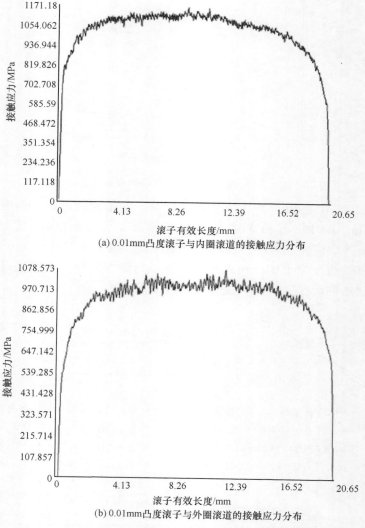

(a) 0.01mm凸度滚子与内圈滚道的接触应力分布

(b) 0.01mm凸度滚子与外圈滚道的接触应力分布

图 9-22　0.01mm 凸度滚子与滚道沿滚子母线方向的接触应力

图 9-23 是滚子母线凸度为 0.015mm 与内圈滚道母线凸度为 0 匹配时的结果。由图可以看出，滚子与内圈滚道之间的接触应力分布较为均匀，但与外圈滚道的应力分布不均匀。最大接触应力为 1159.959MPa，滚子与内圈滚道的有效接触长度是 94%，与外圈滚道的接触长度是 93.4%，滚子长度的有效利用率变小。

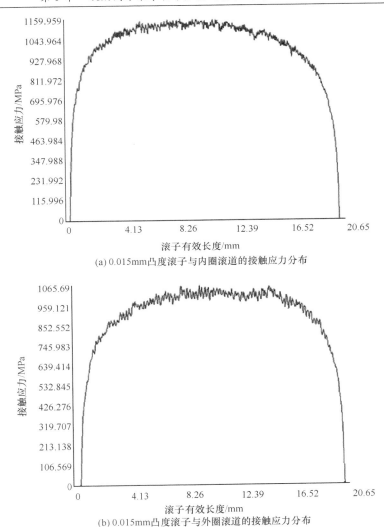

(a) 0.015mm凸度滚子与内圈滚道的接触应力分布

(b) 0.015mm凸度滚子与外圈滚道的接触应力分布

图 9-23　0.015mm 凸度滚子与滚道沿滚子母线方向的接触应力

图 9-24 是滚子母线凸度为 0.02mm 与内圈滚道母线凸度为 0 匹配时的结果。最大接触应力是 1181.943MPa，滚子与内圈滚道的有效接触长度是 92.8%，与外圈滚道的有效接触长度是 90%。可见，随着滚子凸度增大，滚子与滚道的接触区域减小，使得滚子的有效长度未得到充分利用。由此可知，在一定载荷条件下，应力极值随母线凸度的增大，分布状况经历了边缘应力集中→应力均匀分布→应力分布区域变窄、中间应力值增大三个阶段。

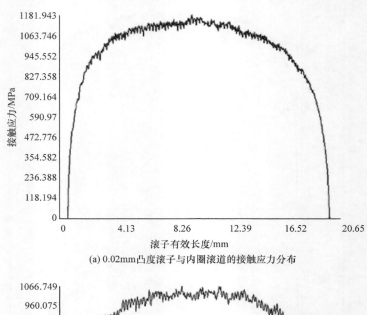

(a) 0.02mm凸度滚子与内圈滚道的接触应力分布

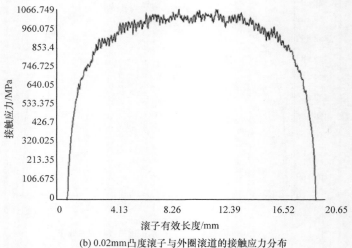

(b) 0.02mm凸度滚子与外圈滚道的接触应力分布

图 9-24　0.02mm 凸度滚子与滚道沿滚子母线方向的接触应力

图 9-25(a)为滚子母线凸度为 0.005mm 与内圈滚道母线凸度为 0.01mm 匹配时的结果，图 9-25(b)表明滚子与外圈滚道接触应力在滚子两端有应力突变现象，这不符合减小或消除边缘应力集中的要求。根据以上分析结果，综合考虑轴承的接触应力分布和滚子长度的有效利用率，滚子与内圈滚道的最佳凸度匹配结果是滚子凸度为 0.01mm，内圈滚道凸度为 0。

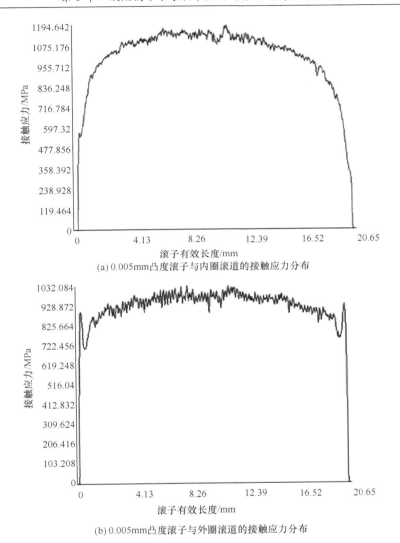

(a) 0.005mm凸度滚子与内圈滚道的接触应力分布

(b) 0.005mm凸度滚子与外圈滚道的接触应力分布

图 9-25　0.005mm 凸度滚子与 0.01mm 凸度内圈滚道沿滚子母线方向的接触应力

9.2.2　对数滚子母线凸度中心偏移的圆锥滚子轴承有限元分析

由于滚子轴承在加工制造时存在一定的误差,尤其是加工对数滚子凸度时的凸度偏移误差,这些误差将对滚子轴承的使用性能和寿命产生重要影响。但是由于受到加工条件的限制,误差不可避免,所以得到一个较为合理的误差范围对提高轴承性能和使用寿命有一定的指导意义。

1. 滚子凸度中心偏移结构及有限元模型建立

加工与设计圆锥滚子时，对其工作表面特征的要求是最被关注的，即滚子的球基面与凸度。对于对数曲线的凸度圆锥滚子，将坐标原点定在滚子有效长度的中心，使其向圆锥滚子的大端做微小移动，以达到圆锥滚子两端凸度量不同的效果。对数曲线滚子凸度偏移简图如图 9-26 所示，滚子在轴向和径向上分别与坐标轴 x 和 y 的方向重合，圆锥滚子的凸度偏移误差可解释为修形后的对数曲线滚子母线的对称中心与坐标原点 O 不在同一点，出现了一个偏移量 s。

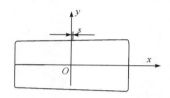

图 9-26　对数曲线滚子凸度偏移示意图

建立有限元模型时的单元类型及材料参数参照前述内容。网格划分采用对内外圈滚道与滚子接触位置切分的方法，然后设置整体单元尺寸，对轴承中的接触部位采用映射方法划分网格，其他位置采用扫略方法划分网格，同时将接触部位的网格进行细化，如图 9-27 所示。对模型的接触设置、约束及加载求解操作如前所述。

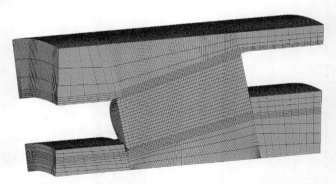

图 9-27　凸度偏移的圆锥滚子轴承的有限元模型

2. 结果及分析

圆锥滚子轴承中对数滚子无凸度偏移时，滚子与内外圈滚道沿滚子母线方向的应力分布情况如图 9-28 所示。由图 9-28 可知，圆锥滚子与内圈滚道的最大应力值在滚子中心偏左的位置。而滚子与外圈滚道的最大应力值靠近滚子的中心位置，且应力分布对称均匀。

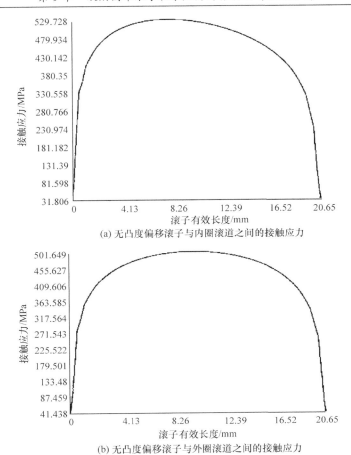

(a) 无凸度偏移滚子与内圈滚道之间的接触应力

(b) 无凸度偏移滚子与外圈滚道之间的接触应力

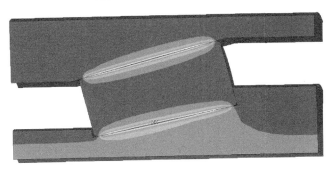

(c) 无凸度偏移滚子轴承的米泽斯应力云图(单位:MPa)

图 9-28　无凸度偏移滚子轴承的应力分布

　　滚子凸度中心向滚子大端偏移 0.4mm 与向滚子小端偏移 0.2mm 时，滚子与内圈滚道的接触应力沿滚子母线的分布情况如图 9-29 所示，可以看出，接触应力并没有对称均匀分布。

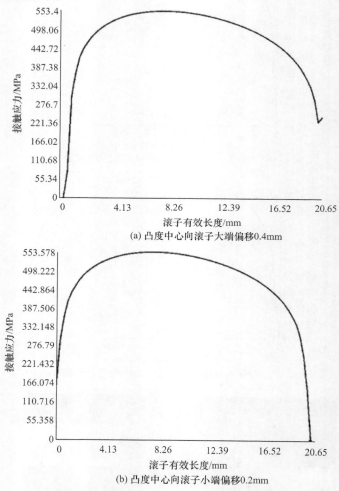

(a) 凸度中心向滚子大端偏移0.4mm

(b) 凸度中心向滚子小端偏移0.2mm

图 9-29　滚子凸度中心偏移时与内圈滚道接触应力分布

　　滚子凸度中心向滚子两端偏移时，滚子两端与内圈滚道之间接触应力极值的变化情况如图 9-30 所示。由图 9-30(a)可知，在相同条件下，随着凸度中心偏移量的增大，滚子小端的接触应力逐渐减小，而滚子大端的接触应力迅速增大，在偏移量增大至 0.2mm 以后，滚子两端的接触应力差值迅速增大。凸度中心向滚子小端偏移的情况如图 9-30(b)所示，随着凸度中心偏移量的增大，滚子两端的接触应力差值开始明显增大。由此可知，滚子母线的凸度偏移会导致轴承中滚子两端与滚道的接触应力出现明显的不对称性与非均匀性。

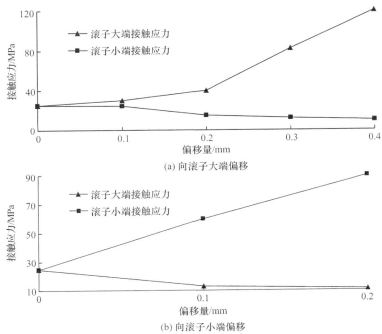

(a) 向滚子大端偏移

(b) 向滚子小端偏移

图 9-30　凸度偏移量对滚子两端与内滚道接触应力的影响

图 9-31 为定量评估凸度偏移对滚子两端接触应力的影响。随着凸度偏移量的增加，滚子两端接触应力的相对差值呈非线性增加，在向大端的凸度偏移量大于 0.1mm 之后，滚子两端接触应力的相对差值迅速增大，表明向大端偏移 0.1mm 是一个转折点，此时，滚子两端的相对差值约为 20%，满足工程上所允许的最大相对误差 25%。而凸度中心向滚子小端偏移时，滚子两端接触应力的相对差值较大，不能满足工程条件。因此，为满足圆锥滚子轴承 353112 应力分布的均匀性与对称性，对数曲线滚子的凸度中心应控制在向大端偏移 0.1mm 以内，且不宜向小端偏移。

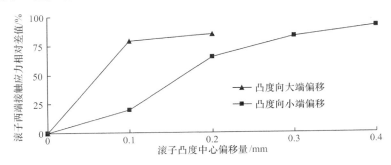

图 9-31　凸度中心偏移量与滚子两端接触应力相对差值的关系

9.2.3　凸度滚子偏斜的圆锥滚子轴承有限元分析

在安装轴承时轴承座之间的同轴度引起轴的弯曲变形，以及在轴承工作时圆锥滚子做陀螺运动引起的摩擦阻力等，会导致圆锥滚子在与内外圈滚道接触的过程中偏离理想位置而发生未知的倾斜。滚子的倾斜将会严重影响轴承内部的润滑性能、应力分布及其使用寿命，并且轴承中的各组件可能会因此出现非正常磨损或保持架断裂，从而引发轴系不能正常工作。所以，本节研究对数凸度滚子偏斜对圆锥滚子轴承的应力影响。

1. 偏斜的圆锥滚子结构及有限元模型

圆锥滚子偏斜是指圆锥滚子的实际轴线相对理想轴线偏移了角度 α。图 9-32 是偏斜的圆锥滚子简图。依据前述凸度偏移滚子的建模方法建立偏斜的圆锥滚子轴承的有限元模型，如图 9-33 所示。

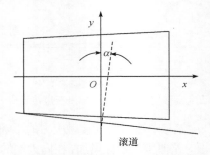

图 9-32　偏斜的圆锥滚子示意简图

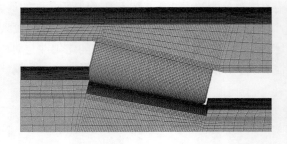

图 9-33　偏斜的圆锥滚子轴承的有限元模型

2. 结果与分析

图 9-34 是凸度滚子无偏斜时，滚子与内圈滚道之间的等效应力分布。由应力分布曲线可以看出，沿滚子母线方向两端应力分布对称均匀，无应力集中与应力极值差。

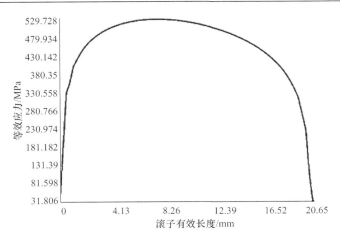

图 9-34　凸度滚子无偏斜时与内圈滚道的等效应力分布

　　图 9-35～图 9-39 分别是凸度滚子向滚子大端偏斜 0.01°，0.02°，0.03°，0.04°，0.06°时，滚子与内圈滚道之间的等效应力分布。由图可知，当凸度滚子偏斜之后，滚子与滚道之间的最大应力不再出现在靠近滚子中心的位置，并且随着滚子偏斜角度的增大，最大应力值先减小后增大，但是滚子与滚道之间的应力分布出现不均匀、不对称现象，应力极值靠近滚子一端。而当凸度滚子的偏斜角大于 0.02°时，滚子的另一端出现了应力值突变情况，这会造成滚子的非正常磨损，影响圆锥滚子轴承的使用寿命，所以此圆锥滚子轴承的滚子偏斜角不应超过 0.02°。

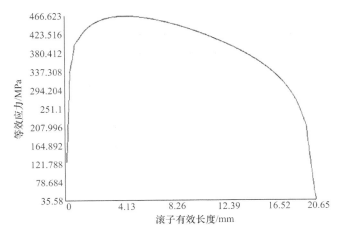

图 9-35　凸度滚子向大端偏斜 0.01°时与内圈滚道的等效应力分布

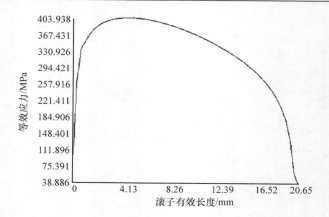

图 9-36　凸度滚子向大端偏斜 0.02°时与内圈滚道的等效应力分布

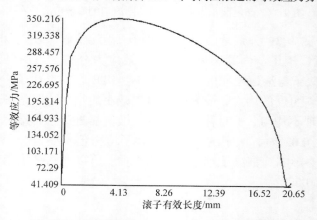

图 9-37　凸度滚子向大端偏斜 0.03°时与内圈滚道的等效应力分布

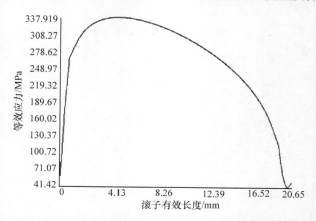

图 9-38　凸度滚子向大端偏斜 0.04°时与内圈滚道的等效应力分布

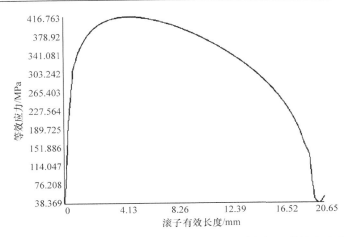

图 9-39　凸度滚子向大端偏斜 0.06°时与内圈滚道之间的等效应力分布

综上所述，凸度滚子偏斜会引起轴承中等效应力分布的改变，造成应力分布不对称、不均匀，并且滚子的偏斜角会影响等效应力极值的位置及其大小，所以在安装圆锥滚子轴承过程中应注意滚子的安装精度，确保滚子的偏斜角在安装误差允许的范围之内。

9.3　凸度圆锥滚子轴承的动力学特性分析

本节基于 ANSYS/LS-DYNA 分析滚子母线为对数曲线时的圆锥滚子轴承的动力学振动特性，提取了不同凸度量时轴承的振动加速度数据，借助自助法分析其数据变化规律，求得各时间序列数据的概率密度函数分布，分析圆锥滚子凸度对轴承振动性能的影响，为圆锥滚子轴承的凸度技术提供一些理论依据。

1976～1986 年间，美国劳伦斯·利沃莫尔国家实验室的 Hallquist 博士主导开发了 DYNA3D，DYNA 系列是显式非线性动力学分析程序。1996 年，ANSYS 与 LSTC 合作推出 ANSYS/LS-DYNA，它既有 ANSYS 软件强大的前后处理功能，也包含 DYNA 全面的求解与分析能力。它拥有先进丰富的材料类型(126 种)、数值处理技术和 40 多种接触类型等，已被广泛应用于工程应用领域，并逐步接受通过了实践的考验。

9.3.1　显式动力学基本数学模型

在显式动力学有限元分析中，系统的基本求解方程为

$$Mü + Cu̇ + Ku = F(t) \tag{9-29}$$

式中，$\dot{u}$ 为系统的节点速度向量；$\ddot{u}$ 为系统的节点加速度向量；u 为位移向量；M、K、C 为系统的质量矩阵、刚度矩阵和阻尼矩阵，对于线性问题它们为常数矩阵，对于非线性问题它们是函数矩阵；$F(t)$ 为载荷向量，t 为时间。

用直接积分法的中心差分法，速度和加速度可以用位移表示为

$$\dot{u} = \frac{1}{2\Delta t}\left(u_{t+\Delta t} - u_{t-\Delta t}\right) \tag{9-30}$$

$$\ddot{u} = \frac{1}{\Delta t^2}\left(u_{t-\Delta t} - 2u_t + u_{t+\Delta t}\right) \tag{9-31}$$

将式(9-30)和式(9-31)代入式(9-29)中可得到离散点的时间点解的递推公式：

$$\left(\frac{1}{\Delta t^2}M + \frac{1}{2\Delta t}\right)u_{t+\Delta t} = F(t) - \left(K - \frac{2}{\Delta t^2}M\right)u_t - \left(\frac{1}{\Delta t^2}M + \frac{1}{2\Delta t}C\right)u_{t-\Delta t} \tag{9-32}$$

为了确保求解的稳定和精确，需要确定积分中的时间步长，时间步长满足求解稳定性的条件如下：

$$\Delta t \leqslant f \times \left(\frac{l}{c}\right)_{\min} \tag{9-33}$$

$$c = \sqrt{\frac{E}{(1-v^2)\rho}} \tag{9-34}$$

式中，Δt 为时间增量；f 为稳定时间步长因子(默认为 0.9)；l 为单元特征尺寸；c 为单元中当前材料的声速；E、v 和 ρ 为材料的弹性模量、泊松比和密度。

9.3.2 自助法概述

1. 自助法基本步骤

自助法的目的是用已有的数据来模仿未知的分布。

以估计系统总体的真值 X_k 与置信区间 $[X_L, X_U]$ 为例，自助法的基本原理和步骤如下：

(1) 采样获得有限个(设为 n 个)独立同分布的数据，构成初始样本 $X=(x_1, x_2, \cdots, x_n)$；

(2) 通过某种方法，由 X 构造分布函数 $H=H(x)$；

(3) 按照某种规则，对 H 进行再抽样，每次抽取 1 个数据，共抽取 $m \leqslant n$ 次，得到 1 个含量为 m 的仿真样本；

(4) 重复步骤(3) Y 次(Y 是一个很大的数)，得到 Y 个仿真样本 $A_1, A_2, \cdots, A_b, \cdots,$

A_Y，即自助再抽样样本；

(5) 计算 A_b 的平均值，得到 Y 个平均值数据；

(6) 通过某种方法，如直方图法，由 Y 个平均值数据构造分布函数 $G=G(x)$；

(7) 按给定规则，如加权平均法，由 G 估计出真值 X_k；

(8) 设显著性水平 $\alpha \in [0,1]$，按置信标准

$$p(X_L \leqslant x \leqslant X_U) \geqslant 1 - \alpha \tag{9-35}$$

确定出置信区间 $[X_L, X_U]$。

2. 自助法的基本原理

设有着相同属性的数据序列 X 为

$$X = (x_1, x_2, \cdots, x_k, \cdots, x_m) \tag{9-36}$$

式中，x_k 为第 k 个数据，$k=1, 2, \cdots, m$，对于连续变量，x_k 变为 x；m 为数据序列的数据个数。

从 X 中等概率地可放回地抽样，每次抽取 1 个，抽取 m 次，抽取 m 个数据，得到样本 X_b，共抽取 F 步，得到 F 个自助样本：

$$X_b = (x_b(1), x_b(2), \cdots, x_b(k), \cdots, x_b(m)), \quad b=1, 2, \cdots, F \tag{9-37}$$

式中，X_b 为第 b 个自助样本；$x_b(k)$ 为第 b 个自助样本中的第 k 个数据，$k=1, 2, \cdots, m$；m 为第 b 个自助样本数据序列的数据总个数。

求自助样本 X_b 的均值：

$$X_{0b} = \frac{1}{m} \sum_{k=1}^{m} x_b(k), \quad b=1, 2, \cdots, F \tag{9-38}$$

因此就得到一个样本含量为 F 的自助样本：

$$X_{\text{Bootstrap}} = (X_{01}, X_{02}, \cdots, X_{0b}, \cdots, X_{0F}) \tag{9-39}$$

从小到大将其排序，并分成 P 组，得到每组的组中值 X_{mp} 和自助分布即概率密度函数 $f(x)$ 或离散频率 $F_p(p=1, 2, \cdots, P)$。

将频率 F_p 设置成权重，然后定义加权均值作为最终解 X_0：

$$X_0 = \sum_{p=1}^{P} F_p X_{mp} \tag{9-40}$$

或

$$X_0 = \int_R x \, f(x) \mathrm{d}x \tag{9-41}$$

式中，R 为定积分区间。

以理论角度分析，对系统进行统计推断时，自助法是一种非常重要的非参数估计方法，它允许有限个数据个数，并且不要求数据的概率分布，这使得它已在区间估计、点估计、假设检验及参数预报等方面得到了很广泛的应用。

9.3.3　滚子带凸度的圆锥滚子轴承动力学有限元分析

以圆锥滚子轴承 353112 为分析对象，由于滚动体绕自身轴线的转动及其轨道速度，在滚子和轴承内外圈滚道之间会出现动力载荷。在中、低速运转条件下，与轴承上所受的载荷产生的滚子载荷相比，动力载荷是很小的。下面建立几何模型时简化了一些对轴承内部应力分布及变形影响较小的因素，如轴承的倒角、油沟、轴承的轴向与径向游隙等。结合二维 CAD 软件及有限元分析软件 ANSYS-LS/DYNA 建立圆锥滚子轴承的动力学仿真模型，在 CAD 中完成滚子母线的凸型设计，将其导入有限元分析软件，最终在 LS/DYNA 中完成整个圆锥轴承的设计，圆锥滚子轴承的动力学有限元模型如图 9-40 所示。

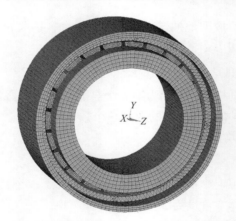

图 9-40　滚子带凸度的圆锥滚子轴承动力学有限元模型

1. 材料的选取与网格划分

选取轴承外圈与保持架为刚体材料模型，滚子与内圈为线弹性材料模型，这样有利于模拟实际问题和提高计算速度。轴承内外圈及滚子材料均为 GCr15 轴承钢，保持架材料为黄铜。材料模型参数如表 9-3 所示。单元类型选 Solid 164 单元与 Shell 163 单元。Solid 164 单元是三维显式结构实体单元，只用于显式动力学分析中，该单元有 8 个节点，每个节点在 x、y 与 z 方向都有移动、加速度与速度的自由度，如图 9-41 所示。

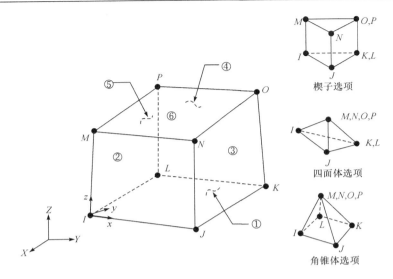

图 9-41　Solid 164 单元的几何结构

Shell 163 是一个具有弯曲与膜特征的 4 节点单元，可对其施加平面和法向载荷，该单元每个节点有 12 个自由度：在节点 x、y 与 z 方向的移动、速度和加速度自由度，绕节点 x、y 与 z 轴的转动，如图 9-42 所示。

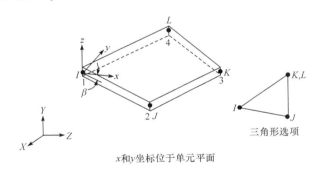

x 和 y 坐标位于单元平面

图 9-42　Shell 163 单元的几何结构

轴承内外圈与滚子形状规则，所以可对其采用扫略网格划分，得到相对规则的 6 面体网格单元；而保持架形状复杂，只能设定单元尺寸之后采用自由网格划分。因为 Solid 164 单元没有旋转自由度，不能通过给其施加转速或者转矩使模型转动而进行接触分析，所以为了便于给轴承施加转速，以对圆锥滚子轴承进行动力学接触模拟仿真分析，对轴承内圈内表面采用 Shell 163 单元进行映射网格划分，并将其定义为刚体，而轴承中的其他组件采用 Solid 164 单元划分网格。最后得到的圆锥滚子轴承有限元模型共有 131384 个节点、121426 个单元。有关材料模型参数见表 9-3。

表 9-3　圆锥滚子轴承动力学分析的材料模型参数

组件	弹性模型/MPa	泊松比	材料密度/(t/mm³)
外圈	2.07×10^5	0.3	7.8×10^{-9}
内圈	2.07×10^5	0.3	7.8×10^{-9}
滚子	2.07×10^5	0.3	7.8×10^{-9}
保持架	1.06×10^5	0.324	8.545×10^{-9}

2. 接触的设定与约束加载

根据圆锥滚子轴承的接触特点可知,在轴承运转过程中内部存在着三组接触,即内圈滚道与滚动体接触、滚动体与保持架接触、外圈滚道与滚动体接触。三组接触类型都选择自动面-面接触,考虑摩擦的影响,三组接触的静摩擦的摩擦因数都设为 0.1,动摩擦的摩擦因数都取 0.05,选定圆锥滚子作为接触对的接触面,轴承的内外圈及保持架部分选定为目标面。

轴承以正确的配合安装在刚性结构的轴颈上和座孔内。外圈与座孔过盈配合,所以约束轴承外圈与座孔接触面的所有自由度,保持架与内圈都只有绕自身旋转的转动自由度。在轴承工作过程中,首先在内圈上加载径向载荷,其值为 3000N,等径向载荷稳定后加转动载荷,其值为 224rad/s,其加载曲线如图 9-43 所示。

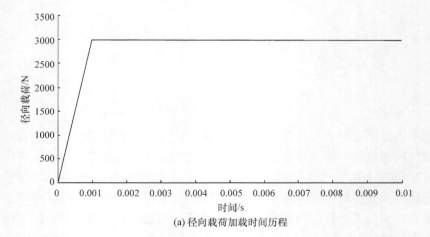

(a) 径向载荷加载时间历程

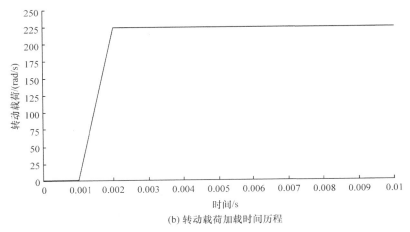

(b) 转动载荷加载时间历程

图 9-43　内圈径向载荷与转动载荷加载时间历程曲线

3. 仿真结果与数据分析

对滚子带凸度的圆锥滚子轴承进行非线性动力学分析时，首先利用 ANSYS/LS-DYNA 建立有限元模型，进行动力学模拟仿真计算，然后在后处理阶段提取圆锥滚子轴承内圈滚道上与受载最大的滚子母线接触位置的节点，分析其 Y 向(径向)振动加速度在 0.01s 内的变化情况，提取对应时刻的加速度数据，分为 5 组时间序列，利用自助法得出各组径向加速度的概率密度函数分布图。

图 9-44 是提取出来的无凸度圆锥滚子轴承的径向振动加速度时间历程曲线。从图中可知，此时的轴承加速度值变化毫无规律可循，极值也比较大，不确定性很强，这对轴承的使用寿命非常不利。然后分析圆锥滚子轴承的整个仿真运动过程，从轴承开始运转时刻起分析，将整个过程分成 5 个时间序列，用自助法获得

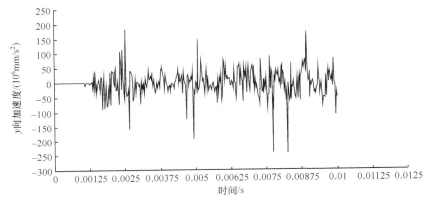

图 9-44　无凸度圆锥滚子轴承的径向振动加速度时间历程曲线

相应的概率密度分布情况如图 9-45 所示。观察分析图 9-45 中的 5 个时间序列的概率分布可知，无凸度圆锥滚子轴承在第 1 时间序列中振动加速度值较大，其概率密度函数方差也比较大；由第 2、3 时间序列的概率密度函数可知，轴承运转的径向加速度值的分布呈近似正态分布，但是概率密度函数的方差较大，说明加速度的离散程度大，轴承振动波动性强。第 4、5 时间序列的分布说明数值较大的加速度出现的频率增加，即此轴承振动波动的不确定性一直很大。

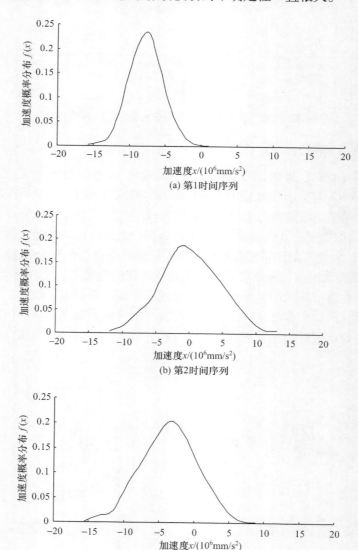

(a) 第1时间序列

(b) 第2时间序列

(c) 第3时间序列

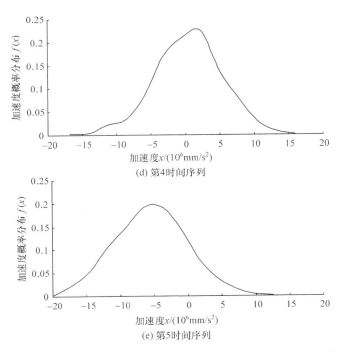

(d) 第4时间序列

(e) 第5时间序列

图 9-45　滚子无凸度时轴承转动过程中各时间序列的概率密度函数分布

　　图 9-46 是滚子凸度为 0.005mm 时圆锥滚子轴承的径向振动加速度时间历程曲线。可以看出，加速度值除了在轴承刚开始运动时有极值突变，随着时间的推移加速度值也在慢慢地减小，相邻时间点上的加速度值相差不是很大。由图 9-47 中第 1 时间序列的概率密度函数分布可知，轴承振动加速度波动剧烈；第 2 时间序列的分布图说明加速度极值有所增加；而第 3、4、5 时间序列中的分布表明加

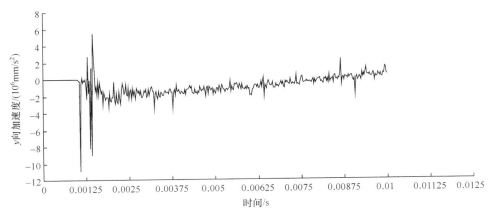

图 9-46　滚子凸度为 0.005mm 时轴承的径向振动加速度时间历程曲线

速度值依次逐渐减小，说明轴承振动波动有所减弱，比无凸度圆锥滚子轴承的运动状态要好。

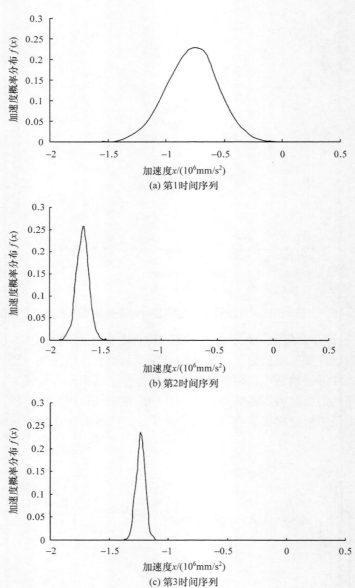

(a) 第1时间序列

(b) 第2时间序列

(c) 第3时间序列

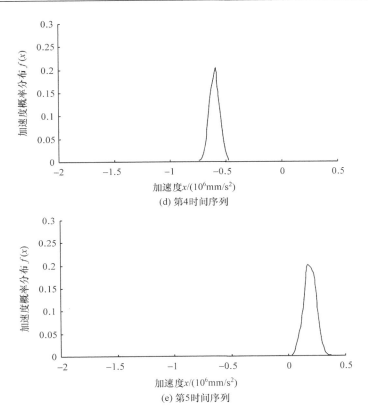

图 9-47　滚子凸度为 0.005mm 时轴承转动过程中各时间序列的概率密度函数分布

图 9-48 是滚子凸度为 0.01mm 时圆锥滚子轴承的径向加速度时间历程曲线。图中只有两处较大的极值位置，就是在 0.001s 刚给轴承加完径向载荷，并开始给圆锥滚子轴承内圈施加转动载荷时，圆锥滚子轴承有振动波动，然而在对轴承施加稳定的力载荷及转动载荷之后，径向加速度值就一直处于 0 值上下波动，即运转状态是稳定的。由图 9-49 中圆锥滚子轴承转动过程各时间序列的概率密度函数分布可知，在第 1 时间序列中圆锥滚子轴承的径向加速度波动范围非常大，有加速度值突变现象，而且概率密度函数为复杂的多峰分布；第 2、3、4 时间序列的概率密度函数分布图表明轴承径向加速度值波动范围变小，并且径向加速度极值也依次减小；第 5 时间序列的概率密度函数分布图说明圆锥滚子轴承运转状态逐步趋于稳定，逐渐接近工作中圆锥滚子轴承的理想运动状态。

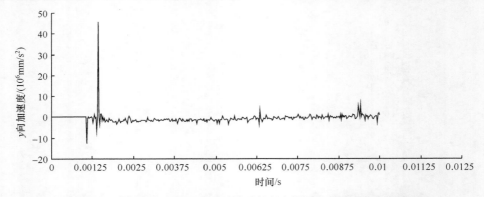

图 9-48　滚子凸度为 0.01mm 时轴承的径向振动加速度时间历程曲线

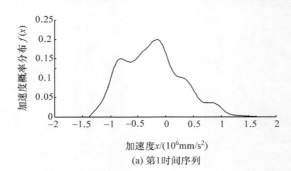

(a) 第1时间序列

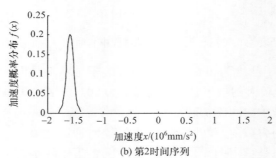

(b) 第2时间序列

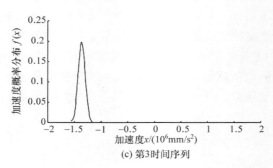

(c) 第3时间序列

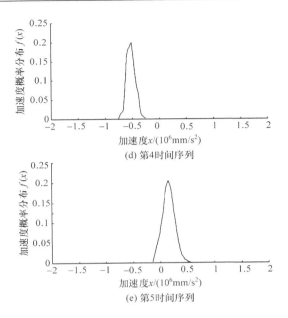

(d) 第4时间序列

(e) 第5时间序列

图 9-49 滚子凸度为 0.01mm 时轴承转动过程中各时间序列的概率密度函数分布

图 9-50 是滚子凸度为 0.015mm 时圆锥滚子轴承的径向振动加速度时间历程曲线。由图可知，轴承径向加速度在开始阶段有极值变化，然后逐渐靠近零值，此后又慢慢远离零值，说明经过模拟仿真时间 0.01s 之后，圆锥滚子轴承的振动波动性依然存在；与图 9-48 中的振动加速度时间历程相比，它的径向振动加速度值的波动性是比较大的，说明轴承运转不是很稳定。图 9-51 中第 1 时间序列的概

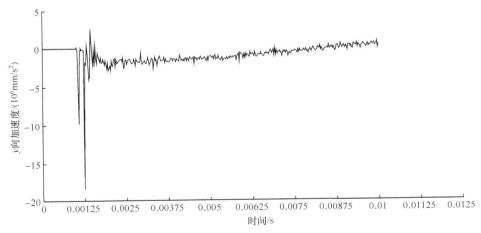

图 9-50 滚子凸度为 0.015mm 时轴承的径向振动加速度时间历程曲线

率密度函数分布呈双峰分布，表明径向加速度在圆锥滚子轴承开始受载期间依然剧烈振动；而第 2、3、4、5 时间序列的概率密度函数分布表明，圆锥滚子轴承的径向加速度值在逐渐依次变小，但是最后径向加速度依然没有趋于零值，轴承的振动波动性仍然不理想。

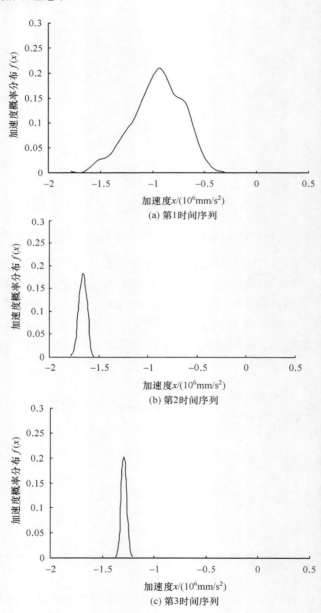

(a) 第1时间序列

(b) 第2时间序列

(c) 第3时间序列

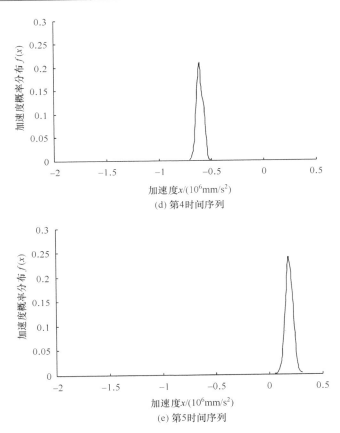

(d) 第4时间序列

(e) 第5时间序列

图 9-51   滚子凸度为 0.015mm 时轴承转动过程中各时间序列的概率密度函数分布

由以上分析可知,带凸度的滚子对圆锥滚子轴承的振动波动性有一定的影响,滚子不带凸度的圆锥滚子轴承的振动波动性比较大,而且不确定性强,滚子带凸度的圆锥滚子轴承的振动波动性较滚子无凸度轴承减弱,并且滚子的凸度量对轴承振动波动性也有一些影响,合适的滚子凸度量可以减弱圆锥滚子轴承的振动波动性。

9.3.4   滚子凸度偏移对圆锥滚子轴承振动性能影响的动力学有限元分析

1. 滚子凸度偏移的轴承有限元模型

依据前面介绍的有限元动力学的基本数学模型与自助法步骤及其原理,以及单元选择、材料本构关系、网格划分、接触的设定及约束加载内容,建立滚子凸度为 0.01mm 时凸度偏移的圆锥滚子轴承的动力学有限元模型,如图 9-52 所示。

图 9-52　滚子凸度偏移的圆锥滚子轴承动力学有限元模型

2. 求解结果及数据分析

　　利用上述的数据分析方法，提取凸度圆锥滚子轴承内圈滚道上与受载最大的滚子母线接触位置节点的径向加速度数据，利用自助法分析加速度数据的变化情况。

　　图 9-53 是凸度圆锥滚子轴承的滚子凸度中心向大端偏移 0.1mm 时，所提取的轴承内圈节点的径向加速度时间历程曲线。由图中可看出，在 0.001s 时加速度出现极大值，而此时间点是对轴承施加完径向载荷并开始施加转动载荷的时刻，这期间加速度波动性较强，随后就逐渐减弱。图 9-54 是对应的各时间序列的概率密度函数分布，其中第 1 时间序列的分布是复杂的多峰分布，说明轴承波动性强；随后的第 2、3、4、5 时间序列中，加速度值依次逐渐变小，分布曲线也在不断变窄，表明加速度值波动范围减小，逐渐接近理想运动状态。

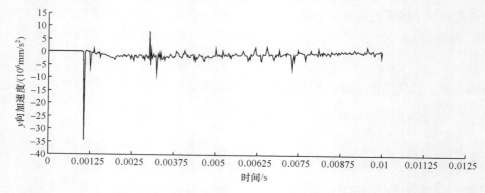

图 9-53　滚子凸度中心向大端偏移 0.1mm 时轴承内圈节点的径向加速度时间历程曲线

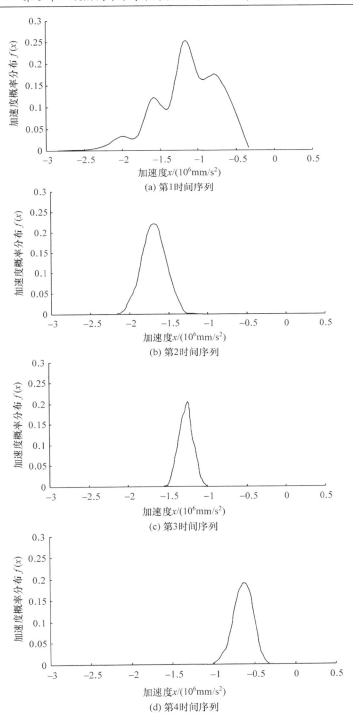

(a) 第1时间序列

(b) 第2时间序列

(c) 第3时间序列

(d) 第4时间序列

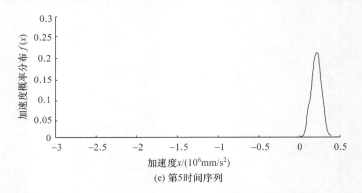

(e) 第5时间序列

图9-54 滚子凸度中心向大端偏移0.1mm时轴承转动过程中各时间
序列的概率密度函数分布

图 9-55 是滚子凸度中心向大端偏移 0.2mm 时，所提取的轴承内圈节点的径向加速度时间历程曲线。在 0.001s 与 0.002s 时刻出现加速度极值，而这两个时间点是对轴承施加载荷的开始点与结束点，此后的加速度值变得平稳且波动很小。图 9-56 是滚子凸度中心向大端偏移 0.2mm 时对应的轴承转动期间各时间序列的概率密度函数分布，除了包括对轴承加载期间的第 1 时间序列中的加速度值波动较大，其余时间序列的概率密度函数分布变化规律分别对应于图 9-54 中的各个时间序列，最后径向加速度值变小，逐渐稳定，是可以接受的服役状态。

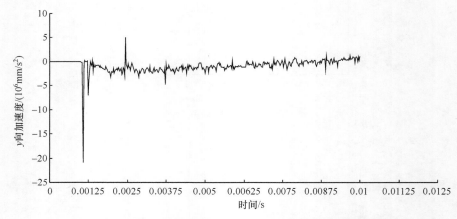

图 9-55 滚子凸度中心向大端偏移 0.2mm 时轴承内圈节点的
径向加速度时间历程曲线

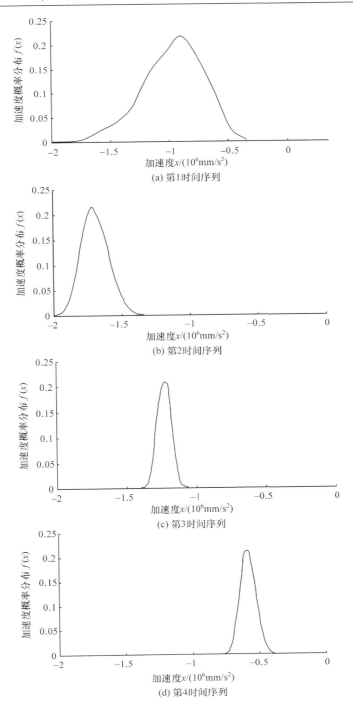

(a) 第1时间序列

(b) 第2时间序列

(c) 第3时间序列

(d) 第4时间序列

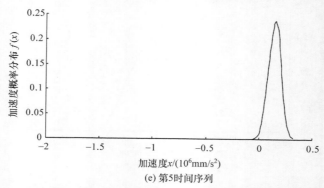

(e) 第5时间序列

图9-56 滚子凸度中心向大端偏移0.2mm时轴承转动过程中各时间
序列的概率密度函数分布

图9-57是滚子凸度中心向大端偏移0.3mm时，所提取的轴承内圈节点的径向加速度时间历程曲线。图中变化情况与图9-55基本相同。图9-58是滚子凸度中心向大端偏移0.3mm时对应的轴承转动期间各时间序列的概率密度函数分布，图中变化趋势与图9-56基本一致，轴承振动波动性在运动模拟结束时刻是减弱趋势。

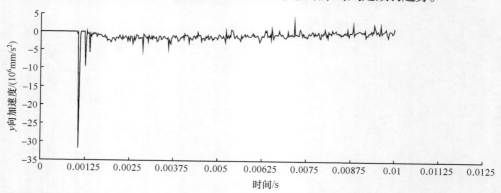

图9-57 滚子凸度中心向大端偏移0.3mm时轴承内圈节点的径向加速度时间历程曲线

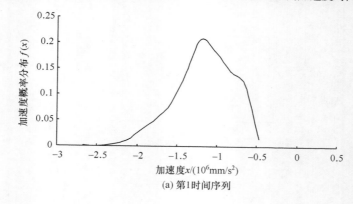

(a) 第1时间序列

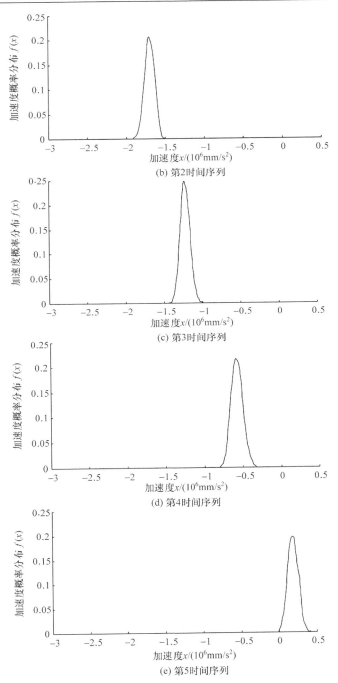

(b) 第2时间序列

(c) 第3时间序列

(d) 第4时间序列

(e) 第5时间序列

图 9-58　滚子凸度中心向大端偏移 0.3mm 时轴承转动过程中各时间
序列的概率密度函数分布

图 9-59 是滚子凸度中心向大端偏移 0.4mm 时，所提取的轴承内圈节点的径向加速度时间历程曲线。图中除了轴承受载时间点还多处出现加速度值的突变点，说明圆锥滚子轴承的运动一直没有处于稳定状态。图 9-60 是滚子凸度中心向大端偏移 0.4mm 时对应的轴承转动期间各时间序列的概率密度函数分布，加速度均值虽然在第 2、3、4、5 时间序列中依次逐渐减小，但是波动范围一直不稳定。

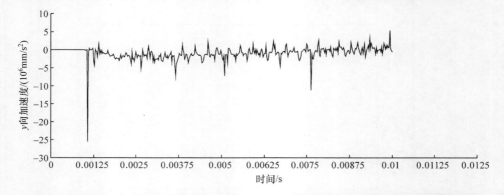

图 9-59　滚子凸度中心向大端偏移 0.4mm 时轴承内圈节点的径向加速度时间历程曲线

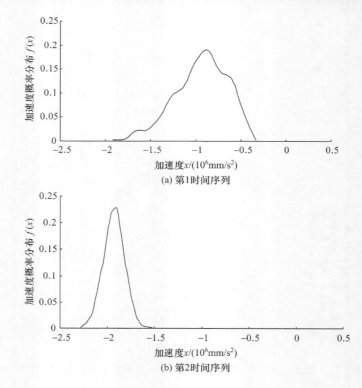

(a) 第1时间序列

(b) 第2时间序列

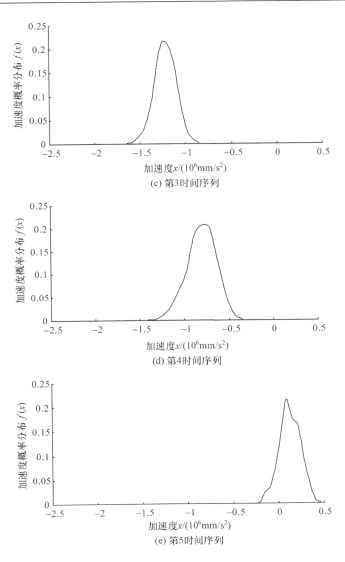

图 9-60 滚子凸度中心向大端偏移 0.4mm 时轴承转动过程中各时间
序列的概率密度函数分布

图 9-61 是滚子凸度中心向小端偏移 0.1mm 时，所提取的轴承内圈节点的径向加速度时间历程曲线。图中轴承在整个仿真运动的一多半时间内都是处于较强的波动状态，之后的一小段时间内波动性减弱，但是加速度极值比之前分析的凸度中心向大端偏移时要大一个数量级，说明圆锥滚子轴承的振动波动性不理想。图 9-62 是滚子凸度中心向小端偏移 0.1mm 时对应的轴承转动期间各时间序列的概

率密度函数分布，其中第 1、2、3 时间序列的分布表明轴承径向加速度的波动性很强，并且数值很大，第 4、5 时间序列的分布表明圆锥滚子轴承振动波动性逐渐减弱。

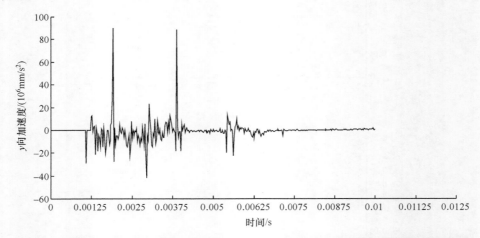

图 9-61　滚子凸度中心向小端偏移 0.1mm 时轴承内圈节点的径向加速度时间历程曲线

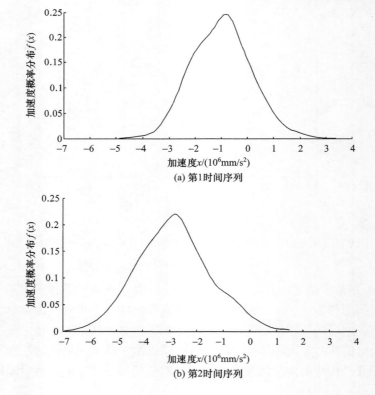

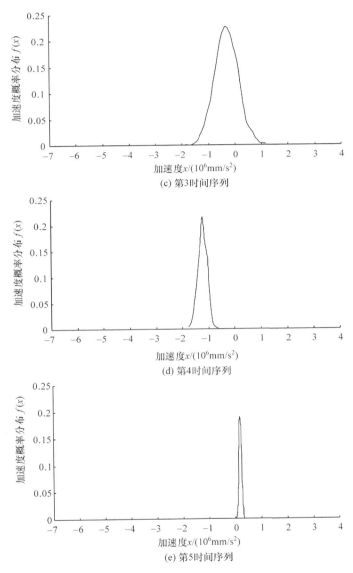

(c) 第3时间序列

(d) 第4时间序列

(e) 第5时间序列

图 9-62　滚子凸度中心向小端偏移 0.1mm 时轴承转动过程中各时间
序列的概率密度函数分布

　　图 9-63 是滚子凸度中心向小端偏移 0.2mm 时，所提取的轴承内圈节点的径向加速度时间历程曲线。图中轴承在整个仿真运动期间一直处于较强的波动状态，并且加速度极值比凸度中心向大端偏移时要大很多，说明此时圆锥滚子轴承的振动波动性非常不理想。图 9-64 是滚子凸度中心向小端偏移 0.2mm 时对应的轴承

转动期间各时间序列的概率密度函数分布，其中第 1 时间序列的分布变化无章可循，不确定性很强；第 2、3、4、5 时间序列的分布都表明轴承的径向加速度波动性很强，运动状态不理想。

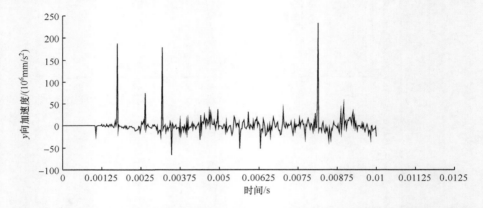

图 9-63　滚子凸度中心向小端偏移 0.2mm 时轴承内圈节点的径向加速度时间历程曲线

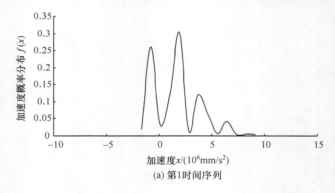

(a) 第1时间序列

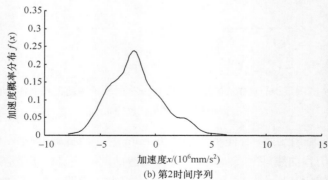

(b) 第2时间序列

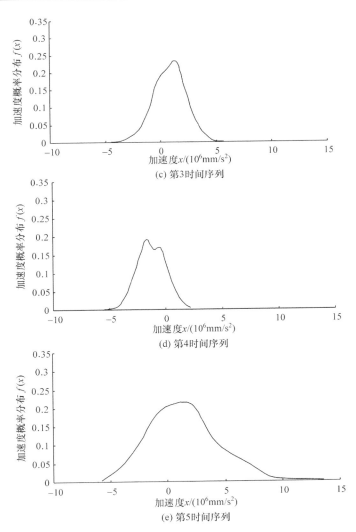

图 9-64　滚子凸度中心向小端偏移 0.2mm 时轴承转动过程中各时间
序列的概率密度函数分布

　　综上所述，滚子凸度中心的偏移位置及偏移量对圆锥滚子轴承的振动波动性
有重要影响，控制好它们可提高轴承的使用寿命。

9.4　本 章 小 结

　　本章计算了卡车中轮毂轴承所受外载荷与圆锥滚子轴承中滚子负荷的理论分

布；分析了边缘应力集中产生的原因及几种不同修形滚子的母线方程；以 353112 轴承为例进行了有限元分析,得出此轴承滚子的合理对数凸度值(在 0.01mm 与 0.015mm 之间)及其对应的对数曲线母线方程。

以 353112 轴承为研究对象,通过 ANSYS 建模模拟分析计算,得出了滚子与内圈滚道的最佳对数凸度匹配方案,当滚子凸度为 0.01mm 与内圈滚道凸度为 0mm 匹配时,应力分布及其值最合理,并且可有效利用滚子长度；然后分析了滚子母线的对数凸度偏移对圆锥滚子轴承应力分布的影响,可知滚子向大端偏移时不能超过 0.1mm,且不宜向滚子小端偏移,否则滚子两端的应力差值将增大,轴承应力分布会不对称、不均匀；最后分析了对数凸度滚子偏斜对圆锥滚子轴承内部应力分布的影响情况,得出凸度滚子向大端的偏斜角不能超过 0.02°,否则会导致轴承应力分布异常,不利于提高轴承的使用寿命。

基于动力学分析程序 ANSYS/LS-DYNA 建立对数凸度滚子圆锥滚子轴承的动力学有限元模型。通过模拟仿真计算,提取滚子带凸度的圆锥滚子轴承内圈滚道节点的径向加速度数据,结合自助法分析数据变化规律,并得出以下结论：带凸度的对数圆锥滚子可以减弱圆锥滚子轴承的振动波动性,并且滚子的凸度量会影响轴承的振动波动性,只有合适的凸度量才可以减弱轴承的振动波动性,对于 353112 轴承,合适的滚子凸度量为 0.01mm。同时,对数滚子的凸度偏移也会影响圆锥滚子轴承的振动波动性。仿真计算结果表明：滚子凸度中心向小端偏移比向大端偏移产生的径向加速度值更大,并且滚子凸度中心向小端偏移的概率密度函数分布的多变性更复杂,所以对数滚子凸度中心不宜向小端偏移。此外,对数圆锥滚子凸度中心的偏移量对轴承的波动性也有影响,所以对数圆锥滚子凸度中心的偏移量应控制在一定范围内,对于 353112 轴承,合理的凸度偏移量是向大端偏移 0.03mm 以内。

参 考 文 献

[1] 夏新涛, 章宝明, 徐永智. 滚动轴承性能与可靠性乏信息变异过程评估. 北京: 科学出版社, 2013.

[2] 夏新涛, 刘红彬. 滚动轴承振动与噪声研究. 北京: 国防工业出版社, 2015.

[3] 夏新涛, 朱坚民, 吕陶梅. 滚动轴承摩擦力矩的乏信息推断. 北京: 科学出版社, 2010.

[4] 夏新涛. 滚动轴承乏信息试验评估方法及其应用技术研究. 上海: 上海大学博士学位论文, 2007.

[5] 夏新涛, 陈晓阳, 张永振, 等. 滚动轴承乏信息试验分析与评估. 北京: 科学出版社, 2007.

[6] Xia X T, Qin Y Y, Jin Y P, et al. The reliability test assessment of three-parameter Weibull distribution of material life by Bayesian method. Scientific Research and Essays, 2014, 9(9): 357-361.

[7] Xia X T, Chen X Y, Zhang Y Z, et al. Grey Bootstrap method of evaluation of uncertainty in dynamic measurement. Measurement: Journal of the International Measurement Confederation, 2008, 41(6): 687-696.

[8] Xia X T, Meng Y Y, Qin Y Y. Evaluation of variation coefficient of slewing bearing starting torque using Bootstrap maximum-entropy method. Research Journal of Applied Sciences, Engineering and Technology, 2013, 6(12): 2213-2220.

[9] 夏新涛, 秦园园, 邱明. 基于灰自助最大熵法的机床加工误差的调整. 中国机械工程, 2014, 25(17): 2273-2277.

[10] 夏新涛, 秦园园, 邱明. 基于灰关系的制造过程稳定性评估. 航空动力学报, 2015, 3(30): 762-768.

[11] Xia X T, Qin Y Y, Chen S Z. Evaluation for mutation of manufacturing process based on Bootstrap maximum-entropy method (Part I: Theory). Proceedings of International Conference on Electrical Engineering and Mechanical Automation Session 2, Lancaster: DEStech Publications Inc., 2015: 739-743.

[12] Xia X T, Chen S Z, Qin Y Y. Evaluation for mutation of manufacturing process based on Bootstrap maximum-entropy method (Part II: Experiment). Proceedings of International Conference on Electrical Engineering and Mechanical Automation Session 2, Lancaster: DEStech Publications Inc., 2015: 744-749.

[13] 夏新涛, 王中宇, 朱坚民, 等. 制造系统的非统计调整与误差预测. 机械工程学报, 2005, 41(1): 135-139, 171.

[14] Xia X T, Gao L L, Chen J F. Fusion method for true value estimation based on information poor theory. Journal of Computers, 2012, 7(2): 554-562.

[15] 夏新涛, 朱文换, 陈士忠. 基于乏信息融合技术的机床加工误差的调整方法. 中国机械工程, 2016, 27(13): 1802-1809.

[16] Xia X T, Wang Z Y, Gao Y. Estimation of non-statistical uncertainty using fuzzy-set theory. Measurement Science and Technology, 2000, 11(4): 430-435.

[17] 河南科技大学. 扩展不确定度的模糊分析系统(简称: FuzzyU) V1.0. 计算机软件著作权登记证书(软著登字第0411069号, 登记号: 2012SR043033). 北京: 中华人民共和国国家版权局. 2012.5.25.

[18] 高正科, 夏新涛, 陈龙. 发动机轴承振动的粗集分析. 哈尔滨轴承, 2008, (1): 5-8.

[19] 夏新涛, 马伟, 颉谭成, 等. 滚动轴承制造工艺学. 北京: 机械工业出版社, 2007.

[20] Xia X T, Chen J F. Fuzzy hypothesis testing and time series analysis of rolling bearing quality. Journal of Testing and Evaluation, 2011, 39(6): 1144-1151.

[21] Xia X T, Lv T M, Meng F N. Gray chaos evaluation model for prediction of rolling bearing friction torque. Journal of Testing and Evaluation, 2010, 38(3): 291-300.

[22] 徐相东, 夏新涛. 滚动轴承振动的自助评估. 硅谷, 2014, (21): 46-48.

[23] 夏新涛, 孟艳艳, 邱明. 用灰自助泊松方法预测滚动轴承振动性能可靠性的变异过程. 机械工程学报, 2015, 51(9): 97-103.

[24] Xia X T, Meng Y Y, Qin M. Dynamical Bayesian testing for feature information of time series with poor information using phase-space reconstruction theory. Information Technology Journal, 2013, 12(20): 5713-5718.

[25] 夏新涛, 白阳, 董淑静, 等. 一种滚动轴承性能变异过程的显著性检验方法: 中国, ZL 2013 1 0118146.1. 2016.3.24.

[26] Xia X T, Lu Y, Ma T, et al. Identification method for evolution of time series with poor information using grey system theory. Mechanical Engineering Research, 2012, 1(2): 71-75.

[27] Xia X T, Meng Y Y, Shang Y T, et al. Assessment for the quality of rolling bearing parts based on fuzzy theory. Scientific Research and Essays, 2014, 9(9): 362-366.

[28] Xia X T, Meng Y Y, Shi B J, et al. Bootstrap forecasting method of uncertainty of rolling bearing vibration performance based on GM(1,1). The Journal of Grey System, 2015, 27(2): 78-92.

[29] Xia X T, Meng Y Y. Identification for variation process of rolling bearing vibration performance using Poisson method. Proceedings of International Conference on Electrical Engineering and Mechanical Automation Session 1, Lancaster: DEStech Publications Inc., 2015: 214-219.

[30] 夏新涛, 尚艳涛, 金银平, 等. 一种机械产品运行参数时间序列事件演变状态的判断方法: 中国, ZL 2012 1 0149988.9. 2015.6.17.

[31] Xia X T, Dong S J, Sun L M, et al. Load calculation and design of roller crowning of truck hub bearing. The Open Mechanical Engineering Journal, 2015, 9(1): 106-110.

[32] 夏新涛, 董淑静, 孙立明. 滚子凸度偏移对圆锥滚子轴承应力的影响. 轴承, 2015, (9): 4-6.

[33] Xia X T, Dong S J, Sun L M. Finite element analysis on crown of truck hub bearings. Proceedings of International Conference on Electrical Engineering and Mechanical Automation Session 1, Lancaster: DEStech Publications Inc., 2015: 207-213.

[34] Xia X T, Dong S J, Qin Y Y. Progress in application on the prediction of rolling bearing performances for urban rail and traffic engineering. The 3rd International Conference on Material, Mechanical and Manufacturing Engineering, Paris: Atlantis Press, 2015: 652-657.

[35] Xia X T, Li Y F, Qin Y Y, et al. The review of nonlinear dynamic characteristics of rolling bearing performances based on poor information theory. Advanced Materials Research, 2014, 1014: 98-101.

附录　区间映射的牛顿迭代法源程序

```
% Maxentropy
% 基于区间映射的牛顿迭代法部分源程序
% 基于(灰色)自助法的最大熵原理
% 估计真值,估计区间,估计概率密度函数,最大熵
% 设定显示数据长度
digits(6);
% 设定最高原点矩 m0
m0=5;
% 初始化
f0(1:m0)=1;
f(1:m0)=1;
f0=f0';
f=f';
m=1:m0;
a(1:m0,1:m0)=1;
% 设定积分点数 n=500
n=1000;
% 设定初值 x0(i)=-(i-1)/10000
for i=1:m0
   x0(i)=-(i-1)/10000;
end
x0=x0';
% 或者 打开原始数据文件 X.txt_Bootstrap.dat,用 Bootstrap 生成
fname='X.txt_Bootstrap.dat';
% fname='X0.txt_Bootstrap.dat';
% 或者 打开原始数据文件 X.txt_GBootstrap.dat,用 GBM(1,1) 生成
% fname='Dao_dan.txt_GBootstrap.dat';
% fname='X0.txt_GBootstrap.dat';
% 设定拉格朗日乘子文件 X_L.txt
% fnameL='Dao_dan.txt_L.txt';
fnameL='X.txt_L.txt';
% 设定各阶原点矩文件 X_M.txt
% fnameM='Dao_dan.txt_M.txt';
fnameM='X.txt_M.txt';
% 设定映射参数 a=aa,b=bb 文件 X_ab.txt
% fnameab='Dao_dan.txt_ab.txt';
fnameab='X.txt_ab.txt';
% 设定频率直方图的预分组个数,如 9 组
q0=9;
xt=dlmread(fname,'r');
% 求原始数据的均值 XXXmean
XXXmean=mean(xt);
```

```
nxt=length(xt');
% 求原始数据的最大值和最小值
xmax0=max(xt);
xmin0=min(xt);
%
i0=1:nxt;
% hist(xt',10)
[p0,xp0]=hist(xt',q0);
p0=p0/nxt;
p(1)=0;
p(q0+2)=0;
xp(1)=xp0(1)-(xp0(2)-xp0(1));
xp(q0+2)=xp0(q0)+(xp0(2)-xp0(1));
q=q0+2;
for j=1:q0
    p(j+1)=p0(j);
    xp(j+1)=xp0(j);
end
% 将直方图横坐标数据 xp 映射到区间[-e,e],并计算映射参数 a=aa,b=bb
xmax=max(xp);
xmin=min(xp);
xxx=exp(1);
aa=2*xxx/(xmax-xmin);
bb=xxx-aa*xmax;
% 存储映射参数 a=aa,b=bb
a1(1)=aa;
a1(2)=bb;
dlmwrite(fnameab,a1);
xp=aa*xp+bb;
zmin=-xxx;
zmax=xxx;
sum=0;
for i=1:q
    sum=sum+p(i);
end
p=p/sum;
%
for r=1:m0
    sum=0;
    for i=1:q
        sum=sum+xp(i)^r*p(i);
    end
    m(r)=sum;
end
% vpa(m);
%
x=x0;
f=f0;
n1=1;
w=0;
for i=1:n
    z(i)=zmin+(i-1)/(n-1)*(zmax-zmin);
end
```

```
for r=1:m0
    for i=1:n
        g(r,i)=z(i)^r;
    end
end
dn=(zmax-zmin)/(aa*n);
% 设定收敛精度 0.00000000001
while n1>0.00000000001
    % f(r)
    for i=1:n
        sum=0;
        for j=1:m0
            sum=sum+x(j)*g(j,i);
        end
        sumxg(i)=sum;
    end
    sum=0;
    for i=1:n
        sum=sum+exp(sumxg(i));
    end
    sum=sum*dn;
    for r=1:m0
        sum1=0;
        for i=1:n
            sum1=sum1+g(r,i)*exp(sumxg(i));
        end
        sum1=sum1*dn;
        f(r)=m(r)*sum-sum1;
    end
    l0=-log(sum);
    % l0
    % x
    % f
    % a(r,r)
    for r=1:m0
        for j=1:m0
            sum=0;
            for i=1:n
                sum=sum+exp(sumxg(i))*(g(j,i))*dn;
            end
            sum1=0;
            for i=1:n
                sum1=sum1+g(r,i)*exp(sumxg(i))*(g(j,i))*dn;
            end
            a(r,j)=m(r)*sum-sum1;
            % vpa(a)
        end
    end
    %
    % vpa(a)
    x=x0-(inv(a)*f);
    % e=x-x0;
    e=f-f0;
```

```
        e1=e';
        n1=norm(e1,1);
        x0=x;
        f0=f;
        w=w+1;
        % n1
end
% f
% l0
% x
% m
% n1
% w
c0(1)=l0;
for i=2:m0+1
    c0(i)=x(i-1);
end
% 存储 m+1 个拉格朗日乘子 c0-cm
dlmwrite(fnameL,c0);
% 存储各阶原点矩
dlmwrite(fnameM,m);
% 积累概率 fgf
sum1=0;
for i=1:n
    sum=0;
    for j=1:m0
        sum=sum+x(j)*z(i)^j;
    end
    gf(i)=exp(l0+sum);
    sum1=sum1+gf(i)*dn;
    fgf(i)=sum1;
end
% 曲线下总面积 1
'曲线下总面积'
vpa(sum1)
% 求估计真值即数学期望 Xmean
sum1=0;
for i=1:n
    sum=0;
    for j=1:m0
        sum=sum+x(j)*z(i)^j;
    end
    gf(i)=exp(l0+sum);
    sum1=sum1+z(i)*gf(i)*dn;
end
Xmean=sum1/aa-bb/aa;
% Xmean
% XXXmean
%
xp=xp/aa-bb/aa;
z0=z/aa-bb/aa;
p0=p/((xmax-xmin)/q);
gf0=gf;
```

```
zdx=z0(2)-z0(1);
% 画图
% subplot(1,2,2);plot(z0,gf0,'k-');xlabel('x');ylabel('f(x)');
plot(z0,gf0,'k-');
% subplot(1,2,2);plot(xp,p0,'k*',z0,gf0,'k-');
% xlabel('x');ylabel('f1(x)');
% 计算最大熵 maxEntropy
sum1=0;
for i=1:n
    sum1=sum1+gf0(i)*log(gf0(i))*zdx;
end
maxE=-sum1;
%
% 区间估计
% 设定显著性水平 p0
% p0=0.0027;
p0=0.1;
p=p0/2;
% 计算估计区间的上边界 XU
for i=1:n-1
    if p==0
       XU=zmax/aa-bb/aa;
    else
       if fgf(i)==1-p
          zi=zmin+(i-1)/(n-1)*(zmax-zmin);
          XU=zi/aa-bb/aa;
       else
          if  (fgf(i)<1-p) & (fgf(i+1)>1-p)
              zi1=zmin+(i-1)/(n-1)*(zmax-zmin);
              zi2=zmin+i/(n-1)*(zmax-zmin);
              zi=(zi1+zi2)/2;
              XU=zi/aa-bb/aa;
           end
         end
    end
end
% 计算估计区间的下边界 XL
for i=1:n-1
    if p==0
       XL=zmin/aa-bb/aa;
    else
       if fgf(i)==p
          zi=zmin+(i-1)/(n-1)*(zmax-zmin);
          XL=zi/aa-bb/aa;
          i=n+1;
       else
          if  fgf(i)<p & fgf(i+1)>p
              zi1=zmin+(i-1)/(n-1)*(zmax-zmin);
              zi2=zmin+i/(n-1)*(zmax-zmin);
              zi=(zi1+zi2)/2;
              XL=zi/aa-bb/aa;
           end
         end
```

```
        end
 end
zz=0:0.01:1;
% 画图
% subplot(1,2,2);plot(z0,fgf,'k-',x01,zz,'k--',x0,zz,'k--');
% xlabel('x');ylabel('F(x)');
% plot(z0,fgf,'k-');xlabel('x');ylabel('F(x)');
% subplot(1,2,1);plot(i0,xt,'k-',i0,XL,'k--',i0,XU,'k--');
% xlabel('k');ylabel('xk');
% 区间估计的计算置信水平 p
p=(1-p0)*100;

'结果输出: '
% 输出原始数据的最大值和最小值
'原始数据的最小值'
xmin0
'原始数据的最大值'
xmax0
'直方图横坐标数据的最小值'
xmin
'直方图横坐标数据的最大值'
xmax
% 输出 m+1 个拉格朗日乘子 c0-cm
'拉格朗日乘子 cj-1=:'
vpa(c0)
% 输出各阶原点矩
'各阶原点矩 mj:'
vpa(m)
% 输出原始数据的均值 XXXmean
'原始数据的均值 XXXmean='
XXXmean
% 输出估计真值
'估计真值 X0='
vpa(Xmean)
% 输出给定的显著性水平 p0
'给定的显著性水平 P='
p0
% 输出区间估计的计算置信水平 p
'p='
p
% 输出估计区间的上边界 XU
'估计区间的上边界 XU='
vpa(XU)
% 计算估计区间的下边界 XL
'估计区间的上边界 XL='
vpa(XL)
% 计算估计区间 U
'估计区间 U'
vpa(XU-XL)
```

```
% 计算最大熵 maxEntropy
'最大熵 maxE'
vpa(maxE)
% 输出映射参数 a=aa,b=bb
'映射参数 a='
vpa(aa)
'映射参数 b='
vpa(bb)
```